高 等 学 校 教 材

工程训练
与劳动教育

孙文志　高晶晶　主编

化学工业出版社

·北京·

内容简介

工程训练与劳动教育是高等教育工科专业的必修课。该课程以培养学生的工程意识为导向,以职业标准为依托,以提升职业能力为核心,以生产过程或工艺过程训练为重点,给大学生以工程实践的教育、工业制造的了解、工业文化的体验,能培养学生的实践能力和创新意识。为配合教学目标的实施,本书编写了钳工、焊接、普通机床、数控机床、激光加工、逆向工程、工业机器人、电机控制和家庭安全用电等方面的内容,较为全面地涵盖了现代制造工艺方法;另外,本书还介绍了劳动教育、大国工匠等方面的内容,体现了时代性。

本书可供普通高等院校及职业院校有关专业的教学人员、学生以及企业生产现场的技术人员参考使用。

图书在版编目(CIP)数据

工程训练与劳动教育 / 孙文志,高晶晶主编. 北京:化学工业出版社,2024.10. --(高等学校教材). --ISBN 978-7-122-46760-7

Ⅰ.TH16;G40-015

中国国家版本馆 CIP 数据核字第 2024AE7599 号

责任编辑:郝英华　文字编辑:刘建平　李亚楠　温潇潇
责任校对:李雨晴　装帧设计:张　辉

出版发行:化学工业出版社
　　　　　(北京市东城区青年湖南街 13 号　邮政编码 100011)
印　　装:北京云浩印刷有限责任公司
787mm×1092mm　1/16　印张 18¾　字数 515 千字
2024 年 11 月北京第 1 版第 1 次印刷

购书咨询:010-64518888　　　售后服务:010-64518899
网　　址:http://www.cip.com.cn
凡购买本书,如有缺损质量问题,本社销售中心负责调换。

定　　价:59.00 元　　　　　　　　　　　版权所有　违者必究

前　言

　　本教材的组织编写是为了深入贯彻习近平新时代中国特色社会主义思想和党的二十大精神，全面落实全国教育大会主旨与要求，切实加强党对教材工作的全面领导，提高教材建设科学化、规范化水平，加强和规范教材建设，切实提高教材编写质量，努力打造精品教材，实现优质教材进课堂，促进学校专业建设、课程建设和教学改革的发展，全面提高人才培养质量。

　　本教材编写人员全部为工程训练教学一线的教师，专业素质强，理论和实践知识全面。在组织编写过程中遵循了以下原则和方法。

　　① 坚持社会主义办学方向，在教材编写中注意课程思政与劳动教育的适时引入，充分利用工程训练实践教学的优势，加强学生的思想政治教育。

　　② 全面贯彻劳动教育进课堂、进教材，完善社会主义大学生工程训练教育目标。

　　③ 以育人为根本，以务实为原则，以提高人才培养质量为目标。全面零距离贴近大学生工程训练实际，以理论知识够用为度，全面提高大学生工程实践能力。

　　④ 突出工程训练课程的基础训练特色。扎实实现大学生工程意识培养和动手能力锻炼两大教学目标，为各专业学生参加各级各类创新竞赛打好基础。

　　⑤ 依托现代教育技术手段，在纸质教材的基础上，努力提高配套课件、网课和实训操作视频的制作水平，在教材上实现二维码扫码数字资源共享。

　　本教材由辽宁石油化工大学的孙文志、高晶晶、张吉明、郭庆梁、杨伟、杨智超、金哲、张杰、姚乐编写，其中，孙文志、高晶晶任主编。全书共 11 章，具体分工如下：第 1 章由孙文志、张吉明编写；第 2 章由高晶晶编写；第 3 章由杨智超编写；第 4 章由高晶晶、郭庆梁编写；第 5 章由杨伟、姚乐、郭庆梁编写；第 6 章由高晶晶编写；第 7 章由高晶晶、金哲编写；第 8 章由郭庆梁编写；第 9 章由张杰、郭庆梁编写；第 10 章由张吉明编写；第 11 章由张吉明编写。

　　本教材编写过程中参考了大量的书籍和其他参考资料，在此一并向相关作者深表感谢！由于编者水平有限，书中若有不妥之处，恳请读者批评指正。

编者
2024 年 10 月

目 录

第1章 工程训练及劳动教育概述 … 1
1.1 工程训练简介 … 1
1.1.1 工程训练的教学目的及意义 … 1
1.1.2 工程训练的主要教学内容 … 2
1.2 工程训练安全教育 … 5
1.3 劳动教育概述 … 6

第2章 钳工实训 … 9
2.1 钳工概述 … 9
2.2 钳工工作台和台虎钳 … 9
2.2.1 钳工工作台 … 9
2.2.2 台虎钳 … 9
2.3 划线 … 10
2.3.1 划线的作用和种类 … 10
2.3.2 划线工具及其使用方法 … 11
2.3.3 划线基准 … 13
2.3.4 划线步骤与操作 … 13
2.4 锯削 … 15
2.4.1 手锯 … 15
2.4.2 锯削操作要领 … 15
2.5 锉削 … 17
2.5.1 锉刀 … 17
2.5.2 锉削操作要领 … 18
2.5.3 平面及圆弧面锉削工艺 … 19
2.6 攻螺纹和套螺纹 … 20
2.6.1 攻螺纹工具与操作 … 20
2.6.2 套螺纹工具与操作 … 22
2.7 钻孔 … 22
2.7.1 钻孔设备 … 22
2.7.2 钻孔工具 … 24
2.7.3 钻孔基本操作 … 25
2.8 钳工实训项目 … 26
2.8.1 直角尺的制作 … 26
2.8.2 开瓶器的制作 … 28
钳工加工操作视频 … 29
大国工匠顾秋亮：蛟龙号上的"两丝"钳工 … 29

第3章 焊接实训 … 30
3.1 焊条电弧焊 … 30
3.1.1 焊条电弧焊设备 … 30
3.1.2 焊条 … 31
3.1.3 焊条电弧焊工艺 … 32
3.1.4 焊条电弧焊操作要领 … 33
3.2 焊接的检验 … 36
3.2.1 常见焊接缺陷 … 36
3.2.2 焊接质量检验 … 37
3.3 焊条电弧焊的操作练习 … 37
3.4 其他焊接方法简介 … 38
3.4.1 氩弧焊 … 39
3.4.2 气焊与气割 … 42
3.4.3 激光焊 … 44
3.4.4 电阻焊 … 45
焊接实训视频 … 46
大国工匠高凤林：专为火箭焊

心脏 ································· 46

第4章　普通机床实训 ············ 47
4.1　金属切削加工基础知识 ······ 47
4.1.1　切削运动和切削用量 ······ 47
4.1.2　金属切削刀具 ············ 48
4.1.3　切削力和切削热 ·········· 50
4.1.4　金属切削机床的分类与型号 ······················ 50
4.2　普通车床实训 ················ 52
4.2.1　车削的工艺范围及工艺特点 ······················ 52
4.2.2　CA6140型普通车床 ······ 53
4.2.3　刀具在车床上的安装 ····· 57
4.2.4　工件在车床上的安装 ····· 58
4.2.5　车削基本工艺及其操作 ······················ 62
4.2.6　车削实训题目 ············ 70
4.3　铣床实训 ···················· 71
4.3.1　铣削的工艺范围及工艺特点 ······················ 71
4.3.2　铣床 ······················ 71
4.3.3　铣刀 ······················ 73
4.3.4　铣削基本操作 ············ 75
4.3.5　铣工实习操作示例 ······· 76
4.4　刨床实训 ···················· 77
4.4.1　刨削的工艺范围及工艺特点 ······················ 77
4.4.2　牛头刨床 ················· 77
4.4.3　刨刀 ······················ 79
4.4.4　刨工实习示例 ············ 79
　📱 普通机床实训视频 ············ 80
　📱 大国工匠倪志福：从学徒工到国家领导人 ·························· 80

第5章　数控机床实训 ············ 81
5.1　数控机床基础知识 ············ 81
5.1.1　数控机床与数控加工 ····· 81
5.1.2　数控机床的坐标系 ······· 82
5.1.3　数控编程的方法、格式与程序结构 ················· 83
5.2　数控车床的程序编制 ········ 85

5.2.1　数控车削加工工艺 ········ 85
5.2.2　数控车削刀具 ············ 87
5.2.3　数控车床编程基本指令 ······················ 89
5.2.4　数控车床的外圆编程 ····· 93
5.2.5　数控车床的螺纹编程 ····· 97
5.2.6　数控车床的综合编程 ····· 99
5.3　数控车床的操作实训 ········ 100
5.3.1　实训目标和能力目标 ···· 100
5.3.2　FANUC 0i数控车床的操作面板 ················· 101
5.3.3　FANUC 0i数控车床的基本操作 ···················· 102
5.3.4　FANUC 0i数控车床的对刀方法 ···················· 104
5.3.5　实训操作训练 ··········· 105
5.4　数控铣床的程序编制 ········ 106
5.4.1　数控铣削加工工艺 ······ 106
5.4.2　数控铣削刀具系统 ······ 108
5.4.3　数控铣床的编程指令 ···· 109
5.4.4　数控铣床的轨迹编程 ···· 111
5.4.5　数控铣床的轮廓编程 ···· 112
5.4.6　数控铣床的简化编程 ···· 114
5.5　数控铣床实训 ··············· 119
5.5.1　实训目标 ··············· 119
5.5.2　HNC-21M数控铣床系统的MDI面板 ················· 119
5.5.3　HNC-21M数控铣床系统的基本操作 ··············· 123
5.5.4　HNC-21M数控铣床系统的对刀方法 ··············· 124
5.5.5　实训操作训练 ··········· 126
　📱 数控机床实训视频 ··········· 126
　📱 大国工匠马小光——中国兵器工业集团首席技师 ··············· 126

第6章　激光加工实训 ············ 127
6.1　激光加工概述 ··············· 127
6.1.1　激光简介 ··············· 127
6.1.2　激光产生的原理 ········· 129
6.1.3　激光器的组成 ··········· 130
6.1.4　激光的特点 ············· 130

6.1.5　激光的应用 …………… 132
　　6.1.6　激光的安全与防护 …… 137
6.2　激光加工用激光器 ………… 140
　　6.2.1　Nd:YAG激光器 ……… 141
　　6.2.2　CO_2激光器 …………… 142
　　6.2.3　光纤激光器 …………… 144
6.3　激光切割技术 ……………… 145
　　6.3.1　激光切割的特点 ……… 145
　　6.3.2　影响激光切割质量的
　　　　　因素 …………………… 146
　　6.3.3　常用工程材料的激光
　　　　　切割 …………………… 147
6.4　常用激光加工设备简介 …… 149
6.5　光纤激光打标加工实训 …… 150
　　6.5.1　光纤激光打标机和相关
　　　　　软件介绍 ……………… 150
　　6.5.2　光纤激光打标机实训
　　　　　操作项目 ……………… 155
6.6　非金属激光切割加工实训 … 160
　　6.6.1　CO_2激光切割机和相关
　　　　　软件介绍 ……………… 160
　　6.6.2　CO_2激光切割机实训操作
　　　　　项目 …………………… 163
6.7　激光内雕加工实训 ………… 166
　　6.7.1　激光内雕机和相关软件
　　　　　介绍 …………………… 166
　　6.7.2　激光内雕机实训操作
　　　　　项目 …………………… 166
🎬 激光加工操作视频 …………… 170
🎬 中国激光之父——王之江 …… 170

第7章　逆向工程实训 ……… 171
7.1　逆向工程概述 ……………… 171
7.2　产品数据采集与处理 ……… 172
　　7.2.1　点云数据获取 ………… 172
　　7.2.2　点云数据处理 ………… 175
7.3　产品造型设计与建模 ……… 179
　　7.3.1　常见三维设计软件
　　　　　简介 …………………… 179
　　7.3.2　三维设计软件的操作 … 182
　　7.3.3　实训作品创新设计 …… 188
7.4　产品输出及3D打印 ………… 190

　　7.4.1　3D打印技术概述 ……… 190
　　7.4.2　切片软件操作及STL
　　　　　数据编辑与修复 ……… 197
　　7.4.3　3D打印材料与打印机
　　　　　操作 …………………… 202
🎬 逆向工程实训授课视频 ……… 205
🎬 中国3D打印之父——卢秉恒 … 205

第8章　工业机器人实训 …… 206
8.1　工业机器人概述 …………… 206
8.2　工业机器人基本操作 ……… 208
　　8.2.1　工业机器人示教器
　　　　　操作 …………………… 208
　　8.2.2　工业机器人单轴运动
　　　　　操作 …………………… 208
　　8.2.3　工业机器人线性运动
　　　　　操作 …………………… 208
　　8.2.4　工业机器人重定位 …… 209
　　8.2.5　工业机器人I/O控制
　　　　　单元操作 ……………… 210
8.3　工业机器人编程指令与
　　方法 …………………………… 210
　　8.3.1　工业机器人程序数据 … 210
　　8.3.2　工业机器人模块程序
　　　　　结构 …………………… 212
　　8.3.3　工业机器人运动控制
　　　　　指令 …………………… 212
　　8.3.4　工业机器人辅助控制
　　　　　指令 …………………… 214
　　8.3.5　工业机器人示教编程
　　　　　方法 …………………… 214
8.4　工业机器人轨迹描绘实训 … 215
　　8.4.1　实训目的与要求 ……… 215
　　8.4.2　实训操作步骤 ………… 216
8.5　工业机器人物料码垛实训 … 228
　　8.5.1　实训目的与要求 ……… 228
　　8.5.2　实训操作步骤 ………… 231
🎬 工业机器人轨迹描绘操作
　　视频 …………………………… 245
🎬 工业机器人物料码垛操作
　　视频 …………………………… 245

㊞ 中国机器人之父——蒋新松 ···· 245

第9章　电机控制实训 ······ **246**

9.1　常用低压控制电器 ····· 246
9.1.1　刀开关 ············ 246
9.1.2　熔断器 ············ 247
9.1.3　热继电器 ·········· 247
9.1.4　自动空气开关 ····· 248
9.1.5　交流接触器 ······· 249
9.1.6　控制按钮 ·········· 251
9.1.7　时间继电器 ······· 252
9.1.8　漏电保护器 ······· 253

9.2　电气控制线路的典型控制环节 ···· 254
9.2.1　电气控制线路图 ···· 254
9.2.2　电机直接启动控制 ··· 255
9.2.3　三相异步电机单向连续运转控制线路 ··· 255
9.2.4　三相异步电机正反转运转控制 ·········· 256
9.2.5　三相异步电机的星形（Y）-三角形（△）降压启动控制线路 ········ 258

9.3　电机控制操作训练 ······ 258
9.3.1　电机控制实训台简介 ··· 258
9.3.2　电机实训工具简介 ··· 260
9.3.3　三相异步电机单向运转的接线与调试 ··· 265
9.3.4　三相异步电机正反转运转的接线与调试 ··· 266

㊞ 电机控制实训视频 ········ 268
㊞ 中国电机之父——钟兆琳 ········ 268

第10章　家庭安全用电实训 ···· **269**

10.1　家庭常备电工工具及测量仪表 ······ 269
10.1.1　家庭常备电工工具 ···· 269
10.1.2　家庭常备电工测量仪表 ···· 270

10.2　家庭常用电工操作训练 ···· 270
10.2.1　导线绝缘层的剥削 ···· 270
10.2.2　导线的连接 ········ 272
10.2.3　墙壁开关的安装 ···· 276
10.2.4　墙壁插座的安装 ···· 277
10.2.5　灯泡的安装 ······· 278
10.2.6　日光灯的安装 ···· 280
10.2.7　电度表的安装 ···· 281
10.2.8　漏电保护器的安装 ···· 282
10.2.9　家庭灯具体的固定安装 ···· 282

10.3　家庭安全用电常识 ····· 283
10.3.1　家庭安全用电守则 ···· 283
10.3.2　防止家庭电气火灾要点 ········ 284

㊞ 大国工匠王进——在±660kV超高压直流输电线路上带电作业的时代楷模 ········ 284

第11章　劳动精神的弘扬与传承 ······ **285**

11.1　新时代的劳动精神 ····· 285
11.2　新时代的劳模精神 ····· 286
11.3　新时代的工匠精神 ····· 288

参考文献 ······ **292**

第1章 工程训练及劳动教育概述

1.1 工程训练简介

1.1.1 工程训练的教学目的及意义

(1) 工程训练的教学目的

工程训练作为高等教育中不可或缺的一部分,其主要教学目的有以下几个方面。

① 培养学生的实践能力:工程训练以具体的实践操作,使学生能够将理论知识与实际操作相结合,提高解决实际问题的能力,通过对各种常规和先进制造工艺方法的操作实践,培养学生实践动手能力。学生通过直接参加生产劳动实践,操作各种设备,使用各类工具,独立完成简单零件的加工制造过程,能够提高对简单零件的工艺分析能力、对主要设备的操作能力和掌握加工作业技能。

② 树立学生的工程意识:通过工程训练,学生可以更好地理解工程的概念,通过接触和了解各种常规和先进的生产制造工艺方法,建立起对机械制造生产基本过程的感性认识,从而体验和了解工业文化,形成工程实践观念,培养实践和创新意识,培养在工程实践中的规范意识、质量意识以及安全意识。

③ 培养学生的职业认同感:在工程训练中,学生参与真实的生产劳动,了解机械制造的工艺过程和生产环节,完成设备的简单操作,接受专业知识的熏陶,提高工程实践能力,增强职业认同感和劳动自豪感。

④ 培养学生的创新精神和创新能力:鼓励学生在工程训练中提出新的想法,培养学生勇于探索的创新精神,鼓励学生在学习和借鉴他人丰富经验、技艺的基础上,尝试进行创造性劳动。通过实践验证,可培养学生的创新思维和创新能力。例如,通过机械制造创新综合训练,启发和培养学生的创新精神和创新意识,锻炼学生的实际动手能力,避免只会纸上谈兵的现象发生。学生通过对题目中的机械构造或零件的分析,在教师的指导下,编制加工工艺规程,并最终制造出实物,能够提高加工工艺设计能力、成本控制能力和机器设备的操作能力,为参加各类大学生科技竞赛和将来的实际工作打下基础。

⑤ 培养学生的劳动观念:通过实际的工程训练,以"工匠精神"为劳动教育内在核心,将劳动教育融入工程训练课程全过程,学生能够体验到劳动的价值,学习"工匠精神"所蕴含的爱国敬业、精益求精、追求卓越、知行合一的劳动精神,形成正确的劳动价值观,能深刻理解劳动创造价值、创造财富、创造美好生活的道理,尊重劳动、尊重普通劳动者,牢固树立劳动最光荣、劳动最崇高、劳动最伟大、劳动最美丽的思想观念。

⑥ 提升教育教学质量:通过工程训练的实践反馈,教师可以不断改进教学方法,提高教育教学质量。

综上所述,工程训练的教学目的不仅在于技能的培养,更在于综合素质的提升,以及创新精神和实践能力的培养,从而让学生能够体验到劳动的价值,形成正确的劳动观念,为学生的全面发展奠定坚实的基础。

(2) 工程训练的教学意义

以培养大学生工程意识为导向,以职业标准为依托,以提升职业能力为核心,以生产过程或工艺过程训练为重点;采用层次化教学体系,实训过程梯次推进,实训内容分类实施,资源共享,给大学生以工程实践的教育、工业制造的了解、工业文化的体验及培养实践能力和创新意识的实践性基础教学平台。

通过工程训练平台,融入劳动育人元素,开发劳动课程体系,形成具有时代特点的劳动教育新理念,充分发挥劳动教育的作用,体现"以劳树德,以劳增智,以劳强体,以劳育美"的综合育人价值,将劳动教育与德智体美诸育相互融合,将辛勤劳动、创造性劳动相统一,实现五育融合,深入推进立德树人。

工程训练实践性教学环节是每个工科专业的必修课,有些院校甚至在非工科专业的培养计划中也设置了一定学时的工程训练。现代意义的大学生工程训练是适应现代科技发展的"新工科"背景下的产物,是与传统金工实习有着质的区别的一种全新模式下的实践锻炼与学科创新教学环节,是全面提高工科学生综合性工程能力、实现"中国制造 2025"战略的迫切要求。

1.1.2 工程训练的主要教学内容

现代意义的工程训练以机器零件的加工全过程为主线,将现代加工技术融入实践教学,并把课程思政元素和劳动教育融入工程训练课程全过程。在实训过程中,其主要实训内容有:普通机械加工、数控加工、铸造、压力成型、焊接、钳工、特种加工、热处理、逆向工程及 3D 打印、激光加工、工业机器人、安全供电及电机控制等,也可以根据实际开设一些具有本校职业特色的工程训练内容。

工程训练中心是高校对学生开展工程训练以及其他专业训练和创新实践活动的重要场所。一般工程训练中心具备的实训室及教学内容介绍如下。

(1) 车工实训室

车工实训室的主要设备为车床。学生在车工实训室主要进行车工实训。车削加工是指在车床上,利用工件的旋转运动和刀具的直线运动或曲线运动,去除毛坯表面多余金属,从而获得一定形状和尺寸的符合图纸要求的零件的过程。车削是最基本、最常见的切削加工方法,在生产中占有十分重要的地位。

车工实训能使学生掌握普通车床的基本操作方法及中等复杂零件的车削加工工艺过程。车工实训室实训的具体内容及要求如下:

① 了解普通卧式车床的结构、原理及基本操作方法;
② 学会使用顶尖等工具装夹工件的方法;
③ 学会外圆车刀、切槽刀等常见车刀的选择与安装方法;
④ 掌握外圆面、端面及台阶面的加工方法;
⑤ 掌握切槽、切断及倒角的加工方法;
⑥ 掌握在车床上打中心孔及钻孔的方法;
⑦ 学会游标卡尺等常用车工量具的使用方法。

(2) 铣、刨、磨工实训室

铣、刨、磨工实训室的主要设备为铣床、刨床和磨床。学生在这里主要进行铣、刨、磨工实训。在铣床上用铣刀加工工件的工艺过程叫作铣削。铣削时，铣刀做缓慢的直线进给运动。铣床的加工范围很广，可以加工平面、斜面、垂直面、各种沟槽和成型面，还可以进行分度工作，有时钻孔、镗加工也可在铣床上进行。在刨床上用刨刀对工件做水平直线往复运动的切削加工方法称为刨削。刨削适应性强、通用性好，它能刨削平板类工件、支架类工件、箱体类工件、机座、床身零件的各种表面、沟槽等。在磨床上使用砂轮对工件表面进行切削加工称为磨削，它的主要任务是完成对工件最后的精加工和获得较为光洁的表面。

铣、刨、磨工实训室实训的具体内容及要求如下：
① 了解卧式铣床的结构、原理及基本操作方法；
② 了解牛头刨床的结构、原理及基本操作方法；
③ 了解铣刀、刨刀的结构，学会常见铣刀、刨刀的使用与安装方法；
④ 掌握平面铣削和平面刨削的加工方法；
⑤ 了解矩形槽、V形槽与燕尾槽的铣、刨加工工艺与方法；
⑥ 完成锤头料的四面平面加工作业；
⑦ 了解常用铣床附件的结构、用途及使用方法；
⑧ 了解外圆磨床和平面磨床的基本结构与操作。

（3）材料成型实训室

材料成型实训室的主要设备是造型工具、加热炉、空气锤、剪板机、卷板机等。学生在这里主要进行铸造、板料冲压和铆工实训。把加热熔化的金属液体浇入铸型，从而获得零件毛坯的加工方法叫作铸造。铸造实训的主要工作是砂型铸造。将钢板在压力机、剪板机、卷板机等的作用下，实现剪切、变形等的工作称为压力成型。而完成放样、号料、下料、成型、制作、校正、安装等工作的工种则是铆工。

材料成型实训室实训的具体内容及要求如下：
① 认识铸造工具及附件及其使用方法；
② 学会简单零件的砂型铸造操作方法；
③ 认识压力机、剪板机、卷板机的功能及基本操作方法；
④ 练习缓冲罐等实训工件毛坯在剪板机、卷板机上的下料操作；
⑤ 了解铆工的常用工具、设备和常见工作；
⑥ 练习简单图形的展开图绘制。

（4）焊工实训室

焊工实训室的主要设备是电焊机、气瓶和其他焊接设备。学生主要进行焊条电弧焊、氩弧焊和气焊的操作训练。焊接是一种连接金属材料的工艺方法。焊接过程的实质是通过加热或加压，借助金属原子的结合与扩散作用使分离的金属材料永久连接起来。

焊工实训室实训的具体内容及要求如下：
① 了解焊接的概念和分类；
② 了解焊条电弧焊的概念、特点和应用；
③ 了解焊接电弧的概念、产生条件和特征；
④ 了解电焊机的分类及型号的含义；
⑤ 了解焊条的分类、型号、组成和作用；
⑥ 掌握焊条电弧焊焊接工艺、操作技术及操作要领；
⑦ 了解气焊焊接工艺、操作技术及操作要领；
⑧ 了解氩弧焊焊接工艺、操作技术及操作要领；

⑨ 学习焊工安全操作规程及注意事项。

（5）钳工实训室

钳工实训室的设备主要有钻床、钳工工作台及各种钳工工具。钳工手持工具进行金属切削加工，其基本操作有：划线、削、锉削、锯削、钻孔、扩孔、铰孔、攻螺纹和套螺纹、铆接、校直与弯曲、刮削与研磨等。

钳工实训室实训的具体内容及要求如下：

① 了解常用钳工工具的使用方法和钳工基本工艺、操作要领；

② 掌握锯削方法以及锯条的种类和选择，了解锯条损坏和折断的原因；

③ 掌握划线的概念、划线的基准选择、划线的作用和基本步骤；学会常用划线工具的正确使用方法以及平面划线和简单零件的立体划线方法；

④ 掌握锉削的概念、锉刀的种类、规格和用途，学会锉刀的选择及操作，掌握平面和曲面的锉削方法；

⑤ 掌握钻孔的基本知识及设备，了解麻花钻的几何形状和各部分的作用以及钻床使用的安全操作规程，学会基本钻孔方法；

⑥ 了解丝锥、板牙的构造、规格和用途，学会攻螺纹和套螺纹的操作方法。

（6）数控加工实训室

数控加工实训室主要有数控车床、数控铣床、数控加工中心等先进制造设备，通过实训学生能够较好地掌握数控车、数控铣的编程方法和加工过程，能够了解数控加工中心的刀库、换刀机构等结构及加工特点。

数控加工实训室实训的具体内容及要求如下：

① 学会中等复杂零件的数控加工工艺；

② 学会使用复合循环指令加工外圆的方法；

③ 学会螺纹的车削加工方法；

④ 学会两轴铣削加工方法；

⑤ 了解加工中心的加工操作。

（7）特种加工实训室

特种加工实训室用于完成数控电火花成型加工、数控电火花线切割加工。特种加工实训室实训的具体内容及要求如下：

① 了解电火花成型的特点与应用；

② 了解电火花线切割的适用范围与加工操作方法。

（8）热处理实训室

该实训室主要用于完成对钢的热处理的认识与操作方法的实训，包括淬火、高低温回火等，使用硬度计检查热处理后钢的硬度变化，以及使用抛光机制作试样观察热处理后金相组织的变化，使用砂轮机对不同牌号的钢进行火花鉴别等。

（9）逆向工程及 3D 打印实训室

在该实训室学生通过三维扫描仪对机械零件或实物进行扫描，并使用 3D 打印机直接输出实物立体模型。通过对逆向工程技术进行综合训练，学生能够学习和了解逆向工程技术的基本思想和方法，了解和掌握一些常用的逆向设备及处理软件，培养逆向思维和创新意识，拓宽知识面，提高解决问题的能力，提高对未来工作的适应能力和增强信心。

(10) 激光加工实训室

在该实训室对激光加工技术进行综合训练，能够使学生了解激光的基本知识，掌握典型激光加工设备的操作方法，学会使用激光加工设备的处理软件，并能够设计制作创新作品，培养学生的创新思维和动手能力，增强学生对先进加工方法的认识。该实训室既可作为基础工程训练或综合工程训练的场地，也可以作为全校各专业的创新创业训练场地和科研服务的场所。

(11) 工业机器人实训室

该实训室让学生亲身体验智能工厂的全新概念，了解工业机器人的基本知识，学会工业机器人的编程、操作及演示等。该实训室主要是机械及近机械等专业的综合工程训练场地，同时也是全校各专业的创新创业训练场地。

(12) 供电安全实训室

该实训室可帮助学生了解供电基本常识、了解典型供电设备的选择、进行供电线路的连接训练，也可普及供电安全知识及演示短路、漏电等现象，进一步提高学生的供电安全意识。

(13) 电气控制实训室

在该实训室学生通过给出的电气原理图，对电气控制柜中的各种电气元件通过导线进行适当连接，实现对电机的控制。通过可编程序控制器的编程或变频器的设置实现对电机进行较为复杂的控制或调速控制。

(14) 创新实训室

创新实训室是专为大学生创新创业教育和大学生竞赛提供的实训场所。该实训室可提供各种工程训练中心的加工设备、焊接设备、电气试验台、电脑、3D打印机、激光切割机等，完全满足大学生创新创业教育和科技竞赛对设备、场地及技术支持的各种需要。

另外，各高校也会针对本校主要面向的职业实际，设置一些特殊的实训室。例如，化工仿真实训室、汽车实训室、环境及水处理实训室、陶艺实训室等。

1.2　工程训练安全教育

(1) 安全第一、警钟长鸣

工程训练是学生接受高等教育阶段进行的第一次直接上手操作的实践课程，实训内容又是具有高度危险性的机械加工操作，因此全体参与实训的师生一定要时刻树立"安全第一"的思想，要做到警钟长鸣。实训安全包括人身安全、设备安全和环境安全，其中最重要的是人身安全。每一个参加工程训练的大学生都要经过包括中心级、实训室级和指导教师级在内的三级安全教育。在每一个实训室实训开始前，要认真研读每个设备和工种的安全操作规程并严格遵守。

(2) 工程训练的安全注意事项

① 一切行动听指挥。所有实训活动均应在指导教师的安排、指挥和监控下进行。严禁参训学生私自行动，杜绝迟到、早退和旷课现象的发生。

② 实训教学场地的电气开关、按钮、旋钮、手轮手柄以及工具、夹具、量具和机器设备等，未经指导教师允许，不得随意触碰和私自使用，以防损坏、丢失和发生意外。

③ 实训教学场地的工具设备、桌椅等禁止随意挪动。参训学生的个人物品要集中放置到指定位置。

④ 要爱护实训设备，文明操作。禁止无目的地快速拨动手轮、盲目地敲击键盘和点击鼠标等对设备有危害的行为发生。

⑤ 实训教学场地（包括附属卫生间）禁止吸烟；禁止在实训场地吃食物、打球和打扑克、玩电子游戏等。

⑥ 参训学生要穿实习服和长裤。禁止赤膊和穿着背心、短裤、裙子和拖鞋实训。遇极端天气时，可以根据实训项目特点，按指导教师要求增减衣物。在操作机床等有高速运转部件的实训设备时，长发同学应戴好帽子，并将长发盘起塞入帽中，避免头发卷入机器造成事故。

⑦ 要注意观察和记住实训场地的逃生路线、逃生门和指示标志的位置。实训时，要避免在可能存在危险的区域内站立和就坐。

1.3　劳动教育概述

劳动教育是中国特色社会主义教育事业的重要组成部分，也是保证社会主义教育性质的重要基石。2018 年 9 月 10 日，习近平总书记在全国教育大会上强调，"坚持中国特色社会主义教育发展道路……培养德智体美劳全面发展的社会主义建设者和接班人"。高校应将劳动教育融入人才培养全过程，工程训练中心在工程训练课程中，以实践育人为目的、以人才培养为导向开展劳动教育，积极改革与实践，把劳动教育贯穿实践教学全过程，正确引导大学生树立正确的劳动观，全面落实立德树人的根本任务。

在劳动育人理念、育人模式、育人机制等方面不断创新完善，使学生在劳动育人中增强劳动意识、强化劳动技能、养成劳动习惯、丰富劳动实践，体现劳动树德、增智、强体、育美的综合育人价值。

劳动教育的思想性原则是让学生深刻理解劳动创造价值、创造财富、创造美好生活的道理，尊重劳动、尊重劳动者，牢固树立劳动最光荣、劳动最崇高、劳动最伟大、劳动最美丽的思想观念。

劳动教育的实践性原则是劳动教育的价值在于学生能够亲身参加劳动操作实践，身体力行感受整个过程。

劳动教育的创新性原则是劳动教育应该培养学生勇于探索的创新精神，鼓励学生在学习和借鉴他人丰富经验、技艺的基础上，尝试进行创造性劳动。

劳动教育的安全性原则是安全意识的培养，是劳动教育的重要环节。学会正确使用工具、设备，自觉穿戴劳动保护用品，养成严格遵守劳动纪律、规章制度的良好习惯。

（1）劳动教育的基本内涵

基于概念辨析和演进发展的视角分析，对于劳动教育的理解可以从广义和狭义两个角度进行界定。从广义而言，劳动教育可以泛指一切与劳动、生产有关的教育活动。从狭义而言，劳动教育指的是依据一定的社会要求和学生身心发展规律，有目的、有计划、有组织地以劳动为载体,对学生劳动观念、劳动态度、劳动知识、劳动情感、劳动习惯、劳动技能、劳动体验等施加影响,在认知发展的同时,使情感、信念、态度、价值观、素养得到发展和提升,旨在促进学生终身发展和全面发展的一种教育活动。

(2)新时代高校劳动教育的内涵

新时代高校劳动教育是顺应新时代劳动发展趋势对大学生进行系统的劳动思想教育、劳动技能培育与劳动实践锻炼,全面提高大学生劳动素养的过程,目的是引导新时代大学生在劳动创造中追求幸福感、获得创新灵感,培养具有社会责任感、创新精神和实践能力的高级专门人才。这个定义从五个方面明确了新时代高校劳动教育的本质属性。一是地位上,新时代高校劳动教育是高等教育人才培养体系的重要组成部分。二是内容上,新时代高校劳动教育应反映新时代劳动发展的趋势。三是形态上,涉及劳动思想教育、劳动技能培育与劳动实践锻炼领域。四是目标上,新时代高校劳动教育以全面提升大学生劳动素养为主要关注点。五是目的取向上,新时代高校劳动教育追求内在价值与外在价值的和谐统一。

(3)新时代大学生劳动教育的新内涵

大学生劳动教育的内涵丰富,广义层面,就是高校作为培养社会主义时代新人的阵地,必须以培养全面发展的人才为目的,从劳动教育层面关注并落实。狭义层面,其含义可简单概括,即从大学生的劳动观念意识等内在出发,给予正确性引导,进而外化为劳动知识技能等,是理论与实践相统一的教育内容。

① 把握正确劳动观,端正劳动态度。劳动观念基于意识形态,是主体通过实践对劳动产生的总体认识。而劳动观已是个人自身对于劳动的本质、意义等各方面约定俗成地存在于头脑里的条例认识,是世界观、人生观和价值观的重要组成部分。

② 改善劳动习惯,创新劳动方法。大学生作为新时代奋斗者,肩负国家的时代使命,应养成良好的劳动习惯。体力劳动与脑力劳动相结合,就要采取相应的劳动方法,使学生乐于劳动,形成健全的个性品质,掌握正确的劳动方法,形成良好的劳动习惯,从而更好地促进大学生全面发展。

③ 提高劳动意识,弘扬劳动精神。劳动意识是劳动者对劳动对象作用以及两者之间相互作用的活动过程的能动反映。大学生通过劳动端正自己的劳动态度,培养劳动情感,养成劳动习惯。精神是一种积极向上的表现,而劳动精神是相对于劳动来讲的一种意志力。对于新时代而言,就是劳动者所呈现的精神面貌。

④ 学习劳动知识,掌握时代技能。引导大学生将理论与实践相结合,促使学生在社会实践过程中,将理论运用于实际中,学以致用。同时还需将劳动实践与劳动教育结合,实现教育贯穿整个生产劳动的过程,在实践中检验和发展理论。同时,新时代要促使学生掌握新的劳动技能、增长新的本领、提高自身综合素质,从而培养新时代知识型、技能型、创新型的人才。

(4)新时代大学生劳动教育的基本要求

与中小学的劳动教育相比,面向大学生的劳动教育要将大学生作为"准劳动者"看待,要在教育学生爱劳动的基础上,引导学生懂劳动,明劳动之理,深刻认识劳动之于社会发展和人的全面发展的重要意义。

① 引导大学生树立马克思主义劳动观。正确的劳动观是可使大学生受益终身的宝贵财富。新时代大学生劳动教育必须引导学生树立马克思主义劳动观,使大学生由衷认同"劳动最光荣、劳动最崇高、劳动最伟大、劳动最美丽"的劳动价值观,促使大学生在劳动中感受快乐、点亮青春、放飞梦想。

② 重点培养大学生的劳动创新精神。大学生只有练就过硬本领，才能以真才实学服务人民、以创新创造贡献国家。正因如此，新时代对大学生劳动教育提出了更高的要求，需要通过劳动教育增强劳动和创新对大学生的吸引力，培养知识型、技能型、创新型的劳动者。

③ 激发大学生实干兴邦的家国情怀。面对学生在学习、生活、就业等方面的压力，过去的劳动教育由于缺乏明确的价值引领，更多地将劳动局限于生产劳动，片面关注劳动的生产性价值，因而未能有效地解决大学生的思想困惑和精神困顿。新时代大学生劳动教育要立意高远，着重培养大学生实干兴邦的家国情怀，激励大学生在奋斗和奉献中为社会主义现代化建设添砖加瓦。

（5）新时代大学生劳动教育的主要内容

实施劳动教育的重点是在系统的文化知识学习之外，有目的、有计划地组织学生参加日常活动、生产活动和服务性活动，让学生动手实践、出力流汗，接受锻炼、磨炼意志，培养学生正确的劳动价值观和良好的劳动品质，使学生树立劳动最光荣的价值理念，尊重劳动、热爱劳动、尊重劳动人民、珍惜他人的劳动成果，明确树立正确的劳动目的，弘扬艰苦奋斗、勤俭节约的劳动精神，最终实现全面健康发展。

① 劳动价值观的教育。大学生劳动教育应该从培养大学生正确的劳动价值观出发。首先要让大学生形成正确的劳动价值取向，懂得劳动最光荣、劳动创造社会财富以及劳动实现自我价值，形成正确的劳动态度，树立以劳动为荣、以懒惰为耻的劳动价值观。另外，要让大学生从自身实际情况出发，树立正确的劳动目标，否则将会出现"好高骛远"的现象。

② 劳动精神的教育。我们要一直坚持"热爱劳动、勤劳勇敢、自强不息"的传统美德，要将传统美德进一步发扬光大，培养劳动精神和劳动意识，形成正确的劳动价值观。因为辛勤劳动、创造性劳动是实现自我价值的重要途径，是积累社会财富的必要手段，我们只有通过劳动才能实现中华民族的伟大目标。

③ 劳动技能的教育。高校要重视对大学生开展劳动教育，通过实践活动提高大学生理论联系实际的能力，引导大学生利用所学知识解决实际问题。

第 2 章 钳工实训

2.1 钳工概述

钳工以手工操作为主,使用各种工具来完成工件的加工、装配和修理等工作。因其常在钳工工作台上用台虎钳夹持工件操作而得名。

(1) 钳工的加工特点
① 使用的工具简单,操作灵活。
② 可以完成机械加工不便加工或难以完成的工作。
③ 与机械加工相比,劳动强度大、生产效率低。

(2) 钳工的应用范围
① 机械加工前的准备工作,如清理毛坯、在工件上划线等。
② 适于单件或小批生产、制造精度要求一般的零件。
③ 加工精密零件,如样板、刮削或研磨机器和量具的配合表面等。
④ 装配、调整和修理机器等。

(3) 钳工常用的设备
钳工常用的设备包括钳工工作台、台虎钳等。

(4) 钳工的基本操作
钳工的基本操作包括划线、锯削、锉削、攻套螺纹、刮削、錾削、研磨等。此外,还包括矫正、弯曲以及机器的装配、调试与维修等。

2.2 钳工工作台和台虎钳

2.2.1 钳工工作台

钳工工作台一般是用木材制成的,也有用铸铁件制成的,要求坚实和平稳,台面高度 800~900mm,其上装有防护网,如图 2-1 所示。

2.2.2 台虎钳

台虎钳用来夹持工件,有固定式和回转式两种结构类型,如图 2-2 所示。图 2-2(a) 所示为固定式台虎钳,图 2-2(b) 所示为回转式台虎钳,其构造和工作原理如下。活动钳身 2 通过导轨与固定钳身 5 的导轨做滑动配合,丝杠 1 装在活动钳身上,可以旋转,但不能轴向移动,并与安装在固定钳身内的丝杠螺母 6 配合。摇动手柄 13 使丝杠旋转,带动活动钳身做轴向移动,起夹紧或放松工件的作用。弹簧 12 借助挡圈 11 和销 10 固定在丝杠上,其作用是当放松丝杠时,可使活动钳身及时地退出。在固定钳身和活动钳身上,各装有钢质钳口 4,并用螺钉 3 固定。钳口的工作面上制有交叉的网纹,使工件夹紧后不易产生滑动。钳口经过热处理淬硬,具有较好的耐磨性。固定钳身装在转座 9 上,并能绕转座轴心线转动,当转到要求的方向时,扳动手柄 7 使夹紧螺钉旋紧,便可在夹紧盘 8 的作用下把固定钳身固定。转座上有 3 个螺栓孔,用于与钳台固定。

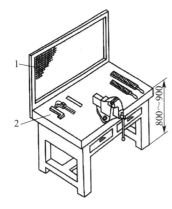

图 2-1　钳工工作台
1—防护网；2—工具摆放处

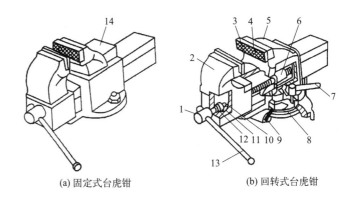

(a) 固定式台虎钳　　　(b) 回转式台虎钳

图 2-2　台虎钳
1—丝杠；2—活动钳身；3—螺钉；4—钳口；5—固定钳身；6—螺母；7—手柄；8—夹紧盘；9—转座；10—销；11—挡圈；12—弹簧；13—手柄；14—砧面

台虎钳的规格以钳口的宽度来表示：有 100mm、125mm、150mm 等规格。使用台虎钳时,应注意下列事项：

① 工件应夹在台虎钳钳口中部,以使钳口受力均匀。
② 当转动手柄夹紧工件时,手柄上不准套管子或用锤敲击,以免损坏台虎钳丝杠或螺母上的螺纹。
③ 用手锤击打工件时,只可在砧面 14 上进行。

2.3　划线

2.3.1　划线的作用和种类

（1）划线的作用

划线的作用主要有以下三点。
① 在毛坯或半成品上划出加工线,作为加工时的依据。
② 在划线过程中,对照图纸检查毛坯的形状和尺寸是否符合要求。
③ 对于毛坯形状和尺寸超差不大者,通过划线合理安排加工余量,重新调整毛坯各个表面的相互位置,进行补救,避免造成废品,这种方法叫作借料。

（2）划线的种类

划线分为平面划线和立体划线,如图 2-3 所示。平面划线是在工件的一个平面上划线,即能明确表示出工件的加工线；立体划线则是要同时在工件的几个不同方向的表面上划线，才能明确地表示出工件的加工线。

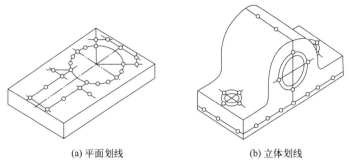

图 2-3　平面划线和立体划线

2.3.2　划线工具及其使用方法

① 划线平板。划线的基准工具是划线平板，如图 2-4 所示。它由铸铁制成，上面是划线的基准平面，所以要求非常平直和光洁。平板要安放牢固，上平面应保持水平，以便稳定地支承工件。平板不准碰撞和用锤敲击，以免使其准确度降低。平板若长期不用，应涂防锈油并用木板护盖。

图 2-4　划线平板

② 千斤顶。千斤顶是在平板上支承工件用的，其高度可以调整，以便找正工件，通常用 3 个千斤顶支承工件。支承要平衡，支承点间距尽可能大，如图 2-5 所示。

③ V 形块。用于支承圆柱形工件，使工件中心线与平板平行，如图 2-6 所示。V 形槽角度为 90°或 120°。

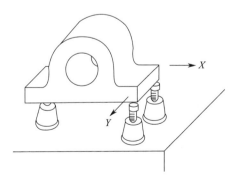

图 2-5　用千斤顶支承工件

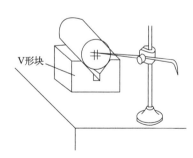

图 2-6　用 V 形铁支承工件

④ 方箱。用于夹持较小的工件。通过翻转方箱，便可在工件表面上划出互相垂直的线。V 形槽放置圆柱工件，配合角度垫板可划斜线，如图 2-7 所示。使用时严禁碰撞方箱，夹持工件时紧固螺钉松紧要适当。

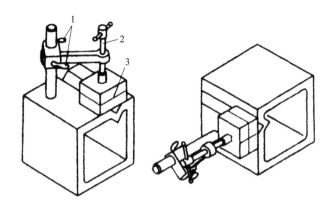

(a) 将工件靠紧在方箱上，划水平线　　(b) 翻转方箱90°，划垂直线

图 2-7　用方箱夹持工件

1—紧固手柄；2—紧固螺钉；3—划出的水平线

⑤ 划针。划针是用来在工件表面上划线的。图 2-8 所示为划针的用法。

⑥ 划卡。划卡主要是用来确定轴和孔的中心位置的，如图 2-9 所示。

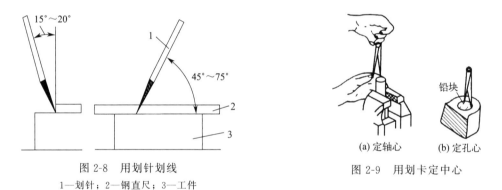

图 2-8　用划针划线

1—划针；2—钢直尺；3—工件

图 2-9　用划卡定中心

⑦ 划规。划规是平面划线作图的主要工具，如图 2-10 所示，划规可用来划圆和圆弧、等分线段、等分角度以及量取尺寸等。

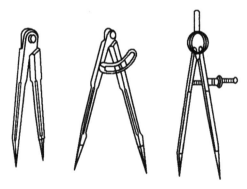

图 2-10　划规

⑧ 划针盘。划针盘是立体划线用的主要工具。调节划针到一定高度，并在平板上移动划针盘，即可在工件上划出与平板平行的线，如图 2-11 所示。此外，还可用划针盘对工件

进行找正。

⑨ 游标高度卡尺。游标高度卡尺是高度尺和划针盘的组合，如图 2-12 所示。它是精密工具，用于半成品的划线，不允许用它划毛坯。要防止碰坏硬质合金划线脚。

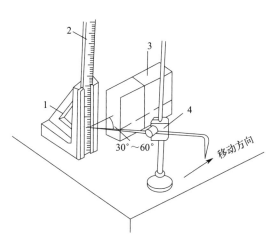

图 2-11 用划针盘划水平平行线
1—尺座；2—钢直尺；3—工件；4—划针盘

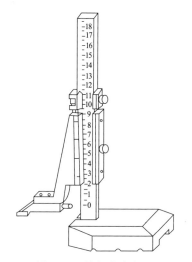

图 2-12 游标高度卡尺

⑩ 样冲。样冲用来在工件的划线上打出样冲眼，以备所划的线模糊后，仍能找到原线位置。图 2-13 所示为样冲的用法。

⑪ 量具。划线常用的量具有钢直尺、高度尺、直角尺、游标卡尺等。

2.3.3 划线基准

用划针盘划各水平线时，应选定某一基准作为依据，并以此来调节每次划针的高度，这个基准称为划线基准。一般选重要孔的中心线作为划线基准，如图 2-14(a) 所示。若工件上个别平面已加工过，则应以加工过的平面为划线基准，如图 2-14(b) 所示。

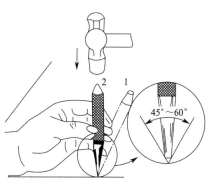

图 2-13 样冲及其用法
1—对准位置；2—冲眼

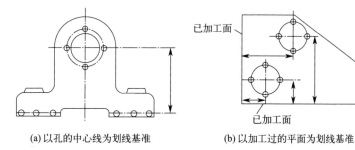

(a) 以孔的中心线为划线基准　　(b) 以加工过的平面为划线基准

图 2-14 划线基准

2.3.4 划线步骤与操作

下面以轴承座为例，说明立体划线的步骤和操作，如图 2-15 所示。

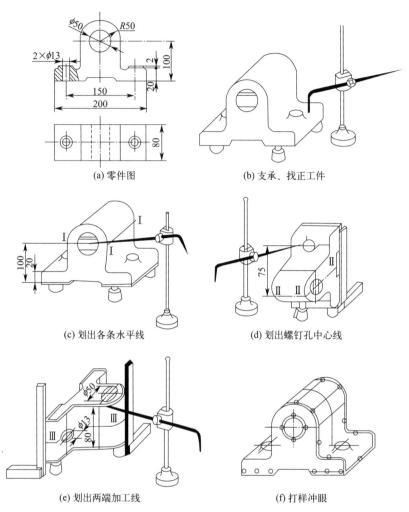

图 2-15 立体划线示例

① 分析图样，检查毛坯是否合格，确定划线基准。轴承座孔为重要孔，应以该孔中心线为划线基准，以保证加工时孔壁的均匀，如图 2-15(a) 所示。

② 清除毛坯上的氧化皮和毛刺。在划线表面涂上一层薄而均匀的涂料，毛坯用石灰水涂料，已加工表面用紫色涂料（龙胆紫加虫胶和酒精）或绿色涂料（孔雀绿加虫胶和酒精）。

③ 支承、找正工件。用3个千斤顶支承工件底面，并根据孔中心及上平面调节千斤顶，使工件水平，如图 2-15(b) 所示。

④ 划出各水平线。划出基准线及轴承座底面四周的加工线，如图 2-15(c) 所示。

⑤ 将工件翻转90°，用直角尺找正后划螺钉孔中心线，如图 2-15(d) 所示。

⑥ 将工件翻转90°，并用直角尺在两个方向上找正后，划螺钉孔线及两端加工线，如图 2-15(e) 所示。

⑦ 检查划线是否正确后，打样冲眼，如图 2-15(f) 所示。

划线时，同一面上的线条应在一次支承中划全，避免补划时因再次调节支承而产生误差。

2.4 锯削

2.4.1 手锯

手锯是手工锯削的工具,包括锯弓和锯条两部分。

① 锯弓。锯弓是用来夹持和张紧锯条的,可分为固定式和可调式两种。图 2-16 所示为锯弓可调式手锯。锯弓可调式的弓架分前后两段。因为前段在后段套内可以伸缩,因此可以安装多种长度规格的锯条。

② 锯条。锯条是用碳素工具钢制成的,如 T10A 钢,并经淬火处理,常用的锯条长度有 200mm、250mm、300mm 三种,宽 12mm,厚 0.8mm。每个齿相当于一把刀具,起切削作用。常用锯条锯齿的后角为 40°~45°,楔角为 45°~50°,前角约为 0°,如图 2-17 所示。

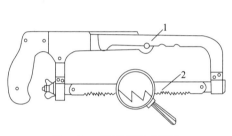

图 2-16 锯弓可调式手锯
1—锯弓;2—锯条

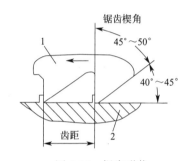

图 2-17 锯齿形状
1—锯齿;2—工件

锯条制造时,锯齿按一定的形状左右错开,排列成一定的形状,称为锯路,如图 2-18 所示。锯路的作用是使锯缝宽度大于锯条背部厚度,以防止锯削时锯条卡在锯缝中,减少锯条与锯缝的摩擦阻力,并使排屑顺利,锯削省力,提高工作效率。

锯齿根据 25mm 锯条齿距内所含齿数多少分为粗齿、中齿、细齿 3 种。主要根据加工材料的硬度、厚度来选择。锯削软材料或厚工件时,因锯屑较多,要求有较大的容屑空间,应选用粗齿锯条;锯削硬材料及薄工件时,因材料硬,锯齿不易切入,锯屑量少,不需要大的容屑空间。另外,对于壁薄工件,在锯削中锯齿易被工件钩住而崩裂,一般至少要有 3 个齿同时接触工件,使单个锯齿承受的力量减少,应选用细齿锯条。

2.4.2 锯削操作要领

① 工件的夹持。工件一般应夹持在钳口的左侧,以便操作;工件伸出钳口不应过长,应使锯缝离开钳口侧面约 20mm,防止工件在锯削时产生振动;锯缝线要与钳口侧面保持平行(使锯缝线与铅垂线方向一致),便于控制锯缝不偏离划线线条;夹紧要可靠,同时要避免将工件夹变形和夹坏已加工面。

② 锯条的安装。手锯是在前推时才起锯削作用,因此锯条安装应使齿尖的方向朝前,如图 2-19(a) 所示,如果装反,如图 2-19(b) 所示,则锯齿前角为负值,就不能正常锯削了。在调节锯条松紧时,翼型螺母不宜旋得太紧或太松,太紧时锯条受力太大,在锯削中用力稍有不当,就会折断;太松时则锯条容易扭曲,也易折断,而且锯出的锯缝容易歪斜。其松紧程度可用手扳动锯条,以感觉硬实。锯条安装后,要保证锯条平面与锯弓中心平面平

行，不得倾斜和扭曲，否则，锯削时锯缝极易歪斜。

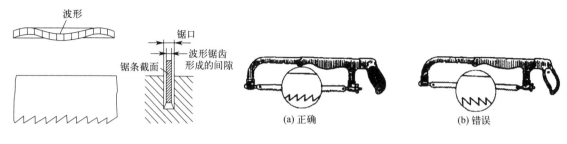

图 2-18　锯齿波形排列　　　　　　　图 2-19　锯条的安装

③ 手锯握法和锯削姿势。右手满握锯柄，左手轻扶在锯弓前端，如图 2-20 所示。左脚中心线与台虎钳丝杠中心线成 30°左右的夹角，右脚中心线与台虎钳丝杠中心成 75°左右夹角，如图 2-21 所示。锯削时推力和压力由右手控制，左手主要配合右手扶正锯弓，压力不要过大。手锯推出时为锯削行程，应施加压力，返回行程不锯削，不加压力做自然拉回。工件将要被锯断时压力要减小。锯削运动一般采用小幅度的上下摆动式运动，即手锯推进时身体略向前倾，双手随着压向手锯的同时，左手上翘，右手下压，回程时右手上抬，左手自然跟回。

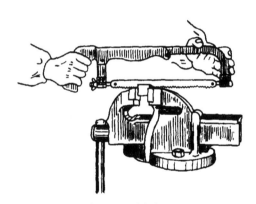 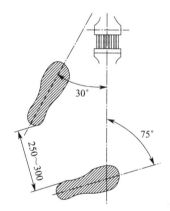

图 2-20　手锯握法　　　　　　　图 2-21　锯削时的站立位置

④ 起锯方法。锯削时要掌握好起锯、锯削压力、速度和往复长度，如图 2-22 所示。

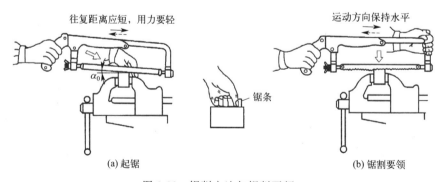

图 2-22　锯削方法与锯削要领

起锯时应以左手拇指靠住锯条，以防止锯条横向滑动，右手稳推手柄，如图 2-22(a) 所示。锯条应与工件倾斜一个 10°~15°的起锯角，起锯角过大锯齿易崩碎；起锯角过小，锯齿不易切入，还有可能打滑，损坏工件表面。起锯时，锯弓往复行程要短，压力要小，锯条要与工件表面垂直。

⑤ 锯削过程。过渡到正常锯削后，需双手握锯，如图 2-22(b) 所示。锯削时右手握锯柄，左手轻握锯弓前端，锯弓应直线往复，不可摆动。前推时加压要均匀，返回时锯条从工件上轻轻滑过。往复速度不宜太快，锯削开始和终了前压力和速度均应减小。锯削时尽量使用锯条全长（至少占全长的 2/3）工作，以免锯条中部迅速磨损。快锯断时用力要轻，以免碰伤手臂和折断锯条。锯缝如歪斜，不可强扭，否则锯条将被折断，应将工件翻转 90°重新起锯。锯削较厚钢料时，可加机油冷却和润滑，以减少锯条磨损。

2.5 锉削

2.5.1 锉刀

① 锉刀的构造和种类。锉刀是用以锉削的刀具，常用 T12A 制成，经热处理淬硬，硬度为 62～67HRC，锉刀由锉面、锉边、锉柄等部分组成，如图 2-23 所示。

锉刀上的锉纹是剁齿机剁出来的，锉纹交叉排列，形成切削齿与容屑槽，其形状放大后，如图 2-24 所示。锉刀齿纹有单纹和双纹之分，锉刀齿纹多制成双纹，便于断屑和排屑，也使锉削省力。锉刀的规格一般以截面形状、锉刀长度、齿纹粗细来表示。

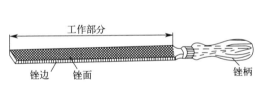

图 2-23 锉刀的组成

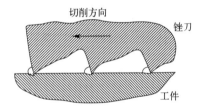

图 2-24 锉齿形状

钳工锉刀按其截面形状可分为扁锉、方锉、圆锉、半圆锉和三角锉等 5 种，如图 2-25 所示，其中以扁锉使用得最多。锉刀大小以工作部分的长度表示，按其长度可分为 100mm、125mm、150mm、200mm、250mm、300mm、350mm、400mm 和 450mm 等几种。按锉面单位长度上齿数的多少，锉刀可分为粗齿锉、中齿锉、细齿锉和油光锉。

② 锉刀的选择。锉刀规格根据加工表面的大小选择，锉刀断面形状根据加工表面的形状选择，锉刀齿纹粗细根据工件材料、加工余量、精度和表面粗糙度值选择。粗齿锉由于齿间距离大，锉屑不易堵塞，多用于锉有色金属以及加工余量大、精度要求低的工件；油光锉仅用于工件表面的最后修光。锉刀刀齿粗细的划分、特点和应用，见表 2-1。

表 2-1 锉刀刀齿粗细的划分、特点和应用

锉齿粗细	齿纹条数(10mm 长度内)	特点和应用	加工余量/mm	表面粗糙度值/μm
粗齿	4～12	齿间距离大，不易堵塞，适宜粗加工或锉铜、铝等非铁材料(有色金属)	0.5～1	12.5～50
中齿	13～23	齿间距离适中，适于粗锉后加工	0.2～<0.5	3.2～6.3
细齿	30～40	锉光表面或硬金属	0.05～<0.2	1.6
油光齿	50～62	精加工时修光表面	<0.05	0.8

注：粗齿相当于 1 号锉纹号，中齿相当于 2、3 号锉纹号，细齿相当于 4 号锉纹号，油光齿相当于 5 号锉纹号。

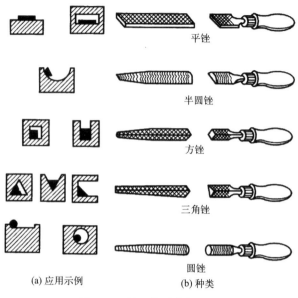

图 2-25 锉刀的种类与应用

2.5.2 锉削操作要领

① 锉刀的握法。锉刀的握法如图 2-26 所示。使用大的平锉时,应右手握锉柄,左手压在锉端上,使锉刀保持水平,如图 2-26(a)、(b)、(c) 所示。使用中平锉时,因用力较小,左手的大拇指和食指捏着锉端,引导锉刀水平移动,如图 2-26(d) 所示。小锉刀及什锦锉刀的握法,如图 2-26(e)、(f) 所示。

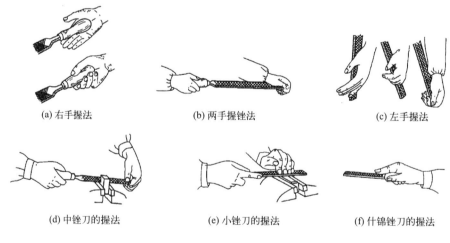

图 2-26 锉刀的握法

② 锉削姿势与施力。锉削时的站立步位基本同锯削的站立步位。两手握住锉刀放在工件上面,左臂弯曲,小臂与工件锉削面的左右方向保持基本平行,右小臂要与工件锉削面的前后方向保持基本平行,但要自然;锉削时,身体先于锉刀并与之一起向前,右脚伸直并稍向前倾,重心在左脚,左膝部呈弯曲状态;当锉刀锉至约 3/4 行程时,身体停止前进,两臂带动继续将锉刀向前锉到头,同时,左腿自然伸直并随着锉削时的反作用力,将身体重心后

移，使身体恢复原位，并顺势将锉刀收回；当锉刀收回将近结束时，身体又开始先于锉刀前倾，做第二次锉削的向前运动。

要锉出平直的平面，必须使锉刀保持直线的锉削运动。为此，锉削时右手的压力要随锉刀推动而逐渐增加，左手的压力要随锉刀推动而逐渐减小。回程时不加压力，以减少锉齿的磨损。锉削速度一般应在 40 次/min 左右，推出时稍慢，回程时稍快，动作要自然协调，如图 2-27 所示。

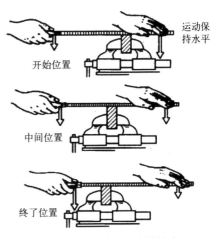

图 2-27　锉削平面时的施力

2.5.3　平面及圆弧面锉削工艺

（1）平面锉削工艺

锉削平面的方法有三种：交锉法、顺锉法、推锉法。粗锉时采用交锉法，即锉刀运动方向与工件夹持方向成 30°～40°角，如图 2-28(a) 所示，此法的锉痕是交叉的，故去屑较快，并容易判断锉削表面的不平程度，有利于把表面锉平。交锉后，再用顺锉法，即锉刀运动方向与工件夹持方向始终一致，如图 2-28(b) 所示。顺锉法的锉纹整齐一致，比较美观，适宜精锉。平面基本锉平后，在余量很少的情况下，可用细齿锉或油光锉以推锉法修光，如图 2-28(c) 所示，推锉法一般用于锉光较窄的平面。

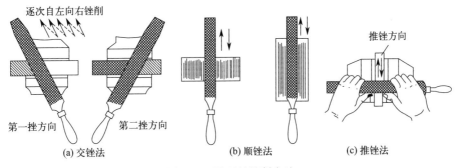

图 2-28　平面的锉削方法

（2）圆弧面锉削工艺

① 锉削外圆弧面方法。锉削外圆弧面所用的锉刀都为平锉。锉削时锉刀要同时完成两个运动：前进运动和锉刀绕工件圆弧中心的转动，如图 2-29 所示。锉削外圆弧面的方法有两种。

(a) 顺着圆弧面锉，如图 2-29(a) 所示。锉削时，锉刀向前，右手下压，左手随着上提。这种方法能使圆弧面锉削光洁圆滑，但锉削位置不易掌握且效率不高，故适用于精锉圆弧面。

(b) 对着圆弧面锉，如图 2-29(b) 所示。锉削时，锉刀做直线运动，并不断随圆弧面摆动。这种方法锉削效率高且便于按划线均匀锉近弧线，但只能锉成近似圆弧面的多菱形面，故适用于圆弧面的粗加工。

② 锉削内圆弧面方法。锉削内圆弧面的锉刀可选用圆锉、半圆锉、方锉（圆弧半径较大时）。如图 2-30 所示，锉削时锉刀要同时完成 3 个运动：前进运动、随圆弧面向左或向右移动和绕锉刀中心线转动。这样才能保证锉出的弧面光滑、准确。

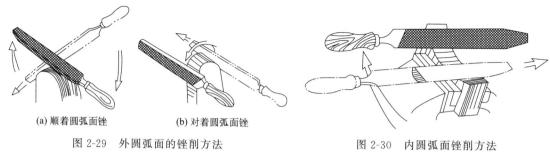

(a) 顺着圆弧面锉　　(b) 对着圆弧面锉

图 2-29　外圆弧面的锉削方法　　　图 2-30　内圆弧面锉削方法

2.6　攻螺纹和套螺纹

2.6.1　攻螺纹工具与操作

（1）丝锥

丝锥是加工内螺纹的工具，其构造如图 2-31 所示。丝锥由工作部分和柄部组成。工作部分包括切削部分和校准部分。切削部分的作用是切去孔内螺纹牙间的金属。校准部分有完整的齿形，用来校准已切出的螺纹，并引导丝锥沿轴向前进。柄部有方头，用来传递切削扭矩。

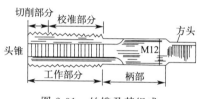

图 2-31　丝锥及其组成

手动丝锥的材料一般用低合金工具钢（如 9SiCr）制造，机用丝锥用高速钢（如 W18Cr4V）制造。普通三角螺纹丝锥中，M6～M24 的丝锥为两只一套，分别称为头锥、二锥；小于 M6 或大于 M24 的丝锥为三只一套，分别称为头锥、二锥和三锥。

（2）铰杠

铰杠是用来夹持丝锥的工具。有图 2-32 所示的普通铰杠和图 2-33 所示的丁字铰杠两类。丁字铰杠主要用在攻工件凸台旁的螺纹或机体内部的螺纹。各类铰杠又有固定式和活动式两种。固定式铰杠常用在攻 M5 以下的螺纹，活动式铰杠可以调节夹持孔尺寸。

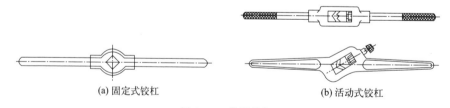

(a) 固定式铰杠　　(b) 活动式铰杠

图 2-32　普通铰杠

（3）攻螺纹操作

① 攻螺纹前底孔直径的确定。首先，要确定螺纹底孔直径，然后划线、打底孔。普通螺纹底孔直径可查表或通过经验公式计算。

脆性材料（铸铁、青铜等）：$D_\text{底} = D - 1.05P$。

韧性材料（钢、紫铜等）：$D_\text{底} = D - P$。

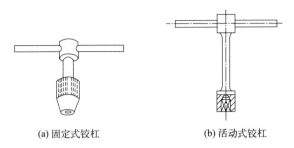

(a) 固定式铰杠　　　　　(b) 活动式铰杠

图 2-33　丁字铰杠

式中，$D_{底}$ 为底孔直径；D 为螺纹公称直径；P 为螺距。

② 操作要点。

(a) 在螺纹底孔的孔口倒角，通孔螺纹两端都倒角，倒角处直径可略大于螺孔大径，这样可使丝锥开始切削时容易切入，并可防止孔口被挤压出凸边。

(b) 用头锥起攻。起攻时，可一手用手掌按住铰杠中部，沿丝锥轴线用力加压，另一手配合顺向旋进，如图 2-34(a)；或两手握住铰杠两端均匀施加压力，并将丝锥顺向旋进，如图 2-34(b)。应保证丝锥中心线与孔中心线重合，不得歪斜。在丝锥攻入 1~2 圈后，应及时从前后、左右两个方向用 90°角尺进行检查，如图 2-35 所示，并不断校正至要求位置。

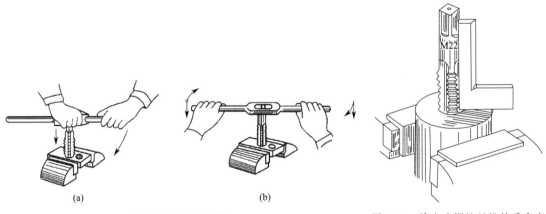

图 2-34　起攻方法　　　　　图 2-35　检查攻螺纹丝锥的垂直度

(c) 当丝锥的切削部分全部进入工件时，就不需要再施加压力，而靠丝锥做自然旋进切削。此时，两手旋转用力要均匀，并要经常倒转 1/4~1/2 圈，使切屑碎断后容易排出，避免因切屑阻塞而使丝锥卡住。

(d) 攻螺纹时，必须经头锥、二锥、三锥顺序攻至标准尺寸。在较硬的材料上攻螺纹时，可轮换各丝锥交替攻下，以减小切削部分负荷，防止丝锥折断。

(e) 攻不通孔时，可在丝锥上做好深度标记，并要经常退出丝锥，清除留在孔内的切屑。否则会因切屑堵塞使丝锥折断或攻螺纹达不到深度要求。当工件不便倒下进行清屑时，可用弯曲的小管子吹出切屑，或用磁性针棒吸出。

(f) 攻韧性材料的螺纹时，要加切削液，以减小切削阻力，减小加工螺纹的表面粗糙度和延长丝锥寿命。攻钢件时用机油，螺纹质量要求高时可用工业植物油。攻铸铁件可加煤油。

2.6.2 套螺纹工具与操作

(1) 板牙

板牙是加工外螺纹的刀具，用低合金工具钢或高速钢并经淬火、回火制成，分为固定式和可调式（开缝式）两种。

板牙的构造如图 2-36 所示，由切削部分、校准部分和排屑孔组成。它本身像一个圆螺母，只是在它上面钻有几个排屑孔，并形成切削刃。板牙两端带有切削锋角的部分起主要切削作用。板牙的中间是校准部分，也是套螺纹的导向部分。板牙的外围有一条深槽和 4 个锥坑，深槽可微量调节螺纹直径大小，锥坑用来定位和紧固板牙。

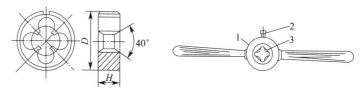

图 2-36 板牙与板牙架
1—板牙架；2—紧固螺钉；3—板牙；D—板牙直径；H—板牙厚度

(2) 板牙架

板牙架是套螺纹的辅助工具，用来夹持并带动板牙旋转，如图 2-36 所示。

(3) 套螺纹操作

① 初始圆杆直径的确定。套螺纹时，切削过程中有挤压作用，因此初始圆杆直径要小于螺纹大径，可通过查表或用下列经验公式计算来确定：

$$d_{杆} = d - 0.13P$$

式中，$d_{杆}$ 为初始圆杆直径；d 为螺纹公称直径；P 为螺距。

② 操作要点。

(a) 为了使板牙起套时容易切入工件并做正确的引导，圆杆端部要倒成锥半角为 15°~20°的锥体。其倒角的最小直径，可略小于螺纹小径，避免螺纹端部出现锋口和卷边。

(b) 套螺纹时的切削力矩较大，且工件都为圆杆，一般要用 V 形夹块或厚铜衬做衬垫，才能保证可靠夹紧。

(c) 起套方法与攻螺纹起攻方法一样，一手用手掌按住铰杠中部，沿圆杆轴向施加压力，另一手配合顺向切进，转动要慢，压力要大，并保证板牙端面与圆杆的垂直度，不可歪斜。在板牙切入圆杆 2~3 牙时，应及时检查其垂直度并做校正。

(d) 正常套螺纹时，不要加压，让板牙自然引进，以免损坏螺纹和板牙，也要经常倒转以断屑、排屑。

(e) 在钢件上套螺纹时要加切削液，以减小螺纹的表面粗糙度和延长板牙使用寿命。一般可用机油或较浓的乳化液，要求较高时可用工业植物油。

2.7 钻孔

2.7.1 钻孔设备

① 台式钻床。台式钻床简称台钻，如图 2-37 所示。通常安装在台桌上，主要用来加工

小型工件的上孔，孔的直径最大为Φ12mm。钻孔时，工件固定在工作台上，钻头由主轴带动旋转（主运动），其转速可通过改变三角带轮的位置来调节，台钻的主轴向下的进给运动手动完成。

② 立式钻床。立式钻床简称立钻，如图 2-38 所示。其规格以最大钻孔直径表示，有 25mm、35mm、40mm、50mm 等几种。立式钻床由机座、工作台、立柱、主轴、主轴变速箱和进给箱组成。主轴变速箱和进给箱分别用以改变主轴的转速和进给速度。钻孔时，工件安装在工作台上，通过移动工件位置使钻头对准孔的中心。钻一个孔后，再钻另一个孔时，必须移动工件。因此，立式钻床主要用于加工中、小型工件上的孔。

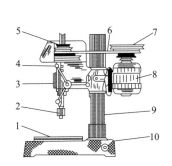

图 2-37　台式钻床

1—工作台；2—主轴；3—主轴架；4—钻头进给手柄；
5、7—带轮；6—V形带；8—电动机；9—立柱；10—底座

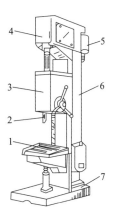

图 2-38　立式钻床

1—工作台；2—主轴；3—进给箱；
4—主轴变速箱；5—电动机；6—立柱；7—机座

③ 摇臂钻床。摇臂钻床如图 2-39 所示。主轴箱安装在能绕立柱旋转的摇臂上，由摇臂带动可沿立柱垂直移动。同时主轴箱可在摇臂上做横向移动。由于上述的运动，可以很方便地调整钻头的位置，以对准被加工孔的中心，而不需要移动工件，因此，适用于单件或成批生产中大型工件及多孔工件的孔加工。

④ 手电钻。手电钻如图 2-40 所示，常用在不便于使用钻床钻孔的地方。其优点是携带方便，使用灵活，操作简单。

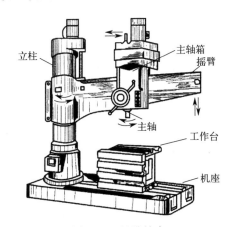

图 2-39　摇臂钻床

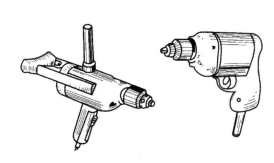

图 2-40　手电钻

2.7.2 钻孔工具

(1) 麻花钻

钻头是钻孔用的切削刀具,种类较多,最常用的是麻花钻,麻花钻的构造如图2-41所示。

麻花钻的柄部是钻头的夹持部分,用于传递扭矩和轴向力。工作部分包括切削和导向两部分。切削部分由前刀面、后刀面、副后刀面、主切削刃、副切削刃和横刃等组成,如图2-42所示,其作用是担负主要切削工作。

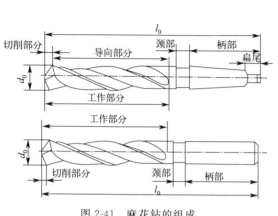

图 2-41 麻花钻的组成

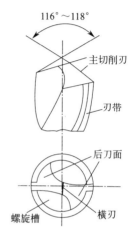

图 2-42 麻花钻的切削部分

导向部分由两条对称的刃带(棱边亦即副切削刃)和螺旋槽组成。刃带的作用是减少钻头和孔壁间的摩擦,修光孔壁并对钻头起导向作用。螺旋槽的作用是排屑和输送切削液。

(2) 钻孔用夹具

钻孔用的夹具主要包括装夹钻头的夹具和装夹工件的夹具。

① 装夹钻头夹具。装夹钻头夹具常用的是钻夹头和钻套。钻夹头是用来夹持直柄钻头的夹具,其结构和使用方法如图2-43所示。

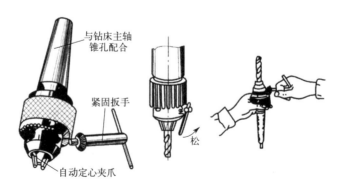

图 2-43 钻夹头及其使用

在钻头锥柄小于机床主轴锥孔时,可借助钻套(过渡套筒)进行安装钻头,如图2-44所示。

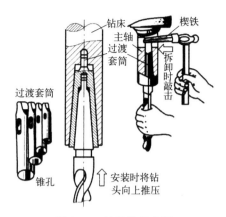

图 2-44 钻套及其应用

② 装夹工件夹具。常用的装夹工件夹具有手虎钳、机用平口钳、压板等，如图 2-45 所示。按钻孔直径、工件形状和大小等合理选择。选用的夹具必须使工件装夹牢固可靠，保证钻孔质量。

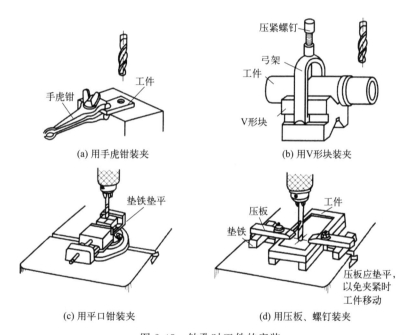

图 2-45 钻孔时工件的安装

薄壁小件可用手虎钳装夹；中小型工件可用机用平口钳装夹；较大工件用压板和螺栓直接装夹在钻床工作台上；成批或大量生产时，可使用专用夹具安装工件。

2.7.3 钻孔基本操作

钻孔方法一般有划线钻孔、配钻钻孔和模具钻孔等，下面介绍划线钻孔的操作方法。

① 工件划线。按图纸尺寸要求，划线确定孔的中心，并在孔的中心处打出样冲眼，使钻头易对准孔的中心，不易偏离，然后再划出检查圆。

② 工件装夹。根据工件的大小、形状及加工要求，选择使用钻床，确定工件的装夹方法。装夹工件时，要使孔的中心与钻床的工作台垂直，安装要稳固。

③ 钻头装夹。根据孔径选择钻头，按钻头柄部正确安装钻头。

④ 选择切削用量。根据工件材料、孔径大小等确定转速和进给量。钻大孔时转速要低些，以免钻头过快变钝；钻小孔时转速可高些，进给应较慢，以免钻头折断。钻硬材料转速要低，反之要高。

⑤ 钻孔操作。先对准样冲眼钻一浅孔，检查是否对中，若偏离较多，可用样冲重新打中心孔纠正或用錾子錾几条槽来纠正。开始钻孔时，要用较大的力向下进给，进给速度要均匀，快钻透时压力应逐渐减小。钻深孔时，要经常退出钻头排屑和冷却，避免切屑堵塞孔而卡断钻头。钻削过程中，可加切削液，降低切削温度，提高钻头耐用度。

2.8 钳工实训项目

2.8.1 直角尺的制作

准备材料及工具：Q235A 钢、台虎钳、划线平板、高度尺、方箱、台钻、手锯、手锤、各种锉刀、钻头等。

① 角尺料为 110mm×80mm×7mm 的 Q235A 钢板，选择外直角基准面（面 A、面 B），如图 2-46 所示。

② 锉削两个外直角面，使其互相垂直；锉削两个外表面，达到要求，如图 2-47 所示。

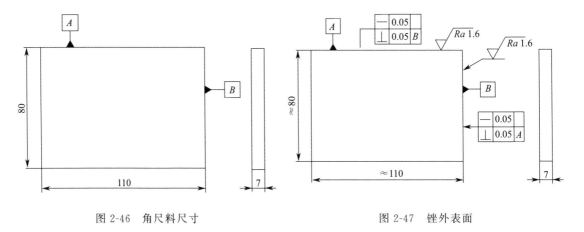

图 2-46　角尺料尺寸　　　　　　图 2-47　锉外表面

③ 划内直角面及端面划线：按图 2-48 要求划出距基准面 A、B 20mm 的内直角线，再划出距基准面 A、B 10mm 的内直角线，并沿基准面 A、B 的长度方向分别划出 100mm 和 70mm 的端面线，将所划线分别向外平移 1mm 划线，划两条 20mm 的线（如图 2-48 所示虚线），为锯削内直角面及端面做准备。

④ 钻孔：划出 4 个工艺孔圆心，用样冲在圆心处打上样冲眼，在台式钻床上用 4 个 ϕ4mm 的直柄麻花钻钻出通孔，如图 2-49 所示。

⑤ 锯削内直角面及端面：按图 2-50 所示沿虚线锯掉内直角面及端面余料。

⑥ 锉削内直角面及端面：满足尺寸及精度要求，如图 2-51 所示。

⑦ 测量各尺寸并完成作品：按图纸达到尺寸及精度要求，完成直角尺作品，如图 2-52 所示。

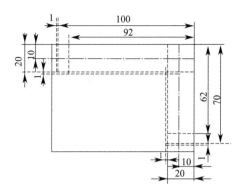

图 2-48 划内直角面及端面划线

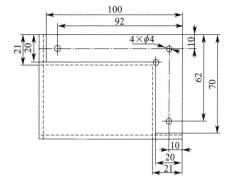

图 2-49 钻孔

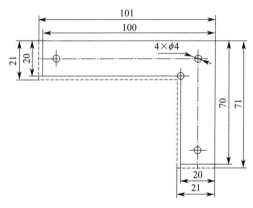

图 2-50 锯削工艺槽

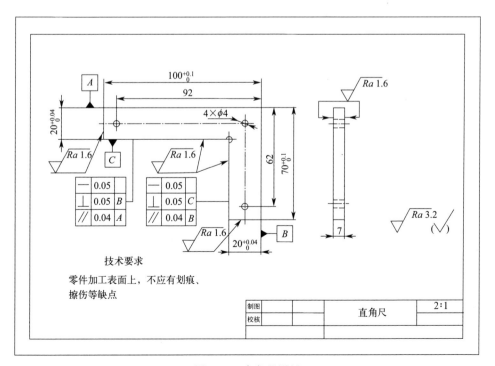

图 2-51 直角尺图纸

图 2-52　直角尺作品

2.8.2　开瓶器的制作

准备材料：半圆锉刀、圆锉刀、平锉刀 8 寸、平锉刀 10 寸、半径样板、划针、划规、整形锉刀、细砂纸、直径 8mm 麻花钻头、材料铁板（约 2mm 厚）120mm×50mm。开瓶器如图 2-53 所示。

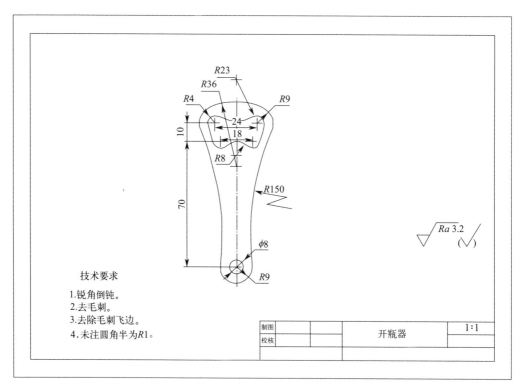

图 2-53　开瓶器图纸

① 划线。划线所需要的工具：划针、划规、样冲、半径样板、直角尺、手锤等。
操作时注意事项：划线工具的规范操作，保证划出的线条清晰准确。
② 开瓶口处钻孔。操作时的注意事项：钻孔前先用样冲在圆心打好位置，注意进给量，要透孔时，台钻手柄下压要降速，以免发生事故。
③ 锯削去除多余材料。操作时的注意事项：锯条上紧，锯齿向前，锯削姿势、压力、速度适当，调整好锯削节奏。同时工件要夹牢靠，防工件变形。
④ 锉削至加工界限。选择利用合适的锉削工具，双手用力要平衡，回程时不施加压力，

以减少锉齿的磨损。

⑤ 精加工及抛光。整形锉精加工时要防止破坏已加工工件表面,抛光时合理选择砂纸粒度。

完成开瓶器作品,如图 2-54 所示。

图 2-54　开瓶器作品

 钳工加工操作视频

 大国工匠顾秋亮:蛟龙号上的"两丝"钳工

第 3 章

焊接实训

焊接是指通过适当的物理化学过程，如加热、加压或二者并用等方法，使两个或两个以上分离的物体产生原子（分子）间的结合力而连接成一体的连接方法，是金属加工的一种重要工艺，广泛应用于机械制造、造船、石油化工、汽车制造、桥梁、锅炉、航空航天、原子能、电子电力、建筑等领域。

3.1 焊条电弧焊

焊接方法多种多样，在本工程训练课程中，将重点学习焊条电弧焊。

电弧是一种气体放电现象，当电源两端分别接到两个电极上时，在两个电极之间就会形成电场，在电场力的作用下，电弧阴极产生电子，电弧阳极吸收电子，电弧区的中性气体粒子在接收外界能量后发生电离，形成正离子和电子，正、负带电粒子相向运动，形成两个电极之间的气体空间导电现象，借助电弧可以将电能转化为热能、机械能和光能。

焊接电弧具有以下特点。

① 温度高，电弧弧柱区温度范围为 5000~30000K。

② 电弧电压低，其范围为 10~80V。

③ 电弧电流大，其范围为 10~1000A。

④ 弧光强度高。

焊条电弧焊是利用电弧热源加热零件实现熔化焊接的方法。焊接过程中，利用电弧加热零件，使焊丝或焊条熔化并过渡到焊缝熔池中去，熔池冷却后形成一个完整的焊接接头。电弧焊应用广泛，可以焊接板厚为 0.1mm 以下或 0.1mm 到数百毫米的金属结构件，电弧焊在焊接领域中占有十分重要的地位，也是学习其他焊接方法的基础。

焊条电弧焊的基本过程是：弧焊机的两个电源输出端通过电缆、焊钳和地线接头分别和焊条和母材相连。在焊接过程中，产生于焊条和母材之间的电弧会将焊条和焊件局部熔化，在电弧力作用下，焊条端部熔化后的熔滴过渡到母材，与熔化的母材熔合并一起形成熔池，随着焊接过程的进行，操纵电弧向前移动，熔池里的金属液不断冷却结晶，形成焊缝，如图 3-1 所示。

3.1.1 焊条电弧焊设备

焊条电弧焊机简称为弧焊机，是焊条电弧焊的主要设备。按供应的电流性质可分为弧焊变压器（交流弧焊机）、弧焊整流器（直流弧焊机）和逆变电源。

① 弧焊变压器。弧焊变压器是一种具有一定特性的降压变压器。用它焊接时，无极性

问题。它将工业电的电压（380V）降低，使空载时只有60～80V，焊接时保持在20～30V。此外，它能供给很大的电流，且可按焊接需要来调节电流的大小，短路时电流则有一定限度，故它具有结构简单、价格低、使用维护方便等优点，但电流的稳定性较差。目前，国内常用的弧焊变压器如图3-2所示，其型号为BX1-200。其中"B"表示弧焊变压器，"X"表示下降外特性（电源输出端电压与输出电流的关系称为电源的外特性），"1"为系列品种序号，"200"表示弧焊电源的额定焊接电流为200A。

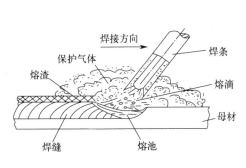
图3-1 焊条电弧焊过程示意图

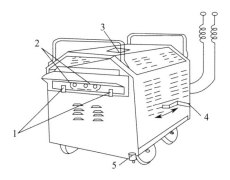
图3-2 弧焊变压器
1—焊接电源两极；2—线圈抽头；3—电流指示；
4—调节手柄；5—接地螺钉

② 弧焊整流器。弧焊整流器是电弧焊专用的整流器。它利用交流电经过变压、整流后获得直流电，既弥补了交流弧焊机稳定性差的缺点，又比已淘汰的旋转式直流弧焊机结构简单、节能、噪声低。用它焊接时，需要考虑极性问题，即电源正、负极输出端与焊件和焊枪的连接方式。焊件接电源输出正极，焊枪接电源输出负极时，称为直流正接或正极性；反之，称为直流反接或负极性。

③ 逆变电源。逆变电源是近几年发展起来的新一代弧焊电源，其基本原理是将输入的三相380V交流电经整流滤波成直流，再经逆变器变成频率为2000～30000Hz的交流电，再经单相全波整流和滤波输出。逆变电源具有体积小、重量轻、节省材料、高效节能、适应性强等优点，是新一代的焊接电源，预计在未来几年内将取代目前的弧焊整流器。

3.1.2 焊条

① 焊条的组成及分类。焊条由焊芯和药皮组成。一般以焊芯直径作为焊条直径，常用规格有2.0mm、2.5mm、3.2mm、4.0mm、5.0mm等。为保证焊接时焊条有足够的刚性，焊条的长度根据其直径不同而不同，一般在250～450mm之间，直径越小，长度越短。我国生产的焊条一般采用碳、磷、硫含量较低的专用钢材制作焊芯。

在焊接时，焊芯有两个作用：一是作为电极传导电流；二是作为填充金属，熔化后与熔化的母材一起组成焊缝金属。

药皮又称涂料，由多种矿石粉、铁合金属和黏结剂等原料按一定的比例配制而成。其主要作用：一是使电弧易于引燃，保持电弧稳定燃烧，减少飞溅，有利于形成外观良好的焊缝；二是保护熔池和焊缝，药皮燃烧产生的气体可保护熔池不受空气中有害气体的侵蚀，燃烧后形成的熔渣覆盖在刚凝固的焊缝表面，保护焊缝不被氧化；三是药皮中的矿石粉所含的某些元素过渡到熔池中，可去除熔池中的有害杂质，且使焊缝金属合金化，有利于提高焊缝金属的力学性能。

焊条分为结构钢焊条、耐热钢焊条、不锈钢焊条、铸铁焊条等十大类。根据焊条的药皮组成,又可以分为酸性焊条和碱性焊条两大类。一般来说,酸性焊条电弧稳定,焊缝成型美观,焊条的工艺性能好,可以采用交流或直流电源施焊,但焊缝的冲击韧度较低,可用于普通碳钢和低合金钢的焊接;碱性焊条多为低氢型焊条,所得焊缝冲击韧度高,一般采用直流反接法施焊,多用于重要的结构钢、合金钢的焊接。

② 焊条型号。典型的酸性焊条型号是 E4303,牌号是 J422。典型的碱性焊条型号是 E5015,牌号是 J507 和型号是 E5016,牌号是 J506。它们所表示的意义如下:

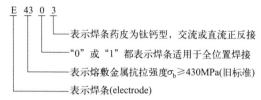

③ 焊条牌号。焊条牌号是根据焊条的主要用途及性能特点对焊条产品具体命名的,由焊条厂制定。我国从 1968 年开始,在焊条行业采用统一牌号。为与国际接轨,现已被新的国家标准替代,但考虑到焊条牌号已应用多年,焊工已习惯使用,所以生产实践中还是把焊条牌号与型号对照使用,但以焊条型号为主。如上例中的型号 E4303,相当于牌号 J422,其含义如下:

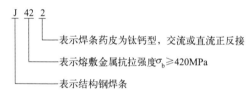

3.1.3 焊条电弧焊工艺

焊条电弧焊工艺包括接头形式、坡口形状、焊接位置和焊接参数等。

① 接头形式。接头形式应根据板厚和结构要求来确定。常用的接头形式有对接、搭接、角接和 T 形接等,如图 3-3 所示。

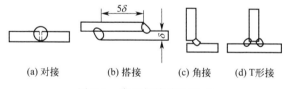

图 3-3 常用焊接接头形式

② 坡口形状。为了使焊接过程更加容易进行并保证接头根部焊透,应该在施焊前加工坡口并合理选择坡口形状及尺寸。常用的焊接坡口形式有 I 形坡口、V 形坡口、U 形坡口、双 V 形坡口、J 形坡口等。一般根据焊件厚度来确定坡口的形状和尺寸。对接接头常见坡口形状和尺寸见表 3-1。

表 3-1 对接接头常见坡口形状和尺寸

坡口名称	焊件厚度 δ/mm	坡口形状	焊缝形式	坡口尺寸/mm
I 形坡口	1~3			$b=0\sim1.5$
	3~6			$b=0\sim2.5$

续表

坡口名称	焊件厚度 δ/mm	坡口形状	焊缝形式	坡口尺寸/mm
Y形坡口	3~26			$\alpha=40°\sim60°$ $b=0\sim3$ $p=1\sim4$
带钝边 U形坡口	20~60			$\beta=1°\sim8°$ $b=0\sim3$ $p=1\sim3$ $R=6\sim8$

③ 焊接位置。焊接时焊缝所处的空间位置称为焊接位置。焊接位置有平焊、横焊、立焊和仰焊四种,如图3-4所示。平焊操作容易、生产效率高、焊接质量容易保证,故应尽量采用平焊位置焊接。

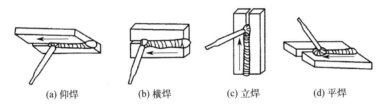

(a) 仰焊　　(b) 横焊　　(c) 立焊　　(d) 平焊

图 3-4　焊接位置

④ 焊接参数。焊条电弧焊的焊接参数主要指焊条直径、焊接电流、焊接速度和电弧长度等。正确选用焊接参数是保证焊接质量、提高生产效率的重要因素。

焊条直径主要根据工件厚度来选择,见表3-2。

表 3-2　焊条直径的选择

焊件厚度/mm	<2	2~<4	4~<12	12~14	>14
焊条直径/mm	1.5~2.0	2.5~3.2	3.2~4.0	4.0~5.0	>5

焊接电流主要根据焊条直径来选择,对平焊和低合金钢焊件,焊条直径为3~6mm时,其电流大小使用下面的经验公式进行计算:

$$I=(30\sim50)d$$

式中,I 为焊接电流,A;d 为焊条直径,mm。

在实际工作时,电流的大小还应考虑焊件的厚度、接头形式、焊接位置和焊条种类等因素。焊件厚度较薄,在横焊、立焊、仰焊和使用不锈钢焊条等条件下,焊接电流均应比平焊时电流小10%~15%,也可通过试焊来调节电流的大小。

焊接速度在手工焊时一般不做规定,可根据操作者的技术水平结合电流大小等灵活掌握。

电弧长度一般要求用短弧,尤其是在用碱性焊条时,更应使用短弧,否则,将会影响保护效果,降低焊缝质量。所以,在进行手工电弧焊作业时,应该尽量压低焊接电弧。

3.1.4　焊条电弧焊操作要领

焊条电弧焊的基本操作技术包括引弧、运条、接头和收弧。在焊接操作过程中,运用好这四种操作技术，才能保证焊缝的施焊质量。

（1）引弧

电弧焊开始时，引燃焊接电弧的操作过程叫引弧。焊条电弧焊一般采用接触引弧方法，主要包括碰击法和划擦法两种方式。

① 碰击引弧法：始焊处做焊条垂直于焊件的接触碰击动作，形成短路后迅速提起焊条2～4mm，即可引燃电弧，如图3-5所示。碰击引弧法是一种理想的引弧方法，其优点是可用于复杂位置，污染焊件轻。其缺点是受焊条端部状况限制，用力过猛时，药皮易大块脱落，造成暂时性偏吹；操作不熟练时，易粘在焊件表面。碰击法不容易掌握，但焊接淬硬倾向较大的钢材时最好采用碰击法。

② 划擦引弧法：划擦引弧法是将焊条在焊件表面上划动一下，即可引燃电弧。这种方法的优点是易掌握，不受焊条端部状况的限制。其缺点是操作不熟练时易污染焊件，容易在焊件表面造成电弧擦伤，所以必须在焊缝前方的坡口内划擦引弧，如图3-6所示。

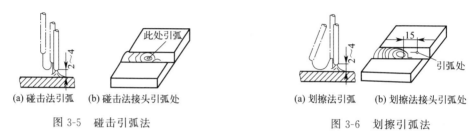

图3-5 碰击引弧法　　　图3-6 划擦引弧法

引弧时，如果发生焊条和焊件粘在一起，只要将焊条左右摆动几下，就可脱离焊件。如果这时还没有脱离焊件，就应立即将焊钳放松，使焊接回路断开，待焊条稍冷后再处理。

（2）运条

焊接过程中，焊条相对焊缝所做的各种动作的总称叫运条。运条时，有三个基本动作要互相配合，即焊条沿轴线向熔池方向送进、焊条沿焊接方向纵向移动、焊条做横向摆动，这三个动作组成焊条有规则的运动，如图3-7所示。

① 焊条沿轴线向熔池方向送进。焊接时，要保持电弧的长度不变，则焊条向熔池方向送进的速度要与焊条熔化的速度相等。如果焊条送进速度小于熔化速度，则电弧的长度增加，导致断弧；如果焊条送进速度过快，则电弧长度迅速缩短，使焊条末端与焊件接触发生短路，同样会使电弧熄灭。所以，一般情况下，应尽量采用短弧（弧长小于或等于焊条直径）焊接。

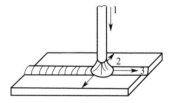

图3-7 运条基本动作
1—焊条送进；2—焊条摆动；
3—沿焊缝移动

② 焊条沿焊接方向的纵向移动。移动速度必须适当才能使焊缝均匀。移动速度过快，会出现未焊透或焊缝较窄；移动速度太慢，会使焊缝过高、过宽、外形不整齐，在焊较薄焊件时容易焊穿。

③ 焊条的横向摆动。横向摆动的作用是为了获得一定宽度的焊缝，并保证焊缝两侧熔合良好。其摆动幅度应根据焊缝宽度与焊条直径决定。横向摆动力求均匀一致，才能获得宽度整齐的焊缝。

常用的运条方法及适用范围见表3-3。

表 3-3　常用的运条方法及适用范围

运条方法		运条示意图	适用范围
直线形运条法		→	①3～5mm 厚度 I 形坡口对接平焊 ②多层焊的第一层焊道 ③多层多道焊
直线往返运条法		zzzzzzzzzz→	①薄板焊 ②对接平焊（间隙较大）
锯齿形运条法		∧∧∧∧∧∧∧→	①对接接头（平焊、立焊、仰焊） ②角接接头（立焊）
月牙形运条法		((((((((→	同锯齿形运条法
三角形运条法	斜三角形	⋀⋀⋀⋀→	①角接接头（仰焊） ②对接接头（开 V 形坡口横焊）
	正三角形	⋁⋁⋁⋁→	①角接接头（立焊） ②对接接头
圆圈形运条法	斜圆圈形	⟲⟲⟲⟲→	①角接接头（平焊、仰焊） ②对接接头（横焊）
	正圆圈形	○○○○○→	对接接头（厚焊件平焊）
八字形运条法		∽∽∽∽→	对接接头（厚焊件平焊）

（3）焊缝起头

在焊缝起焊时的操作，由于此时焊件的温度较低、电弧的稳定性差，焊缝容易出现气孔、未焊透等焊接缺陷，为了避免这些缺陷，应该在引燃电弧后将电弧稍微拉长一些，对焊件的气焊部位进行适当的预热，达到符合要求的熔池宽度和深度后，再调整到正常的电弧长度进行焊接。

（4）焊缝接头

在焊接较长焊缝时，往往需要多根焊条，这就出现了前、后焊条更换时焊缝接头的问题，后焊焊缝和先焊焊缝的连接处称为焊缝的接头。为了不影响焊缝的成型，保证接头处的焊接质量，防止接头处的焊缝产生过高、脱节、宽窄不一等缺陷，接头处的焊缝应力求均匀，更换焊条的操作越快越好，并在接头弧坑前约 15mm 处引弧，然后移到原来弧坑位置继续施焊。

（5）收弧

收弧是焊接过程中的关键动作。焊接结束时，若立即将电弧熄灭，则焊缝收尾处会产生凹陷很深的弧坑，影响焊缝收尾处的强度。为了防止缺陷，必须采用合理的收弧方法填满焊缝收尾处的弧坑。收弧方法有反复断弧法、划圈收弧法、转移收弧法和回焊法。

另外，焊条电弧焊作业时，必须严格遵守安全操作规程，具体如下。

① 严格遵守焊工安全操作规程，熟练掌握、遵守《焊接作业安全操作规定》。

② 金属焊接作业人员，必须经专业安全技术培训，工作前必须穿好工作服，穿戴好工作帽、手套、劳保鞋。工作服口袋应盖好，并扣好纽扣。工作时用面罩。

③ 启动焊机前检查电焊机和闸刀开关，外壳接地是否良好。检查焊接导线绝缘是否良好。在潮湿地区工作应穿胶鞋或用干燥木板垫脚。

④ 每隔 3 个月对电焊机进行一次检查，保障设备及性能良好。

⑤ 搬动电焊机要轻，以免损坏其线路及部件。

⑥ 禁止在储有易燃、易爆的场所或仓库附近进行焊接。在可燃物品附近进行焊接时，必须距离 10m 外，露天焊接必须设置挡风装置，以免火星飞溅引起火灾。在风力 5 级以上，不宜在露天焊接。

⑦ 在高空焊接时，必须扎好安全带，焊接下方需放遮板，以防火星落下引起火灾或灼伤他人。

⑧ 拆卸或修理电焊设备的一次线，应由电工进行。必须焊工自己修理时，在切断电源后，才能进行。

⑨ 焊接中停电，应立即关电焊机。工作完毕后应立即关电焊机并断开电源。

⑩ 焊接时，注意周围人员，以免被电弧光灼伤眼睛。

3.2 焊接的检验

现代的焊接技术方法已经能够在很大程度上保证其质量，但由于焊接接头为性能不均匀体，应力分布情况复杂，所以焊接过程中很容易出现一些缺陷。因而为了获得可靠的焊接结构，必须对焊接结构的质量采用合理的方法进行检验。

3.2.1 常见焊接缺陷

（1）焊接变形

工件焊后一般都会产生变形，如果变形量超过允许值，就会影响使用。焊接变形的几个例子如图 3-8 所示。产生的主要原因是焊件不均匀地局部加热和冷却。

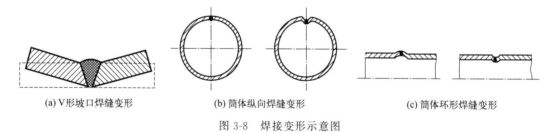

(a) V 形坡口焊缝变形　　(b) 筒体纵向焊缝变形　　(c) 筒体环形焊缝变形

图 3-8　焊接变形示意图

（2）焊缝的外部缺陷

焊缝的外部缺陷常见有焊缝增强过高、焊缝过凹、焊缝咬边、焊瘤及烧穿等。由于缺陷存在于焊缝的外表，肉眼就能发现，并可及时补焊。如果操作熟练，一般可以避免。

（3）焊缝的内部缺陷

焊缝的内部缺陷主要有以下几种。

① 未焊透。未焊透是指工件与焊缝金属或焊缝层间局部未熔合的一种缺陷。未焊透减少了焊缝工作截面，造成严重的应力集中，大大降低接头强度，它往往是焊缝开裂的根源。

② 夹渣。焊缝中夹有非金属熔渣，即称夹渣。夹渣减少了焊缝工作截面，造成应力集中，会降低焊缝强度和冲击韧性。

③ 气孔。焊缝金属在高温时，吸收了过多的气体（如 H_2）或由于熔池内部冶金反应产

生了气体（如 CO），在溶池冷却凝固时来不及排出，而在焊缝内部或表面形成孔穴，即为气孔。气孔的存在减少了焊缝有效工作截面，降低接头的机械强度。若有穿透性或连续性气孔存在，会严重影响焊件的密封性。

④ 裂纹。焊接过程中或焊接以后，在焊接接头区域内所出现的金属局部破裂叫裂纹。裂纹可能产生在焊缝上，也可能产生在焊缝两侧的热影响区。有时产生在金属表面，有时产生在金属内部。裂纹是最危险的一种焊接缺陷，会产生严重的应力集中，使裂纹逐渐扩大，最终导致焊接结构的破坏。所以焊接结构中一般不允许存在裂纹，一经发现必须铲去重新焊接。

3.2.2 焊接质量检验

焊接作业完成后，应根据产品的技术要求对焊缝进行相应的检验。凡不符合技术要求的焊接缺陷，要进行返修或重焊。一般来说，焊接质量检验包括以下几点。

① 外观检查。外观检查一般以肉眼观察为主，有时用 5~20 倍的放大镜进行观察。通过外观检查，可发现焊缝表面缺陷，如咬边、焊瘤、表面裂纹等。焊缝的外形尺寸还可采用焊口检测器或样板进行测量。

② 无损探伤。隐藏在焊缝内部的夹渣、气孔、裂纹等缺陷的检验。目前使用最普遍的是采用 X 射线检验，还有超声波探伤和磁力探伤。对于离焊缝表面不深的内部缺陷和表面极微小的裂纹，还可采用磁力探伤。

③ 水压试验和气压试验。对于要求密封性的受压容器，需进行水压试验和（或）进行气压试验，以检查焊缝的密封性和承压能力。其方法是向容器内注入 1.25~1.5 倍工作压力的清水或等于工作压力的空气，停留一定的时间，然后观察容器内的压力下降情况，并在外部观察有无渗漏现象。

3.3 焊条电弧焊的操作练习

（1）对接平焊的操作练习

在本实训课程中，在图 3-9 所示的焊接实训平台上，按照下面的步骤进行焊条电弧焊对接平焊的操作练习。

① 备料。在钢板上划线并进行切割，所焊材料为碳素钢，焊件厚度为 3~6mm。

② 准备坡口。可以采用对接接头 I 形坡口，接口必须平整。

③ 清理焊件表面。在施焊之前，清除焊件表面的铁锈、油污等。

④ 放置焊件。将焊件水平放置在操作台上，对齐，焊件之间留出约 1mm 的间隙。

⑤ 施焊。

a. 选择合适的焊接设备和焊条。操作练习时，选用型号为 ZX7-315 的直流弧焊机，选用型号为 E4303、牌号为 THJ422 的酸性焊条（规格：$\phi2.5\times350$mm）。

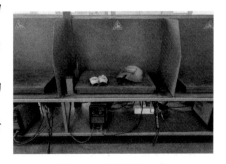

图 3-9　焊接实训平台

b. 选择合适的焊接参数。根据实际焊接作业要求和具体情况确定焊条直径、焊接电流、焊接速度和电弧长度等焊接参数。

　　c. 点固。在接缝上的几个位置进行点固，即固定两个焊件的相对位置，点固长度为 10～15mm，点固后要除渣。如果焊件较长，可以每隔 30mm 左右点固一次。

　　d. 引弧。可以采用碰击法或划擦法引燃电弧。

　　e. 运条。采用直线形运条。注意运条的基本动作，控制好焊条角度，保持合适的电弧长度以及均匀的焊接速度。

　　f. 收弧。先填满弧坑，再熄灭焊接电弧。

　　⑥ 焊后清理。用小锤打碎焊缝表面的焊渣，并清理干净。

　　⑦ 质量检验。以外观检查为主，观察焊缝是否存在明显缺陷，若有缺陷，应立即修补或铲去重焊。

（2）角接平焊的操作练习

　　步骤与上述对接平焊的步骤基本相同，只需要在点固时将两个焊件固定在角接位置，并留出约 1mm 的间隙。

3.4　其他焊接方法简介

　　目前在工业生产中应用的焊接方法已达百余种。根据它们的焊接过程和特点可将其分为熔焊、压焊、钎焊三大类，每大类可按不同的方法分为若干小类，如图 3-10 所示。

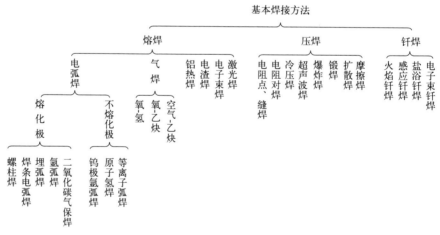

图 3-10　焊接方法与分类

　　① 熔焊是将需连接的两构件的接合面加热熔化成液体，然后冷却结晶连成一体的焊接方法。

　　② 压焊是在焊接过程中，对焊件施加一定的压力，同时采取加热或不加热的方式，完成零件连接的焊接方法。

　　③ 钎焊是利用熔点低于被焊金属的钎料，将零件和钎料加热到钎料熔化，利用钎料润湿母材，填充接头间隙并与母材相互溶解和扩散而实现连接的方法。

　　下面选取几种方法进行简介。首先介绍三种熔焊方法。

3.4.1 氩弧焊

氩弧焊是使用氩气作为保护气体的一种焊接技术，又称氩气体保护焊。就是在电弧焊的周围通上氩气保护气体，将空气隔离在焊区之外，目的是防止焊区的氧化。

（1）氩弧焊的分类及用途

① 钨极氩弧焊。它是以钨棒作为电弧的一极的电弧焊方法，钨棒在电弧焊中是不熔化的，故又称不熔化极氩弧焊，简称 TIG 焊。焊接过程中可以用从旁送丝的方式为焊缝填充金属，也可以不加填丝；可以手工焊也可以自动焊；它可以使用直流、交流和脉冲电流进行焊接。工作原理如图 3-11 所示。

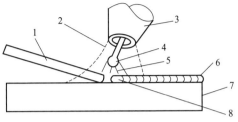

图 3-11 钨极氩弧焊示意图
1—填充焊丝；2—保护气体；3—喷嘴；4—钨极；
5—电弧；6—焊缝；7—零件；8—熔池

由于被惰性气体隔离，焊接区的熔化金属不会受到空气的有害作用，所以钨极氩弧焊可用于焊接易氧化的有色金属，如铝、镁及其合金，也用于不锈钢、铜合金以及其他难熔金属的焊接。因其电弧非常稳定，还可以用于焊薄板及全位置焊缝。钨极氩弧焊在航空航天、原子能、石油化工、电站锅炉等行业应用较多。

钨极氩弧焊的缺陷是钨棒的电流负载能力有限，焊接电流和电流密度比熔化极弧焊的低，焊缝熔深浅，焊接速度低，厚板焊接要采用多道焊和加填充焊丝，生产效率受到影响。

② 熔化极氩弧焊。熔化极氩弧焊又称 MIG 焊，用焊丝本身作电极，相比钨极氩弧焊而言，电流及电流密度大大提高，因而母材熔深大，焊丝熔敷速度快，提高了生产效率，特别适用于中等和厚板铝及铝合金、铜及铜合金、不锈钢以及钛合金焊接，脉冲熔化极氩焊用于碳钢的全位置焊。

（2）氩弧焊设备及焊丝

① 氩弧焊机。氩弧焊机与焊条弧焊机在主回路、辅助电源、驱动电路、保护电路等方面都是相似的，但它在后者的基础上增加了手动开关控制、高频高压控制、增压起弧控制等环节。另外在输出回路上，氩弧焊机采用负极输出方式，输出负极接电极针，而正极接工件。常用的氩弧焊机有 WSE 系列交直流方波氩弧焊机、WS 系列 IGBT 逆变式直流氩弧焊机、WSM 逆变式脉冲直流钨极氩弧焊机等。

图 3-12 所示为氩弧焊机的连接方法。焊接时需要按要求接入电源、地线、氩气瓶，连接焊件及焊丝。

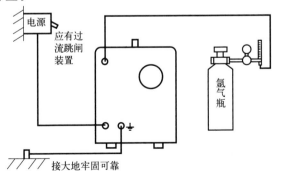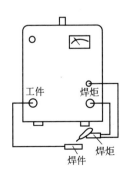

图 3-12 氩弧焊机的连接方法

图 3-13 所示为 WSM-160 氩弧焊机外形。前面板主要功能如图 3-14 所示，后面板主要功能如图 3-15 所示。

图 3-13　WSM-160 氩弧焊机外形

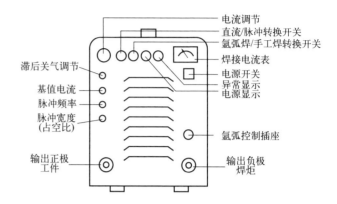

图 3-14　氩弧焊机前面板主要功能

氩弧焊机的使用方法如下。

a. 手工焊。将"氩弧焊/手工焊"转换开关置于"手工焊"位置，把"直流/脉冲"转换开关置于"直流"位置，此时可根据要求任意调节"焊接电流"旋钮，选用规范电流进行手工电弧焊接。

b. 直流氩弧焊。焊前应把氩气瓶开关打开，把氩气流量计上氩气流量开关选择在适当流量的位置上。将"氩弧焊/手工焊"转换开关置于"氩弧焊"位置，把"直流/脉冲"转换开关置于"直流"位置，调节"电流调节"旋钮至合适的电流值，按下焊炬开关，斯泰尔氩弧焊机引弧方式为高频引弧，钨极无需与工件接触（为防止钨极烧损，切勿碰触焊件）即可引弧焊接，焊接结束，松开焊枪开关，电弧熄灭，气体经"滞后关气"调节旋钮选择延时关闭时间。

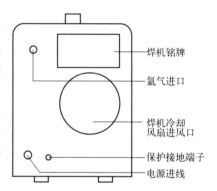

图 3-15　氩弧焊机后面板主要功能

c. 脉冲氩弧焊。将"氩弧焊/手工焊"转换开关置于"氩弧焊"位置，将"直流/脉冲"转换开关置于"脉冲"位置。调节"电流调节""基值电流"旋钮使电流大于基值电流即可产生脉冲焊的效果。脉冲氩弧焊可以用来准确控制焊件的熔池尺寸，每个熔点加热和冷却迅速，适合焊接导热性能和厚度差别大的焊件。

② 氩弧焊丝。氩弧焊丝选用的基本原则如下。

a. 应满足接头的化学成分、力学性能和其他特殊性能要求。

b. 焊接工艺性能要好，具有抗裂、防止气孔产生的能力。

c. 焊丝含有害杂质 S、P 等要少。

d. 焊丝应清洁、光滑、干燥，无油渍、污物和锈蚀。

常用氩弧焊用焊丝型号见表 3-4。

表 3-4　常用氩弧焊用焊丝

母材	焊丝牌号（型号）	焊丝标准号
碳钢和抗拉强度 490MPa 以下的低合金结构钢，如 Q235、20、16Mn、15MnV 等	H08Mn2SiA（ER49-1）	GB/T 8110
	ER50-2	GB/T 8110
	H10MnSi	GB/T 8110—2020

续表

母材	焊丝牌号（型号）	焊丝标准号
0.5Cr-0.5Mo 耐热钢	H08CrMoA	GB/T 14957
	ER55-B2Mn(ER80S-G)	GB/T 8110
1Cr-0.5Mo 耐热钢	H13CrMoA	GB/T 14957
	ER55-B2Mn(ER80S-B2)	GB/T 8110
1Cr-0.5Mo-V 耐热钢	H08CrMoVA	GB/T 14957
珠光体钢与奥氏体不锈钢异种钢焊接	H1Cr24Ni13	YB/T 5091
	H1Cr26Ni21	YB/T 5091

（3）氩弧焊操作要点

① 焊前清理。焊前用角向磨光机将坡口面及坡口两侧 10～15mm 范围内打磨至露出金属光泽，用圆锉、砂布清理锈蚀及毛刺，如有必要可用丙酮清洗坡口表面及焊丝。

② 焊丝选用原则。手工钨极氩弧焊打底所选用的焊丝，除应满足力学性能要求外，还应具有良好的可操作性并且不易产生缺陷。H08Mn2SiA 焊丝打底焊缝的抗拉强度均比其原焊丝 H08A 高（H08A 焊丝打底容易产生气孔，且焊缝成形差）；必须使焊缝材料保持适当的 Mn/Si 比值，该比值愈高，焊缝金属的韧性愈好。

③ 氩弧焊操作过程。

a. 焊接前应先备好氩气瓶，瓶上装好氩气流量计，然后用气管与焊机背面板上的进气孔接好，连接处要紧好以防漏气。

b. 将氩弧焊枪、气接头、电缆快速接头、控制接头分别与焊机相应插座连接好。工件通过焊接地线与"+"接线栓连接。

c. 将焊机的电源线接好，并检查接地是否可靠。

d. 接好电源后，根据焊接需要选择交流氩弧焊或直流氩弧焊，并将线路切换开关和控制切换开关换到交流（AC）挡或直流（DC）挡。注意：两开关必须同步使用。

e. 将焊接方式切换开关置于"氩弧焊"位置。

f. 打开氩气瓶和流量计，将"试气"开关拨至"试气"位置，此时气体从焊枪中流出，调好气流后，再将试气与焊接开关拨至"焊接"位置。

g. 焊接电流的大小，可用电流调节手轮调节，顺时针旋转电流减小，逆时针旋转电流增大。电流调节范围可通过电流大小转换开关来限定。

h. 选择合适的钨棒及对应的卡头，再将钨棒磨成合适的锥度，并装在焊枪内，上述工作完成后按动焊枪上的开关即可进行焊接了。

i. 焊接时，焊炬、焊丝及焊件的相对位置如图 3-16 所示。电弧长度一般取 1～1.5 倍电极直径。

j. 停止焊接时，首先从熔池中抽出焊丝，热端部仍需停留在氩气流的保护下，以防止其氧化。

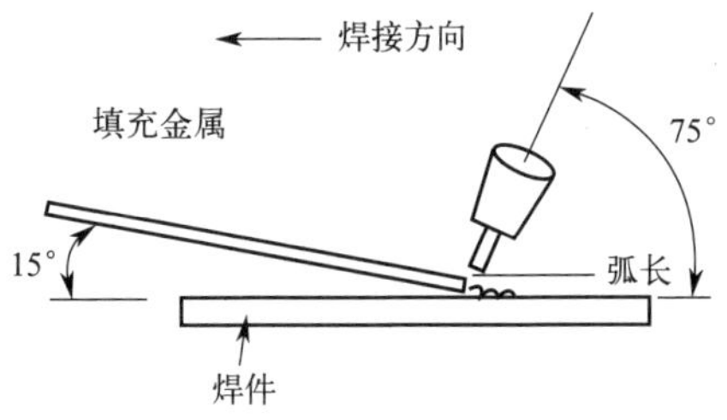

图 3-16 氩弧焊的操作示意图

（4）氩弧焊安全操作规程

① 工作前要穿好工作服、绝缘鞋等安全防护用品，工作时必须戴上防紫外线眼镜，女工要戴好工作帽。工作时随时佩戴静电防尘口罩。

② 检查设备、工具是否良好，氩气、水源必须畅通。如有漏水现象立即通知修理。

③ 氩弧焊设备要有专人负责，经常检查、维修，严禁乱拆乱卸。出现故障应找电工修理，不能带病使用。

④ 在电弧附近不准赤身和裸露其他部位，不准在电弧附近吸烟、进食，以免臭氧、烟尘吸入体内。
⑤ 机器上和机器周围不准堆放导电物品。
⑥ 手工钨极氩弧焊机的变压器严禁烧电焊用。
⑦ 使用变压器时一定要有外壳，初级接头必须封闭，否则不能使用。
⑧ 氩弧焊工作场地必须空气流通。工作中应开动通风排毒设备，通风装置失效时，应停止工作。夏季，一个人连续操作不得超过半个小时，平时连续操作一小时后应稍休息再操作。
⑨ 非氩弧焊工不准随意操作，学员和培训人员不经班长同意不能单独操作，参观者未经许可不准动用设备。
⑩ 严禁焊接带有压力及易燃、易爆和装过剧毒的工件。
⑪ 氩气瓶不准碰撞、砸，立放必须有支架，并远离明火 3m 以上。
⑫ 安装氩气表时要十分注意，必须将氩气表螺母和瓶嘴丝扣拧紧（至少五扣）。开气时身体、头部严禁对准氩气表和气瓶节门，以防氩气表和节门打开伤人。
⑬ 工作现场、机器周围要保持卫生清洁，电线要保持整齐完好，用完后必须盘好。
⑭ 工作完毕要关好气门、水门及各种电闸，然后方可离开工作岗位。
⑮ 如发生人身、设备事故要保护现场，并报告有关部门。

3.4.2 气焊与气割

（1）气焊

① 气焊的特点及应用。气焊是利用气体火焰加热并熔化母体材料和焊丝的焊接方法。与电弧焊相比，其优点如下：

a. 气焊不需要电源，设备简单；

b. 气体火焰温度比较低，熔池容易控制，易实现单面焊双面成型，并可以焊接很薄的零件；

c. 在焊接铸铁、铝及铝合金、铜及铜合金时焊缝质量好。

气焊也存在热量分散、接头变形大、不易自动化、生产效率低、焊缝组织粗大、性能较差等缺陷。

气焊常用于薄板的低碳钢、低合金钢、不锈钢的对接、端接，在熔点较低的铜、铝及其合金的焊接中仍有应用，焊接需要预热和缓冷的工具钢、铸铁也比较适合。

② 气焊的火焰。气焊主要采用氧-乙炔火焰，在两者的混合比不同时，可得到以下 3 种不同性质的火焰。

a. 如图 3-17(a) 所示，当氧气与乙炔的混合比为 1～1.2 时，燃烧充分，燃烧过后无剩余氧或乙炔，热量集中，温度可达 3050～3150℃。它由焰心、内焰、外焰三部分组成，焰心是呈亮白色的圆锥体，温度较低；内焰呈暗紫色，温度最高，适用于焊接；外焰颜色从淡紫色逐渐向橙黄色变化，温度下降，热量分散。中性焰应用最广，低碳钢、中碳钢、铸铁、低合金钢、不锈钢、紫铜、锡青铜、铝及铝合金、镁合金等气焊都使用中性焰。

b. 如图 3-17(b) 所示，当氧气与乙炔的混合比小于 1 时，部分乙炔未曾燃烧，焰心较长，呈蓝白色，温度最高达 2700～3000℃。由于过剩的乙炔分解碳粒和氢气，有还原性，焊缝含氢增加，焊低碳钢时有渗碳现象，适用于气焊高碳钢、铸铁、高速钢、硬质合金、铝青铜等。

c. 如图 3-17(c) 所示，当氧气与乙炔的混合比大于 1.2 时，燃烧过后的气体仍有过剩的氧气，焰心短而尖，内焰区氧化反应剧烈，火焰挺直发出"嘶嘶"声，温度可达 3100～3300℃。由于火焰具有氧化性，焊接碳钢易产生气体，并出现熔池沸腾现象，很少用于焊接，轻微氧化的氧化焰适用于气焊黄铜、锰黄铜、镀锌铁皮等。

③ 气焊操作要点。

a. 点火、调节火焰及灭火。点火时先微开氧气阀门，然后开大乙炔阀门，点燃火焰，这时火焰为碳化焰，可看到明显的三层轮廓，然后开大氧气阀门，火焰开始变短，淡白色的中间层逐步向白亮的焰心靠拢，调到刚好两层重合在一起，整个火焰只剩下中间白亮的焰心和外面一层较暗淡的轮廓时，即是要求的中性焰。灭火时应先关乙炔阀门，后关氧气阀门。

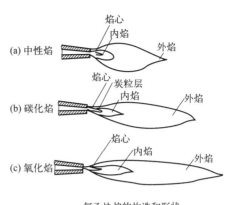

图 3-17　氧-乙炔火焰形态

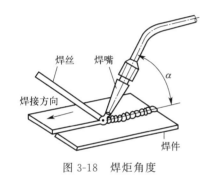

图 3-18　焊炬角度

b. 平焊操作技术。气焊一般用右手握焊炬，左手握焊丝，两手互相配合，沿焊缝向左或向右移动焊接。在焊接薄工件时多采用向左移动焊炬，在焊接厚工件时，向右移焊炬具有热量集中、熔池较深、火焰能更好地保护焊缝等优点。焊嘴与焊丝轴线的投影应与焊缝重合。焊炬与焊缝间夹角愈大，热量就愈集中。正常焊接时夹角一般保持 30°～50°，还应使火焰的焰心距熔池液面约 2～4mm，如图 3-18 所示。

c. 气焊过程。焊接开始，应保持较大的角使工件熔化形成熔池，然后将焊条有节奏地点入熔池使之熔化，并使焊炬沿焊缝向前移动，始终保持熔池一定大小。应避免将熔化焊丝滴在焊缝上，形成熔合不好的焊缝。为了减少烧穿，必须注意观察熔池，如发现有下陷的倾向就说明热量过多，应及时将火焰暂时离远或减小焊炬倾角 α，也可加快前进速度。

（2）气割

氧气切割简称气割，它是利用气体火焰的热能将工件切割处预热到一定温度，然后通以高速切割氧气流，使金属燃烧（剧烈氧化）并放出热量实现切割的方法。常用氧-乙炔焰作为气体火焰进行切割，也称氧-乙炔气割。

进行气割的金属必须具备下列条件：金属的燃点低于本身的熔点；金属氧化物的熔点低于金属本身的熔点；金属的导热性低。满足上述条件的低碳钢、中碳钢、低合金钢等都可以使用气割；而不锈钢、铸铁、铝、铜等不能气割。

气割设备与气焊设备基本相同，只需把焊炬换成割炬。割炬与焊炬相比，增加了输送切割氧气的管道和调节阀，割炬喷嘴有两条通道，中间为切割氧气出口，周围是氧-乙炔混合气出口。

（3）气焊、气割安全操作规程

在进行气焊、气割作业时，必须遵守安全规程，具体要求如下。

① 工作前，必须将操作对象和工作场地了解清楚，并提出安全措施，以防发生事故。

② 使用前须检查乙炔瓶、氧气瓶及软管、阀、仪表是否齐全有效、紧固连接、不松动；

氧气瓶及其附件、胶管、工具上均不得粘有油污；操作人必须随身携带专用工具，如扳手、钳子等。

③ 乙炔瓶的压力要保持正常，压力超过 1.5kgf[1]/cm² 时应停止使用，不得用金属棒等硬物敲击乙炔瓶、氧气瓶。

④ 氧气瓶、乙炔瓶应分开放置，间距不得少于 5m，距离明火不得少于 10m。作业点宜备及时清水，以备及时冷却焊嘴。乙炔瓶、氧气瓶应放在操作地点的上风口，不得放在高压线及一切电线下面。氧气、乙炔瓶严禁在地上滚动或在阳光下曝晒，以免爆炸。

⑤ 作业时，应先开乙炔阀门，再开氧气阀门。焊（割）炬点火前，应用氧气吹风，检查有无风压及堵塞、漏气现象。当焊（割）炬由于高温发生炸鸣时，必须立即关闭乙炔供气阀，将焊（割）炬放入水中冷却，同时也应关闭氧气阀门。在作业时，如发现氧气阀门失灵或损坏不能关闭时，应在瓶内的氧气自动逸尽后，再行拆卸修理；严禁将胶皮软管背在背上操作；严禁使用未安装减压器的氧气瓶进行作业。

⑥ 气焊（割）作业中，当乙炔管发生脱落、破裂、着火时，应先将焊炬或割炬的火焰熄灭，然后停止供气。当氧气管着火时，应立即关闭氧气阀门，停止供氧。进入容器内焊割时，点火和熄火均应在容器外进行。气焊时不要把火焰喷到人身上和胶皮管上。不得拿着有火焰的焊炬和割炬到处行走。

⑦ 熄灭火焰时，先关乙炔阀门，后关氧气阀门，以免回火。当发生回火时，应迅速关闭氧气阀门和乙炔阀门，然后采取灭火措施。

⑧ 发现乙炔瓶因漏气着火燃烧时，应立即把乙炔瓶朝安全方向推倒，并用砂或消防灭火器材扑灭。

⑨ 乙炔软管、氧气软管不得错装，使用时氧气软管着火时，不得折弯软管断气，应迅速关闭氧气阀门，停止供氧；乙炔软管着火时，应先关熄炬火，可采取折弯前面一段软管的办法来将火熄灭。

⑩ 作业后，应卸下减压器，拧上气瓶安全帽。将软管卷起捆好，挂在库内干燥处。氧气瓶中的氧气不得全部用完，应保留 0.5kgf/cm² 的剩余压力。

3.4.3 激光焊

激光焊是将大功率相干单色光子流聚集而成的激光束作为热源进行焊接的方法。激光的产生是利用了原子受激辐射的原理，当粒子（原子、分子等）吸收外来能量时，从低能级跃升至高能级，此时若受到外来一定频率的光子的激励，又跃迁到相应的低能级，同时发出一个和外来光子完全相同的光子。如果利用装置（激光器）使这种受激辐射产生的光子去激励其他粒子，将导致光放大作用，产生更多的光子，在聚光器的作用下，最终形成一束单色、方向一致和亮度极高的激光输出。再通过光学聚焦系统，可以使焦点上的激光能量密度达到极高程度，然后以此激光用于焊接。激光焊接装置如图 3-19 所示。

激光焊和电子束焊同属高能束流焊接范畴，与一般焊接方法相比有以下优点。

① 激光功率密度高，加热范围小（<1mm），焊接速度快，焊接应力和变形小。

② 可以焊接一般焊接方法难以焊接的材料，实现异种金属的焊接，甚至用于一些非金属材料的焊接。

③ 激光可以通过光学系统在空间传播相当长距离而衰减很小，进行远距离施焊或对难接近部位焊接。

---

[1] 1kgf=9.80665N。

④ 相对电子束焊而言，激光焊不需要真空室，激光不受电磁场的影响。

激光焊的缺点是焊机价格较贵，激光的电光转换效率低，焊前零件加工和装配要求高，焊接厚度比电子束焊的低。

激光焊应用在很多机械加工作业中，如电子器件的壳体和管线的焊接、仪器仪表零件的连接、金属薄板对接、集成电路中的金属箔焊接等。

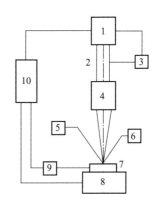

图 3-19　激光焊接装置示意图
1—激光发生器；2—激光光束；
3—信号器；4—光学系统；
5—观测瞄准系统；6—辅助能源；
7—焊件；8—工作台；9、10—控制系统

3.4.4　电阻焊

电阻焊与上述焊接方法不同，它属于压焊的一种，是将零件组合后通过电极施加压力，利用电流通过零件的接触面及邻近区域产生的电阻热将其加热到熔化或塑性状态，使之形成金属结合的方法。根据接头形式，电阻焊可分成点焊、缝焊、凸焊和对焊四种，如图 3-20 所示。

与其他焊接方法相比，电阻焊具有以下优点：

① 不需要填充金属，冶金过程简单，焊接应力及应变小，接头质量高；

② 操作简单，易实现机械化和自动化，生产效率高。

其缺点是接头质量难以用无损检测方法检验，焊接设备较复杂，一次性投资较高。电阻点焊低碳钢、普通低合金钢、不锈钢、钛及合金材料时可以获得性能优良的焊接接头。电阻焊目前广泛应用于汽车拖拉机、航空航天、电子技术、家用电器、轻工业等行业。

电阻焊的方法有以下 4 种。

① 点焊。点焊方法如图 3-20(a) 所示，将零件装配成搭接形式，用电极将零件夹紧并通以电流，在电阻热作用下，电极之间零件接触处被加热熔化形成焊点。零件的连接可以由多个焊点实现。点焊大量应用在小于 3mm 且不要求气密的薄板冲压件、轧制件接头，如汽车车身焊装、电器箱板组焊。一个点焊过程主要由预压—焊接—维持—休止 4 个阶段组成，如图 3-21(a) 所示。

② 缝焊。缝焊工作原理与点焊工作原理相同，但用滚轮电极代替了点焊的圆柱状电极，滚轮电极施压于零件并旋转，使零件相对运动，在连续或断续通电下，形成一个个熔核相互重叠的密封焊缝，如图 3-20(b) 所示。焊接循环如图 3-21(b) 所示。缝焊一般应用在有密封性要求的接头制造上，适用材料板厚为 0.1～2mm，如汽车油箱、暖气片、罐头盒的生产。

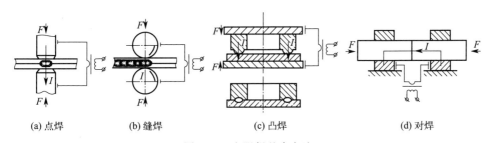

(a) 点焊　　(b) 缝焊　　(c) 凸焊　　(d) 对焊

图 3-20　电阻焊基本方法

③ 凸焊。是将电加热后的凸起点压塌，形成焊接点的电阻焊方法，如图 3-20(c) 所示，凸起点可以是凸点、凸环或环形锐边等形式。凸焊焊接循环与点焊的一样。凸焊主要应用于

低碳钢、低合金钢冲压件的焊接,另外,螺母与板焊接、线材交叉焊也多采用凸焊的方法及原理。电阻凸焊焊接循环如图 3-21(c) 所示。

④ 对焊。对焊方法主要用于断面小于 250mm 的丝材、棒材、板条和厚壁管材的连接。工作原理如图 3-20(d) 所示,对两零件端部相对放置加压使其端面紧密接触,通电后利用电阻热加热零件接触面至塑性状态,然后迅速施加大的顶锻力完成焊接。电阻对焊焊接循环如图 3-21(d) 所示,特点是在焊接后期施加了比预压大的顶锻力。

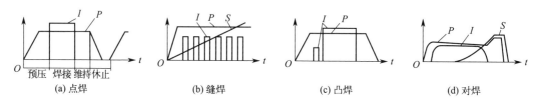

图 3-21　电阻焊焊接循环

I—电流;P—压力;S—位移

 焊接实训视频

 大国工匠高凤林:专为火箭焊心脏

第4章

普通机床实训

4.1 金属切削加工基础知识

4.1.1 切削运动和切削用量

金属切削加工是指在金属切削机床上,使用刀具切除毛坯上多余的金属层,从而获得图纸指定的精度,使其成为合格零件的工艺方法。常用的机械加工方法有车、铣、刨、钻、磨等,如图4-1所示。

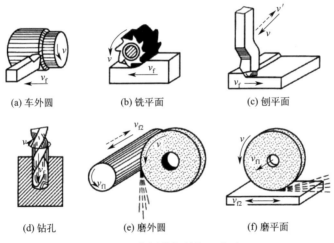

图 4-1 常用的机械加工方法

(1) 切削运动

切削过程中,刀具和工件之间的相对运动称为切削运动。各种加工方法的切削运动都可分解为两种基本运动。

① 主运动:切除金属的基本运动。其特点是在切削过程中速度最快、消耗动力最大,如图4-1中的运动 v。

② 进给运动:使新的金属层不断投入切削,从而形成完整加工表面的运动。其特点是在切削过程中速度低、消耗动力少,如图4-1中的运动 v_f。

金属切削机床都必须具备这两种运动的传动机构,切削时相互配合,才能完成所需形面的切削加工。例如,车削外圆面,工件旋转是主运动,同时车刀沿轴向做直线的进给运动,才能车削出所需要的圆柱体表面,如图4-1(a)所示。一般来说,主运动只有一个,而进给运动可能有一个或多个,图4-1(e)、(f)所示的磨外圆和磨平面加工中,主运动是砂轮的旋转,而进给运动则需由两个运动配合完成。

（2）切削用量

切削用量是指背吃刀量 a_p、进给量 f 和切削速度 v_c。现以车外圆时的切削用量为例加以说明，如图 4-2 所示。

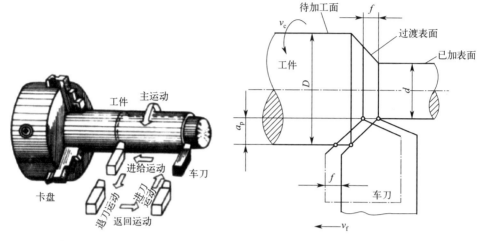

(a) 车外圆时的运动及主体运动　　(b) 车外圆时的切削用量示意

图 4-2　车削的切削用量

① 背吃刀量 a_p。待加工面与已加工面之间的垂直距离称为切削深度，又称背吃刀量。即

$$a_p = \frac{D-d}{2} \tag{4-1}$$

式中，d 为已加工表面的直径，mm；D 为待加工表面的直径，mm。

② 进给量 f。工件每转一周，刀具沿进给运动方向移动的距离称为进给量，单位为 mm/r。有时进给量也用单位时间内进给运动的移动量来表示，单位为 mm/min。

③ 切削速度 v_c。单位时间内，刀具与工件沿主运动方向相对移动的距离称为切削速度，即

$$v_c = \frac{\pi D n}{1000} \tag{4-2}$$

式中，n 为工件的转速，r/min；D 为待加工表面的直径，mm。

4.1.2　金属切削刀具

金属切削刀具一般指在金属切削机床上所使用的刀具。图 4-1 所示的各种切削加工工艺方法中，都使用了不同的金属切削刀具，如车削加工中使用了车刀、铣削加工中使用了铣刀、磨削加工中使用了砂轮等。

金属切削刀具按工件加工表面的形式可分为以下五类：加工各种外表面的刀具，包括车刀、刨刀、铣刀、外表面拉刀和锉刀等；孔加工刀具，包括钻头、扩孔钻、镗刀、铰刀和内表面拉刀等；螺纹加工刀具，包括丝锥、板牙、自动开合螺纹切头、螺纹车刀和螺纹铣刀等；齿轮加工刀具，包括滚刀、插齿刀、剃齿刀、锥齿轮加工刀等；切断刀具，包括镶齿圆锯片、带锯、弓锯、切断车刀和锯片铣刀等。此外，还有组合刀具。

现以最简单的外圆车刀为例，简要说明金属切削刀具的一些基本知识。

（1）车刀的组成

车刀由刀头和刀柄组成。刀头用来切削，故又称切削部分；刀柄是用来将车刀夹固在刀架上的部分。车刀的切削部分是由三面、两刃、一尖组成，如图 4-3 所示。

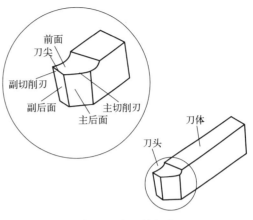

前面：指车削时，切屑流出时经过的表面。

主后面：指车削时，与加工表面相对的表面。

副后面：指车削时，与已加工表面相对的表面。

主切削刃：指前面与主后面的交线。在切削过程中，主切削刃担任主要切削工作。

副切削刃：指前面与副后面的交线。它配合主切削刃完成切削工作。

图 4-3　车刀的组成

刀尖：刀尖指主、副切削刃的交点。

（2）车刀的几何角度

为了确定和测量车刀的几何角度，需要假想以下三个辅助平面为基准：基面、切削平面和正交平面，如图 4-4 所示。基面是指通过主切削刃上一点，且垂直于该点切削速度方向的平面；切削平面是指通过主切削刃上一点，与主切削刃相切并垂直于基面的平面；正交平面是指通过主切削刃上一点，且同时垂直于基面和切削平面的平面。

车刀切削部分共有五个主要角度，如图 4-5 所示。

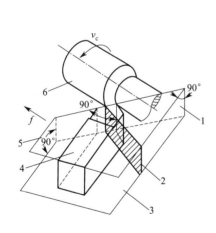

图 4-4　辅助平面

1—主切削平面；2—正交平面；3—底平面；
4—车刀；5—基面；6—工件

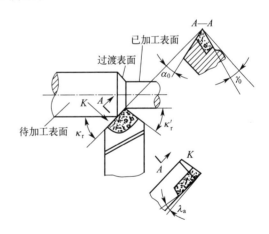

图 4-5　车刀的主要角度

前角 γ_0：是在正交平面中测量的前面与基面之间的夹角。其作用是使车刀刃口锋利，减小切削变形，并使切屑容易排出。

后角 α_0：是在正交平面中测量的后面与切削平面之间的夹角。其作用是减少车刀后面与工件之间的摩擦，减少刀具磨损。

主偏角 κ_r：是在基面中测量的主切削刃与假定进给方向之间的夹角。其作用是改变主切削刃和刀头的受力和散热情况。

副偏角 κ_r'：是在基面中测量的副切削刃与假定进给方向之间的夹角。其作用是减少副切削刃与工件已加工表面之间的摩擦。

刃倾角 λ_s：是在切削平面中测量的主切削刃与基面之间的夹角。其作用是控制切屑的排出方向。

（3）车刀的材料

① 对车刀材料的基本要求。车刀在切削工件时，其切削部分要受到高温、高压和摩擦的作用，因此，车刀材料必须满足以下基本性能要求。

a. 硬度高，耐磨性好。车刀要顺利地从工件上切除车削余量，其硬度必须高于工件硬度，要求车刀材料的常温硬度要在60HRC以上，硬度越高，耐磨性越好。

b. 足够的强度和韧性。为承受切削过程中产生的切削力和冲击力，车刀材料应具有足够的强度和韧性，才能避免脆裂和崩刃。

c. 耐热性好。耐热性好的车刀材料能在高温时保持比较高的强度、硬度和耐磨性，因此可以承受较高的切削温度，即意味着可以适应较大的切削用量。

② 车刀切削部分的材料。目前常用的车刀切削部分材料有高速钢和硬质合金两种。

高速钢是含有钨、铬、钒等合金元素较多的合金工具钢。经热处理后其硬度可达62～65HRC，当切削温度不超过500～600℃时，仍能保持良好的切削性能。其允许切削速度一般为0.4～0.5m/s。高速钢车刀刃磨后刀刃锋利，常用于精加工。

硬质合金是由碳化钨（WC）、碳化钛（TiC）和钴（Co）等材料利用粉末冶金的方法制成的，它具有很高的硬度（89～90HRA，相当于74～82HRC）和耐热性（耐热温度为850～1000℃），因此可以进行高速切削，其允许切削速度高达3～5m/s。使用这种车刀，可以加大切削用量，进行高速强力切削，生产效率大大提高。但硬质合金的韧性很差，很脆，不易承受冲击和振动，且易崩刃。所以大部分都会制成刀片，将其焊接在45钢刀杆上或采用机械夹固的方式夹持在刀杆上，以提高其使用寿命。

4.1.3 切削力和切削热

在切削过程中，刀具切入工件时，使多余的金属层变为切屑，会遇到很大的阻力，同时，切屑和工件对刀具还产生一定的摩擦力。因此，刀具与工件之间相互作用着很大的力，此即切削力。切削力做功所消耗的能量都转变为热能，此即切削热。

切削力太大，会使机床、刀具和工件产生弹性变形，致使工件的加工精度下降。所以，要获得较高的加工精度，一般通过粗切和精切两个步骤来完成。粗切时，用较大的切削深度和进给量，把大部分金属余量切除。精切时，切削深度和进给量都很小，较小的切削力就不会明显影响工件的加工精度。

切削热会使工件和刀具膨胀，也会影响工件的加工精度。当刀刃的温度太高时，还会降低刀具材料的硬度，明显缩短刀具的使用寿命。所以在加工钢件时都要使用切削液来加强润滑和冷却，以减小切削热的不良影响。

常用的切削液有水类和油类两种，水类切削液有较强的冷却和清洗作用，油类切削液则有良好的润滑作用。

4.1.4 金属切削机床的分类与型号

（1）金属切削机床的分类

在国家制定的机床型号编制方法中，按照机床的加工方式、使用的刀具及其用途，将机床分为12类，见表4-1。

表 4-1 机床的分类及类代号

类别	车床	钻床	镗床	磨床			齿轮加工机床	螺纹加工机床	铣床	刨插床	拉床	特种加工机床	锯床	其他机床
代号	C	Z	T	M	2M	3M	Y	S	X	B	L	D	G	Q
读音	车	钻	镗	磨	二磨	三磨	牙	丝	铣	刨	拉	电	割	其

另外,按照机床的工艺范围可分为通用机床、专门化机床和专用机床三大类;按照机床的特性可分为普通机床、万能机床、自动机床、半自动机床、仿形机床和数控机床等;按照机床布局可分为卧式机床、立式机床、龙门机床、马鞍机床、落地机床等;按工件大小和机床重量可分为中小型机床、大型机床和重型机床等。

(2) 机床型号的表示方法

机床型号主要反映机床的类别、主要技术规格、使用及结构特征。通用机床型号基本部分的表示方法,如图4-6所示。

型号表示方法中,有"○"符号者,为大写的汉语拼音字母;有"△"符号者,为阿拉伯数字。另外,有括号的代号或数字,当无内容时,不表示;若有内容时,则应表示,但不带括号。

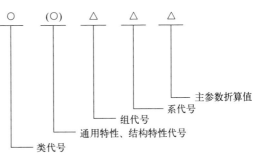

图 4-6 通用机床型号的表示方法

(3) 机床的类代号及组、系代号

机床的类代号见表4-1。机床的组、系代号分别用一位阿拉伯数字表示,组代号位于类代号或(和)特性代号之后,系代号位于组代号之后。常见机床的组、系代号含义见表4-2。如"CA6140"型号中的"6"为组代号,即车床类中的"落地及卧式车床组";"1"为系代号,即"落地及卧式车床"组中的"卧式车床"系列。

表 4-2 部分机床的组、系代号及主参数

类	组	系	机床名称	主参数的折算系数	主参数
车床	1	1	单轴纵切自动车床	1	最大棒料直径
	2	1	多轴棒料自动车床	1	最大棒料直径
	3	1	滑鞍转塔车床	1/10	最大车削直径
	4	1	万能曲轴车床	1/10	最大工件回转直径
	5	1	单柱立式车床	1/100	最大车削直径
	6	1	卧式车床	1/10	最大车削直径
	7	1	仿形车床	1/10	刀架上最大车削直径
钻床	2	1	深孔钻床	1/10	最大钻孔直径
	3	0	摇臂钻床	1	最大钻孔直径
	4	0	台式钻床	1	最大钻孔直径
	8	1	中心孔钻床	1/10	最大工件直径
磨床	1	4	万能外圆磨床	1/10	最大磨削直径
	2	1	内圆磨床	1/10	最大磨削孔径
	7	1	卧轴矩台平面磨床	1/10	工作台面宽度
铣床	2	0	龙门铣床	1/100	工作台面宽度
	5	0	立式升降台铣床	1/10	工作台面宽度
	6	0	卧式升降台铣床	1/10	工作台面宽度
	6	1	万能升降台铣床	1/10	工作台面宽度

(4) 机床的特性代号

机床的特性代号包括通用特性代号和结构特性代号。

① 通用特性代号。机床的通用特性代号，见表 4-3。当某类型机床除有普通形式外，还有表中所列的通用特性时，则在类代号之后加通用特性代号来区分。如"CM6132"中的"M"表示精密机床。

表 4-3 机床的通用特性代号

通用特性	高精度	精密	自动	半自动	数控	加工中心（自动换刀）	仿形	轻型	加重型	简式或经济型	数显	高速
代号	G	M	Z	B	K	H	F	Q	C	J	X	S
读音	高	密	自	半	控	换	仿	轻	重	简	显	速

② 结构特性代号。对主参数相同而结构、性能不同的机床，在型号中加结构特性代号来区分。结构特性代号用汉语拼音字母表示。当型号中有通用特性代号时，则结构特性代号排在其后。结构特性代号在型号中没有统一的含义，只是用来区分同类机床中结构、性能不同的机床。例如，CA6140 型卧式车床型号中的"A"是结构特性代号。

(5) 机床主参数的表示方法

机床型号中的主参数用折算值表示，折算值就是机床的主参数乘以折算系数。当折算数值大于 1 时，取整数；当折算数值小于 1 时，以主参数值表示，并在前面加"0"。常见机床的主参数含义及折算系数见表 4-2。

(6) 机床型号示例

MG1432：最大磨削直径为 320mm 的高精度万能外圆磨床。

Z3040：最大钻孔直径为 40mm 的摇臂钻床。

X6032：工作台宽度为 320mm 的卧式升降台铣床。

CK5140：最大车削直径为 4000mm 的数控单柱立式车床。

CA6140：最大车削直径 400mm、结构特性为 A 型的普通卧式车床。

4.2 普通车床实训

4.2.1 车削的工艺范围及工艺特点

车削加工是在车床上利用车刀或钻头、铰刀、丝锥、滚花刀等刀具对工件进行切削加工的方法，是机械加工中最常用的一种加工方法。

(1) 车削的工艺范围

在工厂的机械加工车间，卧式车床是金属切削机床中最为普遍的一种。车削加工是一种重要的机械加工方法，主要是用来加工零件上的回转表面，该类零件的特点是都有一条回转中心线，如圆柱面、圆锥面、螺纹、端面、成形面、沟槽等。车削加工的工艺范围很广泛，它的基本工作内容如图 4-7 所示。

(2) 车削加工的工艺特点

车削加工与其他加工方法相比有以下特点。

① 车削轴、盘、套类等零件时，各表面之间的位置精度要求容易达到，如各表面之间

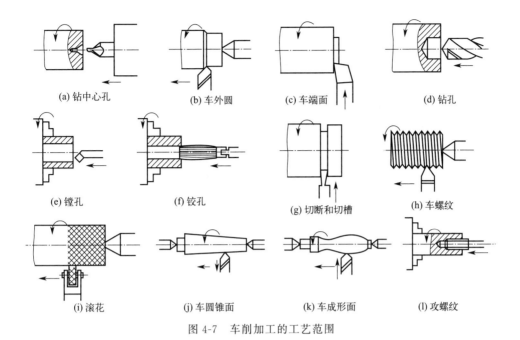

图 4-7 车削加工的工艺范围

的同轴度要求、端面与轴线的垂直度以及各端面之间的平行度要求等。

② 一般情况下,切削过程比较平稳,可以采用较大的切削用量,以提高生产效率。

③ 刀具简单,因此制造、刃磨和使用都比较方便,有利于提高加工质量和生产效率。

④ 车削的加工尺寸公差等级一般可达 IT6～IT11 级,表面粗糙度值可达 Ra 12.5～0.8μm。

4.2.2　CA6140 型普通车床

车床的种类很多,但最常用的是普通卧式车床。下面以 CA6140 型车床为例讲解其结构组成及操作。

(1) CA6140 型普通车床的结构及组成

CA6140 型普通车床的外观如图 4-8 所示,它主要由以下几部分组成。

① 床身。床身是用来支承和连接车床各个部件的。床身上面有供刀架和尾座移动的导轨。床身由前后床腿支撑并固定在地基上。左床腿内有主电动机等电气控制设备,右床腿内有切削液循环设备。

② 主轴箱。主轴箱又称床头箱或变速箱。用来支承主轴,并使其做各种速度的旋转运动。主轴前端有外螺纹,用以连接卡盘、拨盘等附件。内有锥孔,用以安装顶尖。主轴是空心结构,以便装夹细长棒料和用顶杆卸下顶尖。后端装有传动齿轮,能将运动经过挂轮传给进给箱,为进给运动提供动力来源。

③ 挂轮箱。挂轮箱用于将主轴的转动传给进给箱。更换挂轮箱内的齿轮并与进给箱配合,可车削各种不同螺距的螺纹。

④ 进给箱。进给箱又称走刀箱,它是进给运动的变速机构。挂轮传来的运动,通过变速机构传给光杠或丝杠,可改变进给量和螺距,从而改变刀具的进给速度。

⑤ 滑板箱。与刀架相连,它是进给运动的分向机构,可将光杠传来的运动转换为机动纵向或横向走刀运动;或将丝杠传来的运动转换为螺纹走刀运动。手动进刀由手轮控制。

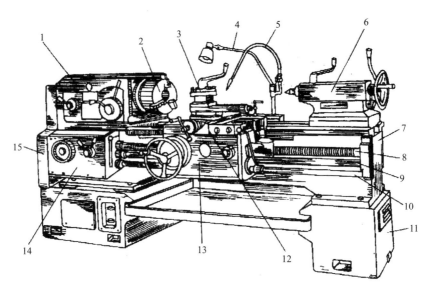

图 4-8 CA6140 型普通车床外形图

1—主轴箱；2—卡盘；3—刀架；4—照明灯；5—切削液软管；6—尾座；7—床身；8—丝杠；9—光杠；10—操纵杠；11—床腿；12—床鞍；13—滑板箱；14—进给箱；15—挂轮箱

⑥ 光杠和丝杠。将进给箱的运动传给滑板箱。自动走刀时使用光杠；车削螺纹时使用丝杠。手动进给时，光杠和丝杠都可以不用。

⑦ 操纵杠。在滑板箱进给移动过程中，传递操纵把手的控制动作，用以控制主轴的启动、变向和停止。

⑧ 滑板。如图 4-9 所示，滑板分为中、小滑板，滑板上面有转盘和刀架。小滑板手柄与小滑板内部的丝杠连接，摇动此手柄时，小滑板就会纵向进或退。中滑板手柄装在中滑板内部的丝杠上，摇动此手柄，中滑板就会横向进或退。中滑板和小滑板上均有刻度盘，刻度盘的作用是为了在车削工件时能准确移动车刀以控制切削深度。刻度盘每转过一格，车刀所移动的距离等于滑板丝杠螺距除以刻度盘圆周上等分的格数。

⑨ 床鞍。床鞍与床面导轨配合，摇动手轮 9 可以使整个滑板部分做左右纵向移动，如图 4-9 所示。

⑩ 刀架。刀架固定于小滑板上，用以夹持车刀（方刀架上可以同时安装四把车刀）。刀架上有锁紧手柄，松开锁紧手柄即可转动方刀架以选择车刀及其刀杆工作角度。车削加工时，必须旋紧手柄以固定刀架。

⑪ 尾座。用来安放顶尖以支持较长的工件，亦可安装钻头、绞刀等刀具。它可以沿床身导轨移动调节。尾座由下列几部分组成，如图 4-10 所示。

a. 套筒左端有锥孔，用以安装顶尖或锥柄刀具。通过转动手轮可使套筒在座体缩进或伸出，通过锁紧手柄可以固定套筒位置。将套筒退到最后位置时，即可卸出顶尖或刀具。

b. 尾座座体与底座相连，当松开固定螺钉后，就可以通过调节螺钉调整尾座座体及其安装物在床身上的横向位置。

c. 底座通过导槽直接安装在床身导轨上，可沿导轨移动。

除以上主要构件外，车床上还有将电能转变为机械能的电动机、润滑液和切削液循环系统、各种开关和操作手柄，以及照明灯、切削液供应设备等附件。

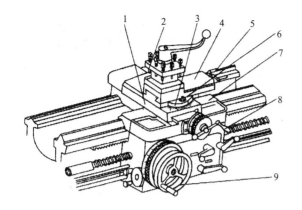 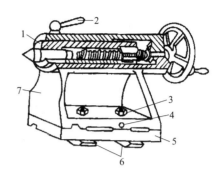

图 4-9 CA6140 车床的滑板结构
1—中滑板；2—刀架；3—转盘；4—小滑板；
5—小滑板手柄；6—螺钉；7—床鞍；8—中滑板手柄；9—手轮

图 4-10 尾座结构
1—套筒；2—套筒锁紧手柄；3—固定螺钉；4—调节螺钉；
5—底座；6—压板；7—座体

（2）CA6140 型普通车床的主要技术参数

床身最大工件回转直径：400mm。

最大工件长度：750mm、1000mm、1500mm、2000mm。

最大车削长度：650mm、900mm、1400mm、1900mm。

刀架上最大工件回转直径：210mm。

主轴内孔直径：48mm。

主轴内孔前端锥度：莫氏 6 号。

尾座顶尖套内孔锥度：莫氏 6 号。

主轴转速范围：正转 24 级，10~1400r/min；反转 12 级，14~1600r/min。

螺纹加工范围：公制螺纹 44 种，1~192mm；英制螺纹 20 种，2~24 牙/in❶；模数螺纹 39 种，0.25~48mm；径节螺纹 37 种，1~96 牙/in。

主电机：7.5kW，1450r/min。

快速电机：3.7kW，2600r/min。

机床轮廓尺寸（长×宽×高）：2670mm×1000mm×1190mm。

机床净重：2000kg。

（3）CA6140 型普通车床的操作

① 车床的启动操作。

a. 检查车床各变速手柄是否处于空挡位置，离合器是否处于正确位置，操纵杆是否处于停止状态，确认无误后，合上车床电源总开关。

b. 按下床鞍上的绿色启动按钮，电动机启动。

c. 向上提起滑板箱右侧的操纵杆手柄，主轴正转；操纵杆手柄回到中间位置，主轴停止转动；操纵杆向下压，主轴反转。

d. 主轴正反转的转换要在主轴停止转动后进行，避免因连续转换操作使瞬间电流过大而发生电器故障。

e. 按下床鞍上的红色停止按钮，电动机停止工作。

② 主轴箱手柄的操作。通过改变主轴箱正面右侧的两个叠套手柄的位置来控制。前面

---

❶ 1in=25.4mm。

的手柄有 6 个挡位,每个有 4 级转速,由后面的手柄控制,所以主轴共有 24 级转速,如图 4-11(a)所示。主轴箱正面左侧的手柄进行所加工螺纹的左右旋向变换和螺距加大,共有 4 个挡位,即右旋螺纹、左旋螺纹、右旋加大螺纹螺距和左旋加大螺纹螺距,其挡位如图 4-11(b)所示。

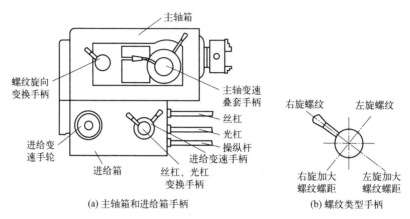

图 4-11　CA6140 车床主轴箱和进给箱上面的手柄功能

③ 进给箱手柄(轮)的操作。如图 4-11(a)所示在进给箱上共有两组变速手柄(轮)。左侧手轮有 8 个挡位;右侧有前、后叠装的两个手柄,前面的手柄是丝杠、光杠变换手柄,后面的手柄有Ⅰ、Ⅱ、Ⅲ、Ⅳ 4 个挡位,用来与左侧手轮配合,调整螺距或进给量。具体使用时,应当根据加工要求调整所需螺距或进给量,可通过查找进给箱油池盖上的调配表来确定手轮和手柄的具体位置。

④ 滑板箱手柄(轮)的操作。滑板箱实现车削时绝大部分的进给运动,如床鞍及滑板箱做纵向移动,中滑板做横向移动,小滑板做纵向或斜向移动等。滑板箱上面的手柄(轮)如图 4-12 所示。进给运动有手动进给和机动进给两种方式。

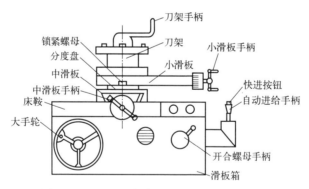

图 4-12　CA6140 车床滑板箱上面的手柄功能

a. 滑板箱的手动操作。

(a) 床鞍及滑板箱的纵向移动由滑板箱正面左侧的大手轮控制。顺时针方向转动手轮时,床鞍向右运动;逆时针方向转动手轮时,床鞍向左运动。手轮轴上的刻度盘圆周等分 300 格,手轮每转过 1 格,纵向移动 1mm。

(b) 中滑板的横向移动由中滑板手柄控制。顺时针方向转动手柄时,中滑板向前运动(即横向进刀);逆时针方向转动手轮时,向操作者运动(即横向退刀)。手轮轴上的刻度盘圆周等分100格，手轮每转过1格，纵向移动0.05mm。

(c) 小滑板在小滑板手柄控制下可做短距离的纵向移动。小滑板手柄顺时针方向转动时，小滑板向左运动；逆时针方向转动手柄时，小滑板向右运动。小滑板手轮轴上的刻度盘圆周等分100格，手轮每转过1格，纵向或斜向移动0.05mm。小滑板的分度盘在刀架需斜向进给车削短圆锥体时，可顺时针或逆时针地在90°范围内偏转所需角度，调整时，先松开锁紧螺母，转动小滑板至所需角度位置后，再锁紧螺母将小滑板固定。

(d) 开合螺母手柄用于控制丝杠上传动螺母的开或合。车螺纹时，该手柄下压，螺母合上，通过丝杠转动，将进给箱传来的运动传递给滑板箱，乃至刀架。在一般车削加工时，由于采用的是光杠传动，因此该手柄应当向上打开，并且与自动进给手柄之间设计有互锁机构，防止光杠传动时，开合螺母误合损坏。

b. 滑板箱的自动操作。CA6140车床滑板箱的自动操作采用的是单手柄操纵机构，其结构如图4-13所示。拨动单手柄1在前后左右四个位置，通过操纵杆2和操纵轴3分别将控制动作传递给控制机构，控制机构控制横向和纵向两个牙嵌式离合器的开合，从而控制滑板箱在相应四个方向的机动自动进给运动。

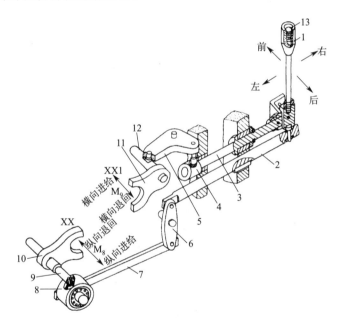

图4-13 滑板箱单手柄操纵机构
1—单手柄；2—操纵杆；3—操纵轴；4、8—凸轮；5、6—杠杆；7—连杆；9、12—杆；
10、11—拨叉；13—点动开关

当按下单手柄1上方的点动开关13时，接通快速进给电动机，实现滑板箱向四个方向的快速移动。

4.2.3 刀具在车床上的安装

（1）车刀的种类及用途

车刀的种类很多，按其用途和结构不同可分为外圆车刀、内孔车刀、端面车刀、切断刀、螺纹车刀和成形车刀，如图4-14所示。

① 90°车刀（偏刀）：用于车削工件的外圆、台阶和端面。

② 45°车刀（弯头刀）：用于车削工件的外圆、端面和倒角。

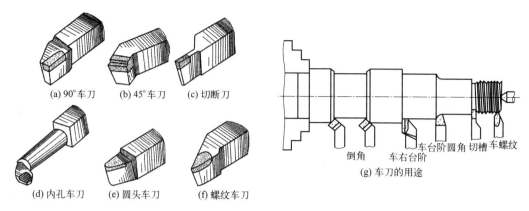

图 4-14 常用车刀及其用途

③ 切断刀：用于切断工件或在工件上切槽。
④ 内孔车刀：用于车削工件的内孔。
⑤ 螺纹车刀：用于车削螺纹。
⑥ 圆头车刀：用于车削圆角、圆槽或成形面。

（2）刀具的安装

车刀使用时必须正确安装，具体要求如下。

① 车刀伸出刀架部分不能太长，否则切削时刀杆刚度减弱，容易产生振动，影响加工表面的质量，甚至会使车刀损坏。一般以不超过刀杆厚度的两倍为宜，如图 4-15 所示。

图 4-15 车刀的安装

② 车刀刀尖应对准工件中心。若刀尖高于工件中心，会使车刀的实际后角减小，车刀后面与工件之间摩擦增大；若刀尖低于工件中心，会使车刀的实际前角减小，切削不顺利。刀尖对准工件中心的方法有：根据尾座顶尖高度进行调整，如图 4-16 所示；根据车床主轴中心高度用钢直尺测量装刀，如图 4-17 所示；把车刀靠近工件端面，目测车刀刀尖的高度，然后紧固车刀，试车端面，再根据端面的中心进行调整。

③ 车刀刀柄轴线应与工件轴线垂直，否则会使主偏角和副偏角的数值发生变化。

④ 调整车刀时，刀柄下面的垫片要平整洁净，垫片要与刀架对齐，且数量不宜太多，以防产生振动。

⑤ 车刀的位置调整完毕，要紧固刀架螺钉，一般用两个螺钉，并交替拧紧。

4.2.4 工件在车床上的安装

安装工件的基本要求是定位准确、夹紧可靠。定位准确就是工件在机床或夹具中必须有一个正确的位置，即被加工表面的轴线需与车床主轴中心重合。夹紧可靠就是工件夹紧后能够承受切削力，不改变定位并保证安全，且夹紧力适度以防工件变形，保证加工工件质量。

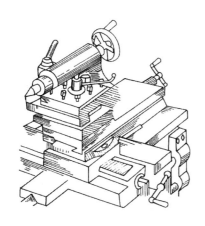 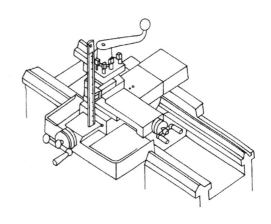

图 4-16　根据尾座顶尖高度调整刀尖　　　　图 4-17　用钢直尺测量主轴中心高度

　　根据工件的形状、大小和加工数量不同，工件的安装可以采用不同的方法，如用三爪自定心卡盘安装、用四爪单动卡盘安装、用花盘安装、用顶尖安装和用心轴安装等。

（1）用三爪自定心卡盘安装工件

　　三爪自定心卡盘是车床上应用最广的一种通用夹具，适用于安装短棒或盘类工件，其构造如图 4-18 所示。当用卡盘扳手转动小锥齿轮时，与它相啮合的大锥齿轮随之转动，大锥齿轮背面的平面螺纹则带动三个卡爪同时等速地向中心靠拢或退出，以夹紧或松开工件。用三爪自定心卡盘安装工件，可使工件中心与车床主轴中心自动对中，自动对中的准确度为 0.05～0.15mm。

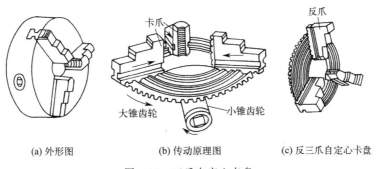

(a) 外形图　　　(b) 传动原理图　　　(c) 反三爪自定心卡盘

图 4-18　三爪自定心卡盘

　　三爪自定心卡盘一般配备两套卡爪，一套正爪，一套反爪。当工件直径较小时，工件置于三个长爪之间装夹；当工件孔径较大时，可将三个卡爪伸入工件内孔中，利用长爪的径向张力装夹盘状、套状或环状零件；当工件直径较大，用正爪不便装夹时，可用反爪进行装夹；当工件长度大于 4 倍直径时，应在工件右端用车床上的尾座顶尖支撑，如图 4-19 所示。

　　用三爪自定心卡盘安装工件时，应先将工件置于三个卡爪中找正，轻轻夹紧，然后开动机床使主轴低速旋转，检查工件有无歪斜偏摆，并做好记号。若有偏摆，停车后用锤子轻敲校正，然后夹紧工件，并及时取下卡盘扳手，将车刀移至车削行程最右端，调整好主轴转速和切削用量后，才可开动车床。

（2）用双顶尖安装工件

　　有些工件在加工过程中需要多次装夹，要求有同一定位基准，这时可在工件两端钻出中心孔，采用前后两个顶尖安装工件。前顶尖装在主轴上，通过卡箍和拨盘带动工件与主轴一

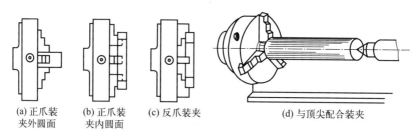

图 4-19　用三爪自定心卡盘装夹工件的方法

起旋转，后顶尖装在尾架上随之旋转，如图 4-20(a)。也可以用圆钢料车一个前顶尖，装在卡盘上以代替拨盘，通过鸡心夹头带动工件旋转，如图 4-20(b) 所示。

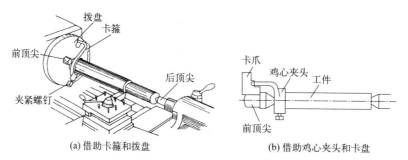

图 4-20　用双顶尖安装工件

顶尖有固定顶尖（普通顶尖或死顶尖）[如图 4-21(a) 所示]和活顶尖[如图 4-21(b) 所示]两种。低速切削或精加工时以使用固定顶尖为宜。高速切削时，为防止摩擦发热过高而烧坏顶尖或顶尖孔，宜采用活顶尖。但活顶尖工作精度不如固定顶尖，故常在粗加工或半精加工时使用活顶尖。

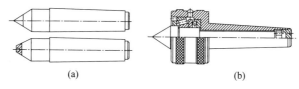

图 4-21　顶尖

用双顶尖安装工件的步骤，如图 4-22 所示。

① 在工件的左端安装卡箍，先用手稍微拧紧卡箍螺钉。

② 将工件装在两顶尖之间，根据工件长度调整尾座位置，使刀架能够移至车削行程的最右端，同时又尽量使尾座套筒伸出最短，然后将尾座固定在床身上。

③ 转动尾座手轮，调节工件在顶尖间的松紧，使之能够旋转但不会轴向松动，然后锁紧尾座套筒。

④ 将刀架移至车削行程的最左端，用手转动拨盘及卡箍，检查是否会与刀架相碰撞。

⑤ 拧紧卡箍螺钉。

（3）中心架与跟刀架的使用

在车削细长轴时，由于刚度差，加工过程中容易产生振动，并且常会出现两头细中间粗的腰鼓形，因此需采用中心架或跟刀架作为附加支承。

中心架固定在车床导轨上，主要用于提高细长轴或悬臂安装工件的支承刚度。安装中心

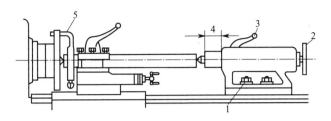

图 4-22　用双顶尖安装工件的步骤
1—固定尾座螺钉；2—调节工件与顶尖间的松紧；3—锁紧套筒；4—调整套筒伸出长度；5—拧紧卡箍螺钉

架之前先要在工件上车出中心架支承凹槽，槽的宽度略大于支承爪，槽的直径大于工件最后尺寸一个精加工余量。车细长轴时，中心架装在工件中段；车一端夹持的悬臂工件的端面或钻中心孔，或车较长的套筒类零件的内孔时，中心架装在工件悬臂端附近，如图 4-23 所示。在调整中心架三个支承爪的中心位置时，应先调整下面两个爪，然后把盖子盖好固定，最后调整上面的一个爪。车削时，支承爪与工件接触处应经常加润滑油，注意其松紧要适量，以防工件被拉毛及摩擦发热。

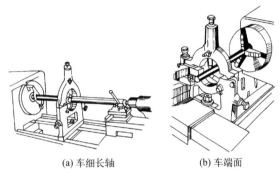

(a) 车细长轴　　(b) 车端面

图 4-23　中心架的使用

跟刀架固定在床鞍上，跟着车刀一起移动，主要用作精车、半精车细长轴（长径比在 30～70 之间）的辅助支承，以防止由于径向切削力而使工件产生弯曲变形。车削时，先在工件端部车好一段外圆，然后使跟刀架支承爪与其接触并调整至松紧合适。工作时支承处要加润滑油。跟刀架一般有两个支承爪，一个从车刀的对面抵住工件，另一个从上向下压住工件；有的跟刀架有三个爪，三爪跟刀架夹持工件稳固，工件上下左右的变形均受到限制，不易发生振动，如图 4-24 所示。

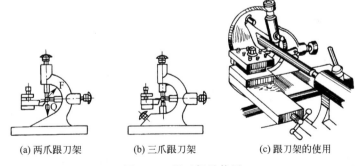

(a) 两爪跟刀架　　(b) 三爪跟刀架　　(c) 跟刀架的使用

图 4-24　跟刀架及使用

（4）用心轴安装工件

对盘套类零件的加工，当要求保证内外圆柱面的同轴度、两端面的平行度及端面与孔轴线的垂直度时，需要先将孔进行精加工后套在心轴上，再把心轴安装在前后顶尖之间进行外圆和端面的加工。

心轴的种类很多，常用的有锥度心轴、圆柱心轴和可胀心轴。

锥度心轴的锥度为 1∶2000～1∶5000，如图 4-25 所示。工件压入后，靠摩擦力与心轴固紧。锥度心轴对中准确，装卸方便，但不能承受过大的力矩。

圆柱心轴如图 4-26 所示，工件装入圆柱心轴后需加上垫圈，用螺母锁紧。其夹紧力大，可用于较大直径盘类零件的加工。圆柱心轴外圆与孔配合有一定间隙，对中性较锥度心轴的差。

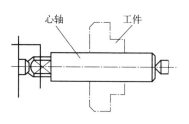

图 4-25　锥度心轴

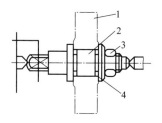

图 4-26　圆柱心轴
1—工件；2—心轴；3—螺母；4—垫圈

可胀心轴如图 4-27 所示，工件装在可胀锥套上，拧紧螺母 3，使锥套沿心轴锥体向左移动而引起直径增大，即可胀紧工件。

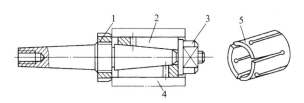

图 4-27　可胀心轴
1—螺母；2—可胀锥套；3—螺母；4—工件；5—可胀锥套外形

4.2.5　车削基本工艺及其操作

1）车外圆

将工件车削成圆柱形表面的加工称为车外圆，这是车削加工最基本、最常见的操作。

（1）车削外圆的基本方法

试切法是车削外圆的常用基本方法，如图 4-28 所示。

① 测量毛坯尺寸，确定粗车、半精车和精车的加工余量。粗车后需调质或正火的零件，应考虑热处理变形对工件的影响，留出 1.5～2.5mm 的余量。

② 合理安装工件、车刀，调整好主轴转速。

③ 开动机床，摇动床鞍、中滑板手柄，使刀尖与工件右端面外圆表面轻轻接触，如图 4-28(a) 所示。

④ 摇动床鞍手柄，使车刀向右退离工件，一般距离工件 3～5mm，如图 4-28(b) 所示。

⑤ 横向进给一个较小的距离 a_{p1}，如图 4-28(c) 所示。

⑥ 纵向车削 1～3mm，摇动床鞍手柄，退出车刀，停车测量工件直径（中滑板不要退回，如必要退出时，应记住其刻度），如图 4-28(d)、(e) 所示。

⑦ 根据中滑板的刻度调整背吃刀量至 a_{p2}，自动进给，车出外圆，如图 4-28(f) 所示。

⑧ 当车削到所需长度时应停止走刀，退出车刀，然后停车。注意不能先停车后退刀，否则会造成车刀崩刃。

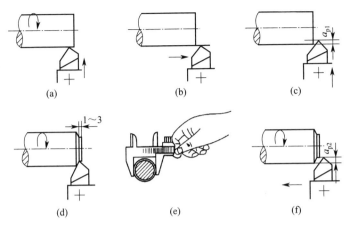

图 4-28 试切法车削外圆

（2）车削用量的选择

车削外圆一般可分为粗车和精车两个阶段。粗车外圆，就是把毛坯上的多余部分（即加工余量）尽快地车去，这时不要求工件达到图纸要求的尺寸精度和表面粗糙度，但粗车时应留有一定的精车余量。精车外圆，就是把工件上经过粗车后留有的少量余量车去，使工件达到图纸或工艺上规定的尺寸精度和表面粗糙度。切削用量选择是否恰当，对工件加工表面的质量、刀具耐用度和生产效率都有很大的影响。

① 背吃刀量 a_p 的选择。粗车时，因为对工件的加工精度和粗糙度要求不高，故应尽可能增大背吃刀量，以求尽快车去多余的金属层。精车时背吃刀量应小些，一般选 0.2～0.5mm，这样可以使切屑容易变形，减小了切削力，有利于减小工件的表面粗糙度并提高尺寸精度。

② 进给量 f 的选择。背吃刀量确定以后，进给量 f 应适当地选取大一些。进给量的大小受到机床和刀具刚度、工件精度和表面粗糙度的限制。粗车时，工件加工表面粗糙度要求不高，选取进给量时着重考虑机床、刀具和工件的刚性。精车时，切削余量很小，不必考虑刚度，主要考虑加工表面的粗糙度要求。

③ 切削速度 v_c 的选择。切削速度 v_c 的大小是根据车刀材料及几何形状、几何角度、工件材料、进给量和背吃刀量、冷却液使用情况、车床动力和刚度以及车削过程的实际情况综合决定的。切削速度的选择方法有以下两种。

a. 用计算法选择切削速度。

$$v_c = \frac{\pi D n}{1000}(\text{m/min}) = \frac{\pi D n}{1000 \times 60}(\text{m/s}) \qquad (4-3)$$

式中，v_c 为切削速度，m/s；D 为工件直径，mm；n 为主轴转速，r/min。

b. 用图表法选择切削速度。在 CA6140 型普通车床的床头箱上，备有速度选择标牌。在已经知道工件直径的情况下，可以从标牌上根据主轴转速查出切削速度，也可以根据切削速度查出主轴转速。

2）车端面

对工件端面进行车削的方法称为车端面。

（1）端面车削的方式

图 4-29 所示为用 45°弯头刀车削端面的情况。此时是 45°弯头刀的主切削刃进行车削，

与用该刀车削外圆时使用的部位不是一个部位。45°弯头刀的刀尖角比偏刀大，因此强度好，散热也好，而且可以在车端面的同时车削出工件倒角。但是，45°弯刀不能车清台阶根部，因此，不能加工带台阶的端面。

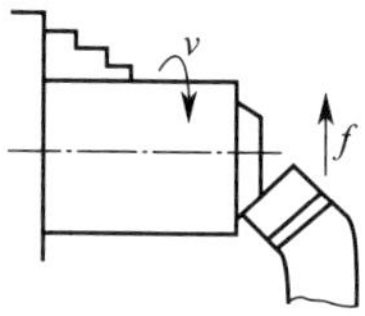

（2）工件的装夹

车端面时，应先将工件装夹在卡盘上，工件伸出卡盘的长度应当短些；将划线盘划针针尖靠近工件端面后，用手扳动卡盘旋转，并观察端面与针尖之间的距离是否均匀，如果距离有变化，说明工件安装不正，可用铜锤或硬木块轻敲工件端面进行找正。找正后，牢固夹紧。

图 4-29　用 45°弯头刀车端面

（3）确定切削用量

① 背吃刀量 a_p：粗车时，$a_p=2\sim5$mm；精车时，$a_p=0.1\sim1$mm。

② 进给量 f：进给量 f 的确定原则基本和背吃刀量 a_p 的确定原则相同。一般情况下，粗车时 $f=0.3\sim0.7$mm/r；精车时 $f=0.1\sim0.2$mm/r。

③ 切削速度 v_c：车端面时的切削速度是随着工件直径的减小而逐渐减小的，但是计算切削速度时，要按最大外圆直径计算，计算方法和车外圆时的相同。

需要注意，在车外圆时，一次走刀过程中工件直径是固定不变的，因此，主轴转速确定后，切削速度是不变的；而车端面时，一次走刀过程中工件直径是变化的，因此，虽然在切削过程中主轴转速没变，而切削速度却随着直径的变化而改变。

3）车台阶

车削台阶处的外圆和端面的方法称为车台阶。

（1）车台阶的步骤

① 在卡盘上装夹工件，找正外圆、端面并夹紧。

② 按要求装夹车刀，调整合理的转速和进给量。

③ 车第一级外圆，试切削 3mm 长，停机测量外径。

④ 根据测量的外径尺寸，调整背吃刀量，留精车余量 1~2mm。

⑤ 操纵进给手柄纵向车削，当车刀接近台阶时，停止进给，用手摇动床鞍进给，直到车刀接触台阶。

⑥ 摇动中滑板手柄，使中滑板以均匀速度沿台阶端面向外摇出车刀。

⑦ 车多台阶轴，按上述方法依次车削各级外圆。

⑧ 测量台阶的长度，根据测量的长度尺寸与图样尺寸要求，调整背吃刀量。

⑨ 操纵进给手柄，横向车削端面，确定长度尺寸至合格。

⑩ 停机，检验长度尺寸。

台阶的车削方法跟车外圆的相似，但在车削时需要兼顾外圆的尺寸精度和台阶长度的要求。对于相邻两圆柱体直径较小（<5mm）的台阶，一般用一次走刀车出，为保证台阶面与工件中心线垂直，应用 90°偏刀车削，装刀时应使主切削刃与工件中心线垂直，如图 4-30(a) 所示；对于相邻两圆柱体直径较大（≥5mm）的台阶，一般采用分层切削方法，用多次走刀来完成台阶的车削。在最后一次纵向进给完成后，用手摇动中滑板手柄，把车刀慢慢地均匀退出，使台阶与外圆垂直，装刀时应使主切削刃与工件中心线成 90°或大于 90°，如图 4-30(b) 所示。

（2）控制台阶长度的方法

可以用大滑板刻度盘来控制（一般卧式车床一格等于 1mm，其车削长度误差在 0.3mm

左右）；单件生产时也可用钢直尺度量、刀尖划线的方法来控制；成批生产时用样板控制，如图 4-31 所示。

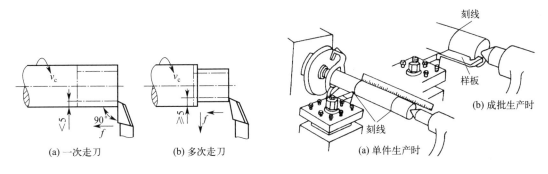

图 4-31 台阶长度的确定

4）车圆锥面

将工件车削成圆锥表面的方法称为车圆锥面。在机器和工具中，很多地方采用圆锥面作为配合表面，如车床主轴孔与顶尖的配合，尾座套筒锥孔与顶尖的配合，带锥柄的钻头、铰刀与锥套的配合等。圆锥表面配合具有配合紧密、拆装方便、经过多次拆装仍能保证准确定心的特点。

常用的标准圆锥有米制圆锥和莫氏圆锥两种。公制圆锥的锥度固定为 1∶20，圆锥半角（$\alpha/2$）等于 $1°25'56''$，号数表示圆锥的大端直径。例如：100 号米制圆锥，其大端直径 100mm，锥度 1∶20；莫氏圆锥分成 7 个号码，即 0、1、2、3、4、5、6，大端直径最小为 0 号，最大是 6 号，不同的锥号其圆锥角度值不同。

车削圆锥面的方法主要有转动小滑板法、偏移尾座法、靠模法以及宽刃车刀车削法。

① 转动小滑板法车圆锥表面。根据工件的圆锥半角 $\alpha/2$，将小滑板转过 $\alpha/2$ 角并将其紧固，然后摇动小滑板进给手柄，使车刀沿圆锥面的素线移动，即可车出所需要的圆锥面，如图 4-32 所示。这种方法操作简单可靠，可加工任意锥角的内、外圆锥表面，但由于小滑板的行程比较短，所以只可车削较短的圆锥体，而且只能手动进给。

② 偏移尾座法车圆锥表面。根据工件的圆锥半角 $\alpha/2$，将尾座顶尖偏移一定距离 s，使工件旋转中心线与车床主轴中心线的夹角等于圆锥半角 $\alpha/2$，然后车刀纵向机动进给，即可车出所需要的圆锥面，如图 4-33 所示。

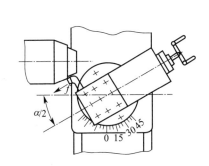

图 4-32 转动小滑板法车圆锥表面

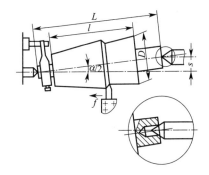

图 4-33 偏移尾座法车圆锥表面

尾座偏移量不仅与工件上待车的圆锥锥面轴向长度 l 有关，而且还与两顶尖的距离 L 有关：

$$s = \frac{D-d}{2l}L = L\tan\frac{\alpha}{2} \qquad (4-4)$$

这种加工方法可以纵向机动进给,能车削轴向长度较长、加工精度要求不高的圆锥面,但受尾座偏移量的限制,不能车削锥度很大的工件,尾座偏移量的调整也比较费时间。

③ 宽刃车刀车削圆锥表面。如图 4-34 所示,宽刃车刀车削圆锥面时,车刀只做横向进给而不做纵向进给运动。切削刃要平直,其长度要大于待车圆锥面的母线,切削刃与主轴中心线的夹角应等于圆锥半角 α/2。该方法适用于车削较短的锥面。

5)切槽与切断

① 切槽。切槽是指在工件表面上车削沟槽的方法。根据沟槽在工件表面的位置可分为外槽、内槽和端面槽,如图 4-35 所示。

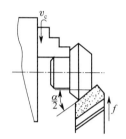
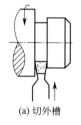

(a) 切外槽　　(b) 切内槽　　(c) 切端面槽

图 4-34　宽刃车刀车削圆锥面　　　　图 4-35　切槽的形状

切内、外槽时,如同用左、右偏刀同时车削左、右两端面。对于宽度在 5mm 及以下的窄槽,可采用主切削刃的宽度等于槽宽的切槽刀,在一次横向进给中切出;而对于宽度在 5mm 以上的宽槽,则应采用先分段横向粗车,在最后一次横向切削后,再进行纵向精车的加工方法,如图 4-36 所示。

② 切断。把坯料或工件分成两段或若干段的车削方法,称为切断。切断主要用于圆棒料按尺寸要求下料或把加工完的工件从坯料上切下来。切断刀与切槽刀的形状相似,如图 4-37 所示。但切断刀的刀头窄而长,因此用切断刀可以切槽,但不能用切槽刀来切断。

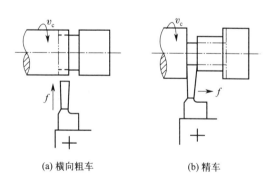
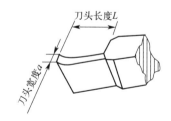

(a) 横向粗车　　(b) 精车

图 4-36　切宽槽的方法　　　　图 4-37　切断刀

切断时一般都采用正切断法,即工作时主轴正向旋转,刀具横向进给进行车削,如图 4-38 所示。当机床刚度不好时,切断过程应当采用分段切削的方法,分段切削的方法能比直接切断的方法减少一个摩擦面,便于排屑和减小振动,如图 4-39 所示。

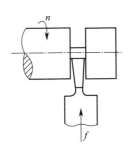
图 4-38 正切断法

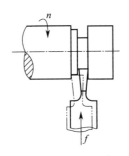
图 4-39 分段切断法

正切断时的横向进给可以手动实现,也可以机动实现,利用手动进给切断时,应注意保持进给速度均匀,以免由于切断刀与工件表面摩擦而使工件表面产生硬化层,使刀具迅速磨损。如果迫不得已需要停机时,应先将切断刀退出。当切断不规则表面的工件时,在切断前应当用外圆车刀把工件先车圆,或尽量减少切断刀的进给量,以免发生"啃刀"现象而损坏刀尖和刀头。当切断由顶尖支承的细长工件或大型工件时,不应完全切断,应当在接近切断时将工件卸下来敲断,并注意保护工件加工表面。

切断工件时,切断刀的背吃刀量,就是切断刀刀头的宽度。一般情况下,切断刀刀头的宽度在 2~6mm 范围内为好;用高速钢切断刀切断钢料时,可选择 $f=0.1\sim0.3$mm/r、$v_c=15\sim30$m/min。

6)钻孔

在车床上钻孔时,工件旋转,钻头不旋转只移动;工件旋转为主运动,钻头移动为进给运动。用车床钻孔,孔与外圆的同轴度及孔中心线与端面的垂直度易保证。应用在车床上钻孔的原理,还可以用于扩孔、铰孔等加工。

(1)钻孔的步骤及方法

车床上钻孔的方法如图 4-40 所示,其操作步骤如下。

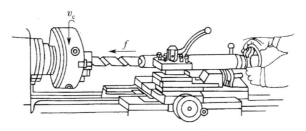
图 4-40 在车床上钻孔

① 车平工件端面。钻孔前,应先将工件端面车平,并用中心钻钻出中心孔作为钻头的定位孔,定出中心,以防止孔钻偏。

② 安装钻头。锥柄麻花钻可直接装在车床尾座套筒内;直柄麻花钻,则要装在带有锥柄的钻夹头内,再把钻夹头的锥柄装在车床尾座套筒锥孔内。钻头和钻夹头的锥柄,一般都采用莫氏圆锥。如果钻头锥柄是莫氏 3 号圆锥,而车床尾座套筒锥孔是莫氏 4 号圆锥,只要加一只莫氏 4 号钻套,即可装入尾座套筒锥孔内。

③ 调整尾座位置。首先摇动尾座手轮至钻头刚好向前发生移动时停止;然后移动尾座整体至钻头尖端即将接触到工件右端面时停下,扳动尾座固定手柄将尾座固定在床身上。

④ 开动车床,开始钻削。开动车床后,用手均匀地转动尾座手轮进行钻削,就能钻出要求的内孔表面。

(2)钻孔时应注意的问题

① 将钻头引向工件时,不可用力过猛,进给应当均匀,防止损坏工件或钻头。当钻头的两个主切削刃都已经完全进入工件后,可以适当加大进给速度。

② 钻较深的孔时,排屑比较困难,应当经常退出钻头清除切屑。如果钻孔深度较大,且未通孔时,可在钻出大于 1/2 内孔长度时,将工件调头再钻,直至钻通。这种方法能改善排屑条件,但必须注意钻孔时的偏斜。加工精度要求高时不能用这种方法。

③ 钻削钢料时,必须加充分的切削液,以免钻头发热;钻削铸铁时,可不加切削液;钻削有色金属时,可适当加煤油冷却(但镁合金除外)。

④ 当钻头接近钻通工件时,必须减慢进刀速度,防止钻头退火或损坏。

⑤ 钻盲孔时,应牢记钻削深度,如车床尾座无刻度时,应先记住手柄的位置,根据尾座丝杠的螺距,来确定尾座手柄的进给圈数。

⑥ 钻削到要求孔深时,应当将钻头退出后再停车,防止切屑夹住钻头或使钻头折断。

7)滚花

用滚花刀在零件表面上滚压出直线或网纹的方法称为滚花。工具和机器的手柄部分,为了增加摩擦力和使零件表面美观,常在其表面上滚出各种不同的花纹,如千分尺的套管、滚花手柄和螺母等,这些花纹一般是在车床上用滚花刀滚压而成。

① 花纹的种类。花纹有直纹、斜纹和网纹三种。它的粗细由节距 t(两花纹线之间的距离)决定,$t=1.2\sim1.6$mm 是粗纹,$t=0.8$mm 是中纹,$t=0.6$mm 是细纹。当工件直径或宽度大时选粗纹,反之选细纹。

② 滚花刀的种类。滚花刀有单轮、双轮和六轮三种,如图 4-41 所示。单轮滚花刀滚直纹或斜纹,双轮滚花刀滚网纹,六轮滚花刀是把网纹节距不同的三组滚花刀装在同一刀杆上,使用时可根据需要选用粗、中、细不同的花纹。

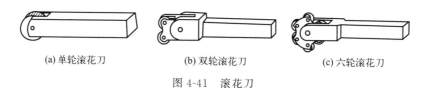

(a)单轮滚花刀　　(b)双轮滚花刀　　(c)六轮滚花刀

图 4-41　滚花刀

③ 滚花的方法。滚花的实质是用滚花刀对工件表面挤压,使其表面产生塑性变形而形成花纹,滚花后的外径比滚花前增大 $(0.25\sim0.5)t$,因此,滚花前必须把工件滚花部分的直径车小 $(0.25\sim0.5)t$。

装夹滚花刀时,应使滚花刀中心线跟工件中心线等高,滚花刀滚轮圆周表面与工件表面平行,如图 4-42 所示。滚花时应选择较低的切削速度,一般 $v_c=7\sim15$m/min,用较大的径向压力进刀,使工件表面刻出较深的花纹。滚花刀一般要来回滚压 1~2 次,直到花纹凸出高度符合要求为止。

8)车削螺纹

将工件表面车削成螺纹的方法称为车螺纹。螺纹是最常用的连接件和传动结构的工作表面。螺纹按牙型分为三角形螺纹、矩形螺纹和梯形螺纹等,每种螺纹又有单线和多线、左旋和右旋之分。螺纹是在一根圆柱轴(或圆柱孔)上用车刀沿螺旋线形的轨迹加工出来的。车削螺纹时，一方面工件（圆柱体）旋转，一方面车刀沿轴向进给，车刀对工件的相对运动轨迹就是螺旋线，如图 4-43 所示。

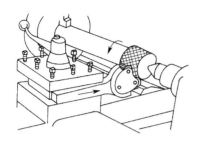

图 4-42 滚花的方法

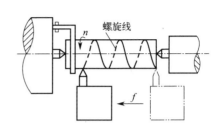

图 4-43 车螺纹时的刀具轨迹

（1）车螺纹的方法和步骤

① 选择并安装螺纹车刀。根据待切削螺纹的基本要素、材料、切削速度等，选择合适的车刀，并正确安装。

② 调整车床。为了在车床上车出螺距符合要求的螺纹，车削时必须保证工件（主轴）转动一周，车刀纵向移动一个螺距或导程（单线螺纹为螺距，多线螺纹为导程），因此在车螺纹开始前，必须先调整机床，即根据待切削螺纹的螺距大小查找车床铭牌，选定进给箱手柄位置，脱开光杠进给机构，改由丝杠传动。

③ 查表确定螺纹牙型高度，确定走刀数和各次横向进给量（开始几次走刀横向进给量可大些，以后逐步减小）。

④ 开动车床，使车刀的刀尖与工件表面轻微接触，记下刻度盘读数，向右退出车刀，如图 4-44(a) 所示。

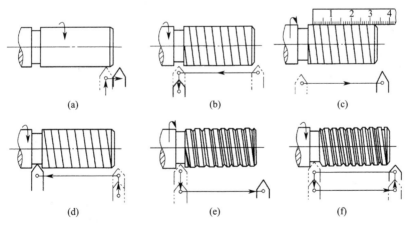

图 4-44 外螺纹的车削过程

⑤ 合上车床的对开螺母，在工件表面上车出一条浅螺旋线，横向退出车刀，停车，如图 4-44(b) 所示。

⑥ 开反车使车刀退到工件右端，停车，用钢直尺检查螺距是否符合要求，如图 4-44(c) 所示。

⑦ 利用刻度盘调整背吃刀量，开车切削，如图 4-44(d) 所示。

⑧ 车刀将至行程终点时做好退刀停车准备，先快速退出车刀，然后停车，开反车使刀

架退回,如图4-44(e)所示。

⑨ 再次横向进给,继续切削,按图4-44(f)所示路线循环。

车削三角螺纹的进给方法有直进法、左右切削法和斜进法三种,如图4-45所示。硬质合金螺纹车刀一般采用直进法,而高速钢螺纹车刀多采用左右切削法。只利用中滑板进行横向进给,经数次横向走刀车出螺纹称为直进法;除了用中滑板进行横向进给外,还利用小滑板刻度盘和手柄使车刀左右微量进给,经多次重复走刀车出螺纹称为左右切削法;粗车螺纹时,除了中滑板横向进给外,还利用小滑板使车刀向一个方向微量进给称为斜进法。左右切削法和斜进法车螺纹时,由于车刀只有单刃参与切削,所以不容易扎刀。

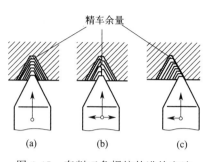

图 4-45 车削三角螺纹的进给方法

(2)车螺纹时的常见质量问题和预防措施

车螺纹时的常见质量问题和预防措施,见表4-4。

表 4-4 车螺纹时的常见质量问题和预防措施

常见质量问题	产生原因	预防措施
螺距不正确	手柄位置不正确,机床丝杠有磨损或某些连接机构有松动	正确选择手柄位置,及时检查机床丝杠是否磨损,及时拧紧松动的连接机构
牙型不正	车刀尖角刃磨不正确,车刀安装不正确或车削过程中刀刃损伤	车刀的刀尖要用样板检查,装刀时要保持刀尖的角平分线与工件轴线垂直,并用样板校正刀尖角
中径不正确	背吃刀量太大,刻度盘不准,未能及时测量	背吃刀量不能太大,仔细检查刻度盘是否松动,及时测量
螺纹表面粗糙	车刀刃口粗糙度高,切削液选择不当,精加工余量过大	降低车刀的表面粗糙度,选择适当的精车余量、切削速度和冷却液

4.2.6 车削实训题目

在车工实习时,可以选择图4-46~图4-49所示的零件图进行练习。

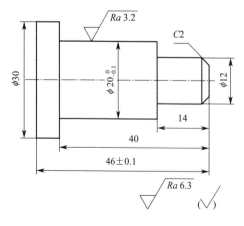

图 4-46 车工练习题1

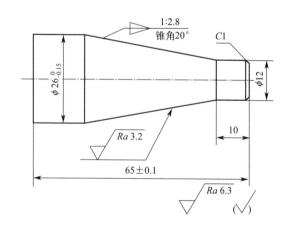

图 4-47 车工练习题2

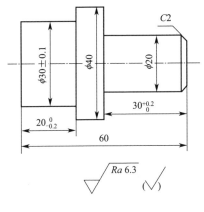

图 4-48 车工练习题 3

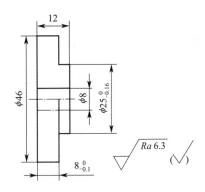

图 4-49 车工练习题 4

4.3 铣床实训

4.3.1 铣削的工艺范围及工艺特点

铣削加工是以铣刀旋转做主运动,工件或铣刀移动做进给运动,在铣床上对工件进行切削加工的方法。铣削加工在机械零件和工具的生产中占相当大的比重,仅次于车削加工。铣刀为多刃刀具,故铣削加工生产率高;每个刀齿一圈中只切削一次,刀齿散热较好;铣削中每个铣刀刀齿逐渐切入切出,形成断续切削,加工中会因此而产生冲击和振动,而冲击、振动、热应力均对刀具寿命及工件表面质量产生影响。铣削加工可达到的尺寸精度为IT7~IT9 级,可达到的表面精度为 $Ra\ 1.6\sim6.3\mu m$。铣削加工的适应范围很广,可以加工各种零件的平面、台阶面、沟槽、成形表面、螺旋表面等。常见的铣削加工方法如图 4-50 所示。

4.3.2 铣床

铣床的种类很多,主要有升降台铣床、工作台不升降铣床、龙门铣床和工具铣床等。此外还有仿形铣床、仪表铣床和各种专用铣床。其中比较常用的是卧式升降台铣床和立式升降台铣床。

卧式铣床分卧式普通铣床和卧式万能铣床两类,图 4-51 所示为卧式万能铣床,它与卧式普通铣床的主要区别是在纵向工作台与横向工作台之间有转台,能让纵向工作台在水平面内转±45°。这样,在工作台面上安装分度头后,通过配换挂轮与纵向丝杠连接,能铣削螺旋线。因此,其应用范围比卧式普通铣床更广泛。

(1) X6132 卧式万能铣床主要组成部分

① 床身。用来固定和支撑铣床上所有的部件。电动机、主轴及主轴变速机构等安装在它的内部。

② 横梁。它的上面安装吊架,用来支撑刀杆外伸的一端,以加强刀杆的刚性。横梁可沿床身的水平导轨移动,以调整其伸出的长度。

③ 主轴。主轴是空心轴,前端有 7∶24 的精密锥孔,其用途是安装铣刀刀杆并带动铣刀旋转。

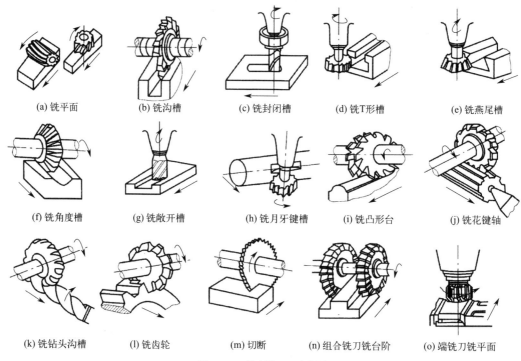

图 4-50 铣削加工示意图

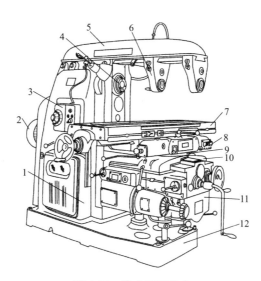

图 4-51 卧式万能铣床

1—床身；2—电动机；3—变速机构；4—主轴；5—横梁；6—吊架；7—纵向工作台；8—电源按钮；9—转台；10—横向工作台；11—升降台；12—底座

④ 纵向工作台。在转台的上方做纵向移动，带动台面上的工件做纵向进给。

⑤ 横向工作台。位于升降台上面的水平导轨上，带动纵向工作台做横向进给。

⑥ 转台。其作用是将纵向工作台在水平面内扳转一定的角度，以便铣削螺旋槽。

⑦ 升降台。它可以使整个工作台沿床身的垂直导轨上下移动，以调整工作台面到铣刀的距离，并做垂直进给运动。

（2） X6132卧式万能铣床调整及手柄使用

① 主轴转速的调整。将主轴变速手柄向下同时向左扳动，再转动数码盘，可以得到从 30～1500r/min 的 18 种不同转速。注意：变速时一定要停车，且在主轴停止旋转之后进行。

② 进给量调整。先将进给量数码盘手轮向外拉出，再将数码盘手轮转动到需要的进给量数值，将手柄向内推。可使工作台在纵向、横向和垂直方向分别得到 23.5～1180mm/min 的 18 种不同的进给量。注意：垂直进给量只是数码盘上所列数值的 1/2。

③ 手动进给操作。操作者面对机床，顺时针摇动工作台左端的纵向手动手轮，工作台向右移动；逆时针摇动，工作台向左移动。顺时针摇动横向手动手轮，工作台向前移动；逆时针摇动，工作台向后移动。顺时针摇动升降手动手柄，工作台上升；逆时针摇动，工作台下降。

④ 自动进给手柄的使用。在主轴旋转的状态下，向右扳动纵向自动手柄，工作台向右自动进给；向左扳动，工作台向左自动进给；中间是停止位。向前推横向自动手柄，工作台沿横向向前进给；向后拉，工作台向后进给。向上拉升降自动手柄，工作台向上进给；向下推升降自动手柄，工作台向下进给。在某一方向自动进给状态下，按下快速进给按钮，即可得到工作台该方向的快速移动。注意：快速进给只在工件表面的一次走刀完毕之后的空程退刀时使用。

4.3.3 铣刀

1）铣刀的分类

铣刀是一种多刃刀具，其刀齿分布在圆柱铣刀的外圆柱表面或端铣刀的端面上。铣刀的种类很多，按其安装方法可分为带孔铣刀和带柄铣刀两大类。如图 4-52 所示，采用孔装夹的铣刀称为带孔铣刀，一般用于卧式铣床；如图 4-53 所示，采用柄装夹的铣刀称为带柄铣刀，多用于立式铣床。

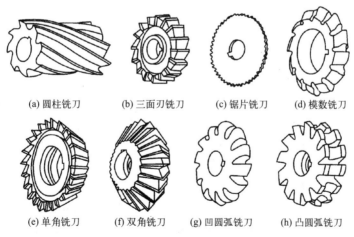

(a) 圆柱铣刀　(b) 三面刃铣刀　(c) 锯片铣刀　(d) 模数铣刀
(e) 单角铣刀　(f) 双角铣刀　(g) 凹圆弧铣刀　(h) 凸圆弧铣刀

图 4-52 带孔铣刀

（1）带孔铣刀

常用的带孔铣刀有圆柱铣刀、圆盘铣刀、角度铣刀、成形铣刀等。带孔铣刀的刀齿形状和尺寸应适应所加工的零件形状和尺寸。

① 圆柱铣刀：其刀齿分布在圆柱表面上，通常分为直齿和斜齿两种，主要用圆周刃铣削中小型平面。

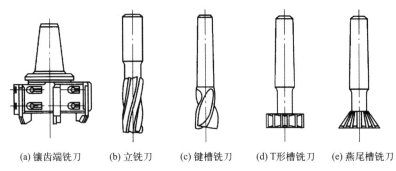

(a) 镶齿端铣刀　(b) 立铣刀　(c) 键槽铣刀　(d) T形槽铣刀　(e) 燕尾槽铣刀

图 4-53　带柄铣刀

② 圆盘铣刀：如三面刃铣刀、锯片铣刀等，主要用于加工不同宽度的沟槽及小平面、小台阶面等；锯片铣刀用于铣窄槽或切断材料。

③ 角度铣刀：具有各种不同的角度，用于加工各种角度槽及斜面等。

④ 成形铣刀：切削刃呈凸圆弧、凹圆弧、齿槽形等形状，主要用于加工与切削刃形状相对应的成形面。

（2）带柄铣刀

常用的带柄铣刀有立铣刀、键槽铣刀、T形槽铣刀和镶齿端铣刀等，其共同特点是都有供夹持用的刀柄。

① 立铣刀：多用于加工沟槽、小平面、台阶面等。立铣刀有直柄和锥柄两种，直柄立铣刀的直径较小，一般小于20mm；直径较大的为锥柄，大直径的锥柄铣刀多为镶齿式。

② 键槽铣刀：用于加工键槽。

③ T形槽铣刀：用于加工T形槽。

④ 镶齿端铣刀：用于加工较大的平面。刀齿主要分布在刀体端面上，还有部分分布在刀体周边，一般是刀齿上装有硬质合金刀片，可以进行高速铣削，以提高效率。

2）铣刀的安装

（1）带孔铣刀的安装

圆柱铣刀属于带孔铣刀，其安装方法如图4-54所示。刀杆上先套上几个套筒垫圈，装上键，再套上铣刀，如图4-54(b)所示；在铣刀外边的刀杆上，再套上几个套筒后拧上压紧螺母，如图4-54(c)所示；装上吊架，拧紧吊架紧固螺钉，轴承孔内加润滑油，如图4-54(d)所示；初步拧紧螺母，并开机观察铣刀是否装正，装正后用力拧紧螺母，如图4-54(e)所示。

（2）带柄铣刀的安装

① 锥柄立铣刀的安装。如果锥柄立铣刀的锥柄尺寸与主轴孔内锥尺寸相同，则可直接装入铣床主轴中并用拉杆将铣刀拉紧；如果铣刀锥柄尺寸与主轴孔内锥尺寸不同，则根据铣刀锥柄的大小，选择合适的变锥套，将配合表面擦净，然后用拉杆把铣刀及变锥套一起拉紧在主轴上，如图4-55(a)所示。

② 直柄立铣刀的安装。如图4-55(b)所示，这类铣刀多用弹簧夹头安装。铣刀的直径插入弹簧套5的孔中。用螺母4压弹簧套的端面，使弹簧套的外锥面受压而缩小孔径，即可将铣刀夹紧。弹簧套有三个开口，故受力时能收缩。弹簧套有多种孔径，以适应各种尺寸的立铣刀。

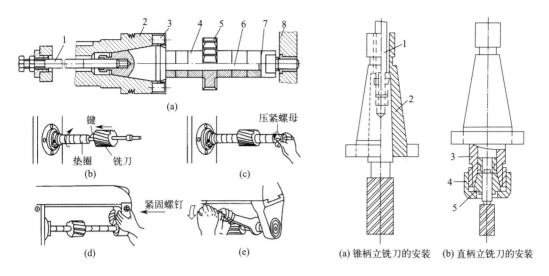

图 4-54 带孔铣刀的安装
1—拉杆；2—主轴；3—端面键；4—套筒；
5—铣刀；6—刀杆；7—螺母；8—吊架

图 4-55 带柄铣刀的安装
1—拉杆；2—变锥套；3—夹头体；4—螺母；5—弹簧套

4.3.4 铣削基本操作

1）铣平面

（1）铣水平面

铣平面可用周铣法或端铣法，并应优先采用端铣法。但在很多场合，例如在卧式铣床上铣平面，也常用周铣法。铣削平面的步骤如下。

① 开车使铣刀旋转，升高工作台，使零件和铣刀稍微接触，记下刻度盘读数，如图4-56(a)所示。

② 纵向退出零件，停车，如图 4-56(b)所示。

③ 利用刻度盘调整侧吃刀量（为垂直于铣刀轴线方向测量的切削层尺寸），使工作台升高到规定的位置，如图 4-56(c)所示。

④ 开车先手动进给，当零件被稍微切入后，可改为自动进给，如图 4-56(d)所示。

⑤ 铣完一刀后停车，如图 4-56(e) 所示。

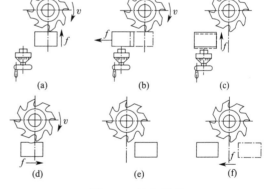

图 4-56 铣水平面

⑥ 退回工作台，测量零件尺寸，并观察表面粗糙度，重复铣削到规定要求，如图 4-56(f) 所示。

（2）铣斜面

铣斜面可以用图 4-57 所示的倾斜零件法铣斜面，也可用图 4-58 所示的倾斜铣刀轴线法铣斜面，此外，还可用角度铣刀铣斜面。铣斜面的这些方法，可视实际情况灵活选用。

2）铣沟槽

（1）铣键槽

键槽有敞开式键槽、封闭式键槽两种。敞开式键槽一般用三面刃铣刀在卧式铣床上加

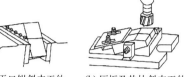

(a) 平口钳斜夹工件　　(b) 压板及垫块斜夹工件　　(c) 用分度头斜夹工件

图 4-57　倾斜零件法铣斜面

工，封闭式键槽一般用键槽铣刀或立铣刀在立式铣床上加工。批量大时用键槽铣床加工。

① 用平口钳装夹，在立式铣床上用键槽铣刀铣封闭式键槽，如图 4-59 所示，适用于单件生产。

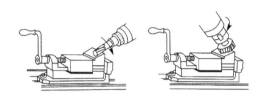 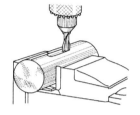

图 4-58　倾斜铣刀轴线法铣斜面　　　　图 4-59　用平口钳装夹铣键槽

② 用 V 形铁和压板装夹，在立式铣床上铣封闭式键槽，如图 4-60 所示。

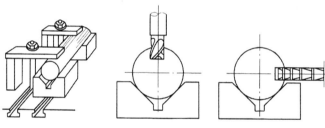

图 4-60　用 V 形铁和压板装夹铣键槽

（2）铣 T 形槽

T 形槽的铣削步骤如下。

① 在立式铣床上用立铣刀或在卧式铣床上用三面刃盘铣刀铣出直角槽，如图 4-61(a) 所示。

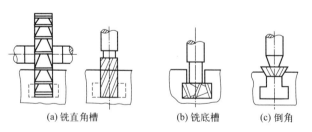

(a) 铣直角槽　　(b) 铣底槽　　(c) 倒角

图 4-61　T 形槽的加工

② 在立式铣床上用铣刀铣出底槽，如图 4-61(b) 所示。

③ 用倒角铣刀倒角，如图 4-61(c) 所示。

4.3.5　铣工实习操作示例

铣削图 4-62 所示的长方体工件，铣削加工步骤见表 4-5。

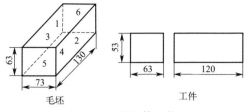

图 4-62 长方体工件

表 4-5 长方体工件铣削步骤

序号	加工内容	加工简图	刀具
1	把工件装夹在铣床工作台上的平口钳上,并找正,安装铣刀并调整铣床		
2	选择面积最大的平面 1 铣削至尺寸 58.5mm		
3	活动钳口上加圆棒,以保证面 1 紧贴固定钳口,铣平面 2、3 至两面间距为 64mm		φ80mm 硬质合金镶齿端铣刀
4	已加工的平面 1、3 要与垫铁和固定钳口贴合,铣平面 4 与平面 1 间的尺寸为 54mm		
5	平面 1 紧贴钳口,活动钳口加圆棒,铣平面 5 时要校正垂直度,转 180°,铣平面 6 与平面 5 间距为 121mm		
6	按以上加工步骤依次加工各面至尺寸要求,并符合图纸中的粗糙度要求		

4.4 刨床实训

4.4.1 刨削的工艺范围及工艺特点

刨削是在刨床上通过刀具和工件之间做直线的相对切削运动来改变毛坯的尺寸和形状,使它变成合格零件的加工方法。刨床在刨削窄长表面时具有较高的效率,它适用于中小批量生产。刨削加工可达到的尺寸精度一般为 IT7～IT9 级,表面精度可达 Ra 1.6～6.3μm。在刨床上,可加工平面、平行面、垂直面、台阶面、直角形沟槽、斜面、燕尾槽、T 形槽、V 形槽、曲面、复合表面、孔内表面、齿条及齿轮等,如图 4-63 所示。

4.4.2 牛头刨床

(1) 牛头刨床的特点

牛头刨床是刨床类机床中应用最广、保有量最大的一种。B6050 型牛头刨床由滑枕带着

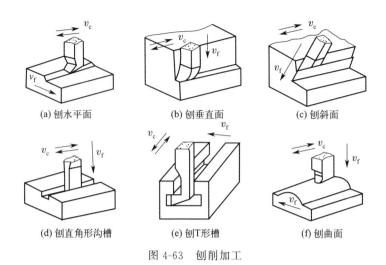

(a) 刨水平面　　　　(b) 刨垂直面　　　　(c) 刨斜面

(d) 刨直角形沟槽　　(e) 刨T形槽　　　　(f) 刨曲面

图 4-63　刨削加工

刀架做直线往复运动,适用于刨削长度不超过 650mm 的中小型零件。牛头刨床的特点是调整方便,但由于是单刃切削,而且切削速度低,回程时不工作,所以生产效率低,适用于单件小批量生产。

（2）牛头刨床的组成部分及作用

牛头刨床的结构如图 4-64(a) 所示,一般由床身、滑枕、底座、横梁、工作台和刀架等部件组成。

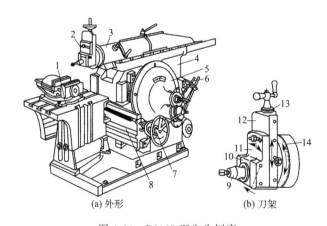

(a) 外形　　　　(b) 刀架

图 4-64　B6065 型牛头刨床

1—工作台；2—刀架部件；3—滑枕；4—床身；5—摆杆机构；6—变速机构；7—进刀机构；
8—横梁；9—刀架；10—抬刀板；11—刀座；12—滑板；13—刻度盘；14—转盘

① 床身。主要用来支撑和连接机床各部件。其顶面的燕尾形导轨供滑枕做往复运动；床身内部有齿轮变速机构和摆杆机构,可用于改变滑枕的往复运动速度和行程长短。

② 滑枕。主要用来带动刨刀做往复直线运动（即主运动）,前端装有刀架。其内部装有丝杠螺母传动装置,可用于改变滑枕的往复行程位置。滑枕的往复运动由刨床内部的摆杆机构传动,其工作行程时间大于回程时间,但工作行程和回程的行程长度相等,因此回程速度比工作速度快。这样既可以保证加工质量,又可以提高生产效率。

③ 刀架。如图 4-64(b) 所示,主要用来夹持刨刀。松开刀架上的手柄,滑板可以沿转盘上的导轨带动刨刀做上下移动。松开转盘上两端的螺母,扳转一定的角度,可以加工斜面

以及燕尾形零件。抬刀板可以绕刀座的轴转动，刨刀回程时，可绕轴自由上抬，减少刀具与工件的摩擦。

④ 工作台和横梁。横梁安装在床身前部的垂直导轨上，能够上下移动。工作台安装在横梁的水平导轨上，能够水平移动。工作台主要用来安装工件。工作台面上有T形槽，可穿入螺栓头装夹工件或夹具。工作台可随横梁上下调整，也可随横梁做横向间歇移动，这个移动称为进给运动。

4.4.3　刨刀

刨刀的结构、几何形状与车刀相似。由于刨削过程有冲击力，刀具易损坏，所以刨刀截面通常比车刀的大。有直头刨刀，如图4-65(a)所示；为了避免刨刀扎入工件，刨刀刀杆常做成弯头的，如图4-65(b)所示。

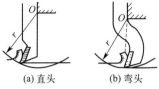

图 4-65　刨刀

刨刀的种类很多，常用的刨刀及其应用如图4-66所示，其中，平面刨刀用来刨平面，偏刀用来刨垂直面或斜面，角度偏刀用来刨燕尾槽和角度，弯切刀用来刨T形槽及侧面槽，切刀（割槽刀）用来切断工件或刨沟槽。此外，还有成形刀，用来刨特殊形状的表面。

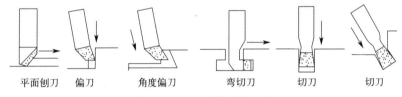

图 4-66　刨刀的种类及应用

刨刀安装在刀架的刀夹上。安装时，如图4-67所示，把刨刀放入刀夹槽内，将锁紧螺柱旋紧，即可将刨刀压紧在抬刀板上。刨刀在夹紧之前，可与刀夹一起旋转一定的角度。刨刀与刀夹上的锁紧螺柱之间，通常加垫T形垫铁，以提高夹持的稳定性。安装刨刀时，不要把刀头伸出过长，以免产生振动。直头刨刀的刀头伸出长度为刀杆厚度的1.5倍，弯头刨刀伸出量可长些。

4.4.4　刨工实习示例

使用牛头刨床加工长方体铸铁工件的六个平面，如图4-68所示。工件材料为HT200的灰铸铁。加工操作步骤见表4-6。

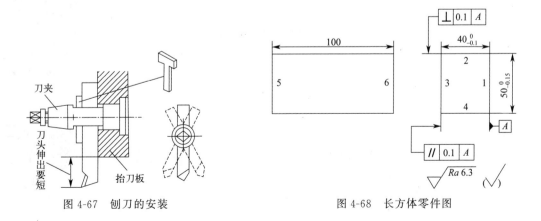

图 4-67　刨刀的安装　　　　图 4-68　长方体零件图

表 4-6 刨削长方体工件步骤

序号	名称	加工内容	加工简图	装夹方法
1	准备	把工件装夹在刨床工作台的平钳口上,并按划线找正的方法找正;安装刨刀并调整刨床	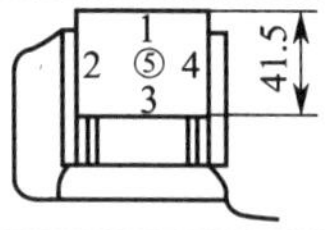	平口钳装夹
2	刨水平面1	先刨出大面1作为基准面至尺寸41.5mm	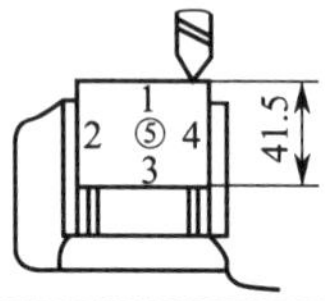	平口钳装夹
3	刨水平面2	以面1为基准,紧贴固定钳口,在工件与活动钳口间垫圆棒,夹紧后加工面2至尺寸51.1mm	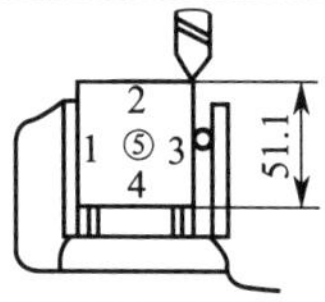	平口钳装夹
4	刨水平面4	以面1为基准,紧贴固定钳口,翻转180°使面2朝下,紧贴平口钳导轨面,加工面4至尺寸50mm,并使平面4与面1互相垂直	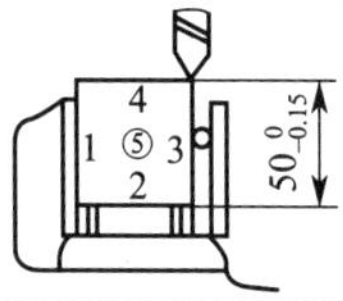	平口钳装夹
5	刨水平面3	将面1放在平行的垫铁上,工件夹紧在两钳口之间,并使面1与平行垫铁贴实,加工面3至尺寸40mm。如面1与垫铁贴不实,也可在工件与钳口间垫圆棒	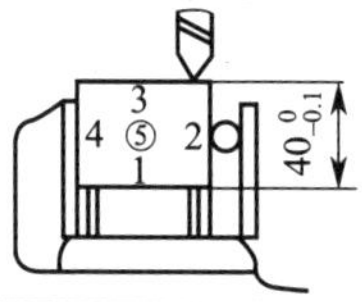	平口钳装夹
6	刨水平面5	将平口钳转90°,使钳口与刨削方向垂直,刨端面5	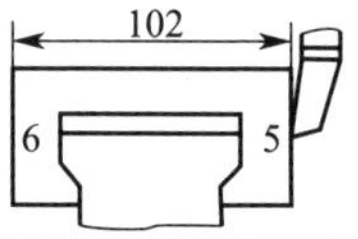	平口钳装夹
7	刨水平面6	按照上面同样方法刨垂直面6至尺寸100mm	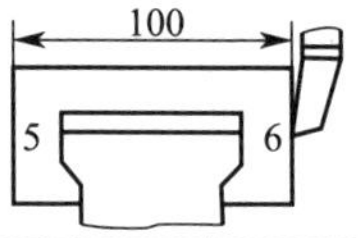	平口钳装夹

普通机床实训视频

大国工匠倪志福:从学徒工到国家领导人

第 5 章
数控机床实训

5.1 数控机床基础知识

数控（numerical control）技术是用数字信息对机械运动和工作过程进行控制的技术，它是集传统的机械制造技术、计算机技术、现代控制技术、传感检测技术、网络通信技术和光机电技术等于一体的现代制造业的基础技术，具有高精度、高效率、柔性自动化等特点，对制造业实现柔性自动化、集成化和智能化起着举足轻重的作用。

5.1.1 数控机床与数控加工

（1）数控机床的概念

数控机床是数字化控制机床（computer numerical control machine tools，CNC）的简称，就是按加工要求预先编制程序，由控制系统发出以数字量作为指令信息进行工作的机床。数控机床将零件加工过程所需的各种操作（如主轴变速、主轴启动和停止、松夹工件、进刀退刀、冷却液开或关等）和步骤以及刀具与工件之间的相对位移量都用数字化的代码来表示，由编程人员编制成规定的加工程序，通过输入介质（键盘、存储器等）送入计算机控制系统，由计算机对输入的信息进行处理与运算，发出各种指令来控制机床的运动，使机床自动地加工出需要的零件。

数控机床较好地解决了复杂、精密、小批量、多品种的零件加工问题，是一种柔性的、高效能的自动化机床，代表了现代机床控制技术的发展方向，是一种典型的机电一体化产品。

（2）数控加工及其特点

数控加工是指采用数字信息对零件加工过程进行定义，并控制机床自动运行的一种自动化加工方法。与普通机床机械加工相比具有鲜明的特点。

① 具有复杂形状加工能力。复杂形状零件在飞机、汽车、造船、模具、动力设备和国防军工等制造领域具有重要地位，其加工质量直接影响整机产品的性能。数控加工运动的任意可控性使其能完成普通加工方法难以完成或者无法进行的复杂形面加工。

② 高质量。数控加工用数字程序控制实现自动加工，排除了人为误差因素，且加工误差还可以由数控系统通过软件技术进行补偿校正。因此，采用数控加工可以提高零件加工精度和产品质量。

③ 高效率。与采用普通机床加工相比，采用数控加工一般可提高生产率 2～3 倍，在加工复杂零件时生产率可提高十几倍，甚至几十倍。特别是五面体加工中心和柔性制造单元等设备，零件一次装夹后能完成几乎所有表面的加工，不仅可消除多次装夹引起的定位误差，还可大大减少加工辅助操作，使加工效率进一步提高。

④ 高柔性。只需改变零件程序即可适应不同品种的零件加工，且几乎不需要制造专用工装夹具，因而加工柔性好，有利于缩短产品的研制与生产周期，适应多品种、中小批量的现代生产需要。

⑤ 减轻劳动强度，改善劳动条件。数控加工是按事先编好的程序自动完成的，操作者不需要进行繁重的重复手工操作，劳动强度和紧张程度大为改善，劳动条件也相应得到改善。

⑥ 有利于生产管理。数控加工可大大提高生产率、稳定加工质量、缩短加工周期、易于在工厂或车间实行计算机管理。数控加工技术的应用，使机械加工的大量前期准备工作与机械加工过程连为一体，使零件的计算机辅助设计（CAD）、计算机辅助工艺规划（CAPP）和计算机辅助制造（CAM）的一体化成为现实，宜于实现现代化的生产管理。

⑦ 数控机床价格昂贵，维修较难。数控机床是一种高度自动化机床，必须配有数控装置或电子计算机，机床加工精度因受切削用量大、连续加工发热多等影响，设计要求比通用机床更严格，制造要求更精密，因此数控机床的制造成本较高。此外，由于数控机床的控制系统比较复杂，一些元件、部件精密度较高以及一些进口机床的技术开发受到条件的限制，所以对数控机床的调试和维修都比较困难。

5.1.2 数控机床的坐标系

（1）数控坐标系

国家标准《工业自动化系统与集成　机床数值控制　坐标系和运动命名》(GB/T 19660—2005)中统一规定，采用右手直角笛卡儿坐标系对机床的坐标系进行命名。如图 5-1 所示，用 X、Y、Z 表示直线进给坐标轴。

（2）坐标轴

围绕 X，Y，Z 轴旋转的圆周进给坐标轴分别用 A，B，C 表示。根据右手螺旋定则，以大拇指指向 $+X$，$+Y$，$+Z$ 方向，则食指、中指等的指向是圆周进给运动的 $+A$，$+B$，$+C$ 方向。

运动方向的确定。数控机床的进给运动，有的由主轴带动刀具运动来实现，有的由工作台带着工件运动来实现。通常在编程时，不论机床在加工中是刀具移动，

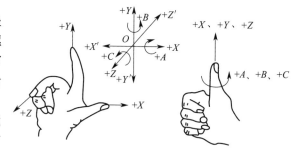

图 5-1　右手直角笛卡儿坐标系

还是被加工工件移动，都一律假定被加工工件相对静止不动，而刀具在移动。在国家标准 GB/T 19660—2005 中规定，机床某一部件运动的正方向，是增大工件和刀具之间的距离的方向。即以刀具在某一坐标轴上远离工件的方向，作为该坐标轴的正方向。

① Z 轴的运动。Z 轴的运动由传递切削力的主轴决定，与主轴轴线平行的坐标轴即为 Z 轴。对于工件旋转的机床，如车床等，平行于工件轴线的轴为 Z 轴。而对于刀具旋转的机床，如铣床、钻床、镗床等，则平行于旋转刀具轴线的轴为 Z 轴。如图 5-2、图 5-3、图 5-4 所示。

② X 轴的运动。规定 X 轴为水平方向，且垂直于 Z 轴并平行于工件的装夹面。X 轴是在刀具或工件定位平面内运动的主要轴。对于工件旋转的机床（如车床等），X 轴的方向是在工件的径向上，且平行于横滑座。刀具离开工件旋转中心的方向为 X 轴正方向，水平

床身前置刀架车床 X 轴正方向，如图 5-2 所示；斜床身后置刀架车床 X 轴正方向，如图 5-3 所示；对于刀具旋转的机床（如铣床、镗床、钻床等），如 Z 轴是垂直的，当从刀具主轴向立柱看时，X 轴运动的正方向指向右，如图 5-4 所示。

③ Y 轴的运动。Y 轴轴垂直于 X、Z 轴，其运动的正方向根据 X 和 Z 轴的正方向，按照图 5-1 所示的右手直角笛卡儿坐标系来判断。

④ 工件运动的相反方向。对于工件运动而不是刀具运动的机床，其坐标轴代号用带"'"的字母表示，如 $+X'$ 表示工件相对于刀具正向运动指令。而不带"'"的字母，如 $+X$ 则表示刀具相对于工件的正向运动指令。二者表示的运动方向正好相反，如图 5-4 所示。

⑤ 主轴旋转运动方向。主轴旋转运动的正方向（正转），是与右旋螺纹旋入工件的方向一致的。

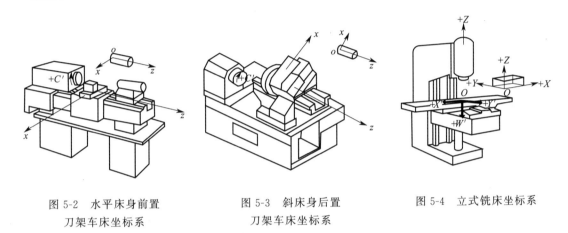

图 5-2　水平床身前置　　　图 5-3　斜床身后置　　　图 5-4　立式铣床坐标系
　　　　刀架车床坐标系　　　　　　刀架车床坐标系

（3）数控机床坐标系和点

数控机床坐标系包括机床坐标系和编程坐标系两种。

① 机床坐标系又称机械坐标系，其坐标轴和运动方向视机床的种类和结构而定。机床坐标系的原点也称机床原点或机械原点，该点是机床上一个固定的点，其位置是由机床设计和制造单位确定的，通常不允许用户改变。机床参考点也是机床坐标系中一个固定的点，它对机床原点来说是一确定的相对位置，机床参考点由机床制造厂测定后输入数控系统，并记录机床说明书中，用户不能更改。

② 编程坐标系又称工件坐标系，是编程时用来定义工件形状和刀具相对工件运动的坐标系。编程坐标系的原点，也称编程原点，其位置由编程者确定。

5.1.3　数控编程的方法、格式与程序结构

（1）数控编程方法

数控编程可分为手工编程和自动编程两类。

① 手工编程是指在编程的过程中，全部或主要人工进行。对于加工形状简单、计算量小、程序不多的零件，采用手工编程较简单、经济、高效。

② 自动编程即计算机辅助编程，是利用计算机及专用自动编程软件，以人机对话的方式确定加工对象和加工条件，自动进行运算并生成指令的编程过程。它主要用于曲线轮廓、三维曲面等复杂形面的编程，可缩短生产周期，提高机床的利用率。

目前，自动编程以绘图自动编程为主，它是指用 CAD/CAM 软件将零件图形信息直接输入计算机，以人机对话方式确定加工条件，并进行虚拟加工，最终得到加工程序。典型的

CAD/CAM 软件有 UG NX、Masercam、Cimatron、CAXA 等。

（2）数控程序的结构

一个完整的数控程序由程序名、程序体和程序结束三部分组成。

例如，某个数控加工程序如下：

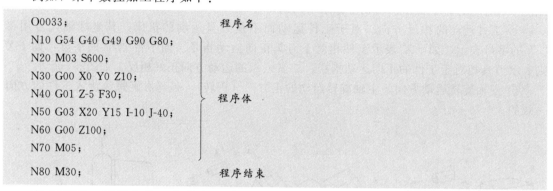

① 程序名。程序名是一个程序必需的标识符，由地址符后带若干位数字组成。地址符常见的有"％""O""P"等，视具体数控系统而定。进口的 FANUC 数控系统的程序名由开头的大写英文字母"O"和后面所带的 4 位数字组成，数字的范围是 0001～9999，如：O0033。国产的华中数控系统的地址符是"％"，如：％2000。

② 程序体。它表示数控加工要完成的全部动作，是整个程序的核心。它由许多程序段组成，每个程序段由一个或多个指令构成。

③ 程序结束。程序结束以程序结束指令 M02、M30 或 M99（子程序结束）作为程序结束的符号，用来结束零件加工。

（3）程序段格式

零件的加工程序是由许多程序段组成的，每个程序段由程序段序号、若干个数据字和程序段结束字符组成，每个数据字是控制系统的具体指令，它由地址符、特殊文字和数字集合而成，它代表机床的一个位置或一个动作。

程序段格式是指一个程序段中字、字符和数据的书写规则。目前国内外广泛采用字-地址可变程序段格式。例如：

N100 G01 X25 Z-36 F100 S300 T02 M03；

程序段内各功能字的说明如下。

① 程序段序号（简称顺序号）：用于识别程序段的编号。用地址码 N 和后面的若干位数字来表示。如 N100 表示该程序段被命名为 100，并不一定指的是第 100 行程序。一般情况下，无特殊指定意义时，程序段序号可以省略。有的数控系统，程序段序号是在输入程序时自动生成的。

② 准备功能字 G 指令：是使数控机床做某种动作的指令，由地址 G 和两位数字组成，从 G00～G99 共 100 种。G 功能的代号已标准化。

③ 坐标字：由坐标地址符（如 X、Y、Z，U、V、W 等）、+、-符号及绝对值（或增量）组成，且按一定的顺序进行排列。坐标字的"＋"可省略。

④ 进给功能字 F 指令：用来指定各运动坐标轴及其任意组合的进给量或螺纹导程。

⑤ 主轴转速功能字 S 指令：用来指定主轴的转速，由地址码 S 和在其后的若干位数字组成。

⑥ 刀具功能字 T 指令：主要用来选择刀具，也可用来选择刀具偏置和补偿，由地址码 T 和若干位数字组成。

⑦ 辅助功能字 M 指令：辅助功能表示一些机床辅助动作及状态的指令。由地址码 M 和后面的两位数字表示。M00~M99 共 100 种。

⑧ 程序段结束字符：写在每个程序段之后，表示程序结束。当用 EIA 标准代码时，结束符为"CR"，用 ISO 标准代码时为"NL"或"LF"，有的用符号"；"或"＊"表示。

5.2 数控车床的程序编制

5.2.1 数控车削加工工艺

数控车床是应用最广泛的一种数控机床，主要用于加工轴类、盘类等回转体零件。

1）数控车削加工工艺分析

① 选择适合在数控车床上加工的零件，确定工序内容；
② 分析被加工零件的图纸，明确加工内容及技术要求；
③ 确定零件的加工方案，制定数控加工工艺路线；
④ 设计加工工序、选取零件的定位基准、确定装夹方案、划分工步、选择刀具和确定切削用量等；
⑤ 调整数控加工程序、选取对刀点和换刀点、确定刀具补偿及加工路线等。

2）数控车削加工进给路线的确定

精加工的进给路线基本上是沿零件的设计轮廓进行的，所以进给路线的确定主要是确定粗加工及空行程的进给路线。进给路线指刀具从起刀点（程序原点）开始运动，到完成加工返回该点的过程中刀具所经过的路线。主要考虑以下 4 种路线。

① 最短的空行程路线。即刀具在没有切削工件时的进给路线，在保证安全的前提下要求尽量短，包括切入和切出的路线。
② 最短的切削进给路线。切削路线最短可有效地提高生产效率，降低刀具的损耗。
③ 大余量毛坯的阶梯切削进给路线。实践证明，粗加工时采用阶梯去除余量的方法是比较高效的。应注意每一个阶梯留出的精加工余量尽可能均匀，以免影响精加工质量。
④ 精加工轮廓的连续切削进给路线。精加工的进给路线要沿着工件的轮廓连续地完成。在这个过程中，应尽量避免刀具的切入、切出、换刀和停顿，避免刀具划伤工件的表面而影响零件的精度。

3）数控车削加工的退刀和换刀

① 退刀。退刀是指刀具切完一刀，退离工件，为下次切削做准备的动作。它和进刀的动作通常以 G00 的方式（快速）运动，以节省时间。数控车床有三种退刀方式：外圆车刀的斜线退刀，如图 5-5（a）所示；切槽刀的先径向后轴向退刀，如图 5-5（b）所示；镗孔刀的先轴向后径向退刀，如图 5-5（c）所示。退刀路线一定要保证安全性，

即退刀的过程中保证刀具不与工件或机床发生碰撞；退刀还要考虑路线最短且速度最快，以提高工作效率。

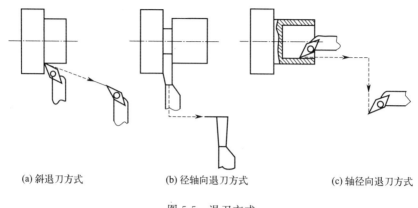

(a) 斜退刀方式　　　(b) 径轴向退刀方式　　　(c) 轴径向退刀方式

图 5-5　退刀方式

② 换刀。换刀的关键在换刀点设置上，换刀点必须保证安全性，即在执行换刀动作时，刀架上每一把刀具都不能与工件或机床发生碰撞，而且尽量保证换刀路线最短，即刀具在退离和接近工件时的路线最短。

4）数控车削加工切削用量的选择

（1）数控车削用量的选择原则

① 粗加工时数控车削用量的选择原则。首先，选取尽可能大的背吃刀量；其次，要根据数控机床动力和刚性的限制条件等，选取尽可能大的进给量；最后根据刀具耐用度确定最佳的切削速度。

② 精加工时数控车削用量的选择原则。首先，根据粗加工后的余量确定背吃刀量；其次，根据已加工表面粗糙度要求，选取较小的进给量；最后，在保证刀具耐用度的前提下，尽可能选用较高的切削速度。

（2）数控车削用量的选择方法

① 背吃刀量的选择。根据加工余量确定，粗加工（表面粗糙度值为 $10\mu m < Ra \leqslant 80\mu m$）时，一次进给应尽可能切除全部余量。在中等功率机床上，背吃刀量可达 8~10mm。半精加工时（表面粗糙度值为 $1.25\mu m < Ra \leqslant 10\mu m$）时，背吃刀量取 0.5~2mm。精加工（表面粗糙度值为 $0.32\mu m \leqslant Ra \leqslant 1.25\mu m$）时，背吃刀量取 0.1~0.4mm。在工艺系统刚性不足或毛坯余量很大或余量不均匀时，粗加工要分多次进给，并且应当把第一、二次进给的背吃刀量尽量取得大一些。

② 进给量的选择。粗加工时，由于对工件表面质量没有太高的要求，这时主要考虑数控机床进给机构的强度和刚性及刀杆的强度和刚性等限制因素，根据加工材料、刀杆尺寸、工件直径及已确定的背吃刀量来选择进给量。在半精加工和精加工时，则按表面质量要求，根据工件材料、切削速度来选择进给量。

③ 切削速度的选择。根据已经选定的背吃刀量、进给量及刀具耐用度选择切削速度。可用经验公式计算，也可根据生产实践经验在机床说明书允许的切削速度范围内查表选取。

初学编程时，车削用量的选取可参考表 5-1。

表 5-1 数控车削切削用量参考表

零件材料及毛坯尺寸	加工内容	背吃刀量 a_p /mm	主轴转速 n /(r/min)	进给量 f /(mm/r)	刀具材料
45钢,直径 $\phi20\sim60$ 坯料,内径直径 $\phi13\sim20$	粗加工	1～2.5	300～800	0.15～0.4	硬质合金（YT类）
	精加工	0.25～0.5	600～1000	0.08～0.2	
	切槽、切断（切刀宽度 3～5mm）		300～500	0.05～0.1	
	钻中心孔		300～800	0.1～0.2	高速钢
	钻孔		300～500	0.05～0.2	高速钢

5.2.2 数控车削刀具

（1）数控车削刀具的种类

数控车削刀具按刀具材料分类，可分为高速钢刀具、硬质合金刀具、金刚石刀具、立方氮化硼刀具、陶瓷刀具和涂层刀具等。按刀具结构分类，可分为整体式、镶嵌式、机夹式（又可细分为可转位和不可转位两种）。常用数控车削刀具及对应加工方法，如图 5-6 所示。

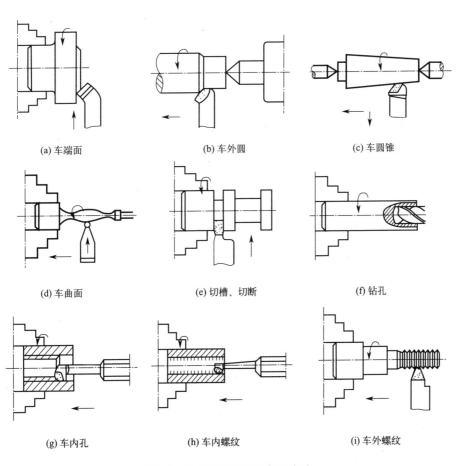

(a) 车端面　　(b) 车外圆　　(c) 车圆锥

(d) 车曲面　　(e) 切槽、切断　　(f) 钻孔

(g) 车内孔　　(h) 车内螺纹　　(i) 车外螺纹

图 5-6　数控车削刀具及加工方法

(2)可转位车刀和刀片型号代码

① 可转位车刀的特点。刀片成为独立的功能元件,其切削性能得到扩展和提高;避免了因焊接而引起的缺陷,在相同的切削条件下刀具切削性能大为提高,更有利于根据加工对象选择各种材料的刀片,并充分地发挥其切削性能,从而提高了切削效率。切削刃空间位置相对刀体固定不变,节省了换刀、对刀等所需的辅助时间,提高了机床的利用率。

② 可转位车刀的组成。可转位车刀一般由刀片、刀垫、夹紧元件和刀体组成,如图 5-7 所示。

③ 可转位刀片型号代码表示规则。根据国家标准 GB/T 2076—2021 规定,切削用可转位刀片的型号代码由给定意义的字母和数字代号,按一定顺序排列的十三位代号组成。其排列顺序如下:

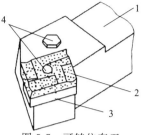

图 5-7 可转位车刀的结构组成
1—刀杆;2—刀片;
3—刀垫;4—夹紧元件

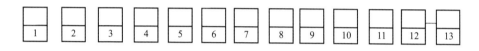

其中每一位字符代表刀片的某种参数,具体意义如下。

1—字母代号表示:刀片形状。
2—字母代号表示:法后角。
3—字母代号表示:尺寸允许偏差等级。
4—字母代号表示:夹固形式及有无断屑槽。
5—数字代号表示:刀片长度。
6—数字代号表示:刀片厚度。
7—字母或数字代号表示:刀尖形状。
8—字母代号表示:切削刃截面形状。
9—字母代号表示:切削方向。
10—数字代号表示:切削刃截面尺寸。
11—字母代号表示:镶嵌或整体切削刃类型及镶嵌角数量。
12—字母或数字代号表示:镶刃长度。
13—制造商代号。

(3)数控车刀的选择

① 车端面时,常用 45°主偏角的外圆车刀,要求不高时也可以使用 90°主偏角的外圆车刀的副刀刃切削。

② 车阶梯轴外圆时,粗加工常用 75°主偏角的外圆车刀;精加工时采用 90°~95°主偏角的外圆车刀。车曲面外圆时,除应考虑粗、精加工的要求之外,还要兼顾车刀副偏角对工件已加工表面是否产生干涉,如图 5-8 所示。

③ 切槽或切断工件时,应采用刀刃宽度等于或小于槽宽的切槽(切断)刀。

④ 车外螺纹时,采用螺纹车刀,并应使刀具的角度与螺纹牙型角相适应。

⑤ 车内孔、内螺纹时,应选用各类型的镗孔刀,刀杆的伸出量(长径比)应在刀杆直径的 4 倍以内。

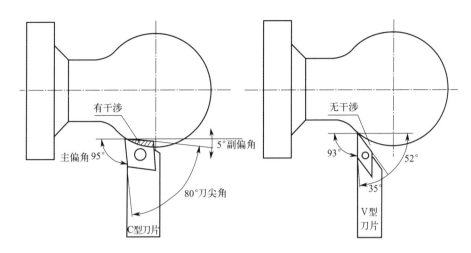

图 5-8　采用外圆尖头车刀避免产生干涉

5.2.3　数控车床编程基本指令

1）FANUC 0i 数控系统的进给功能 F 指令

指令格式：F_;

进给功能 F 指令用于指定数控车削过程中刀具在进给方向上的移动速度，由地址码 F 和其后的若干数字组成。进给方式分为每转进给或每分钟进给，每转进给的单位是 mm/r（G99 设定），每分钟进给的单位是 mm/min（G98 设定）。配备 FANUC 0i 数控系统的数控车床开机默认的进给方式为每转进给，即进给量单位为 mm/r，也就是按主轴旋转一周刀具沿进给方向前进的距离来设定进刀速度，使进给速度与主轴转速建立了联系。F 指令用于设定直线（G01）和圆弧（G02、G03）插补时的进给速度。例如，在数控车床实训切削尼龙棒时，粗加工选取 F0.3，精加工选取 F0.1。

2）FANUC 0i 数控系统的主轴转速功能 S 指令

指令格式：S_;

它由地址码 S 和其后的若干数字组成，单位为 r/min，用于设定主轴的转速。例如，"S500" 表示主轴以 500r/min 的速度旋转。

3）FANUC 0i 数控系统的刀具功能 T 指令

指令格式：T_;

该功能主要用于选择刀具和刀具补偿号。执行该指令可实现换刀和调用刀具补偿值。它由 T 和其后的四位数字组成，前两位数字是刀号，后两位数字是刀具补偿号。如"T0303"表示选用 3 号刀，调用 3 号刀补，"T0300"则表示取消 3 号刀的刀补。

4）FANUC 0i 数控系统的辅助功能 M 指令

指令格式：M_;

它主要用来表示机床操作时的各种辅助动作及其状态。由 M 及其后面的两位数字组成。常用 M 指令见表 5-2。

表 5-2　FANUC 0i 数控车床常用 M 指令

代码	功能	用途
M00	程序停止	程序暂停,可用 NC 启动命令(CYCLE START)使程序继续运行
M01	选择停止	计划暂停,与 M00 作用相似,但 M01 可以用机床"任选停止"按钮选择是否有效
M02	程序结束	该指令编程于程序的最后一句,表示程序运行结束,主轴停转,切削液关,机床处于复位状态
M03	主轴正转	主轴顺时针旋转
M04	主轴反转	主轴逆时针旋转
M05	主轴停止	主轴旋转停止
M07	切削液开	用于切削液开
M08	切削液开	用于切削液开
M09	切削液关	用于切削液关
M30	程序结束且复位	程序停止,程序复位到起始位置,准备下一个工件的加工
M98	子程序调用	用于调用子程序
M99	子程序结束及返回	用于子程序的结束及返回

5)FANUC 0i 数控系统的准备功能 G 指令

指令格式:G_;

它是指定数控系统准备好某种运动和工作方式的一种命令,由地址码 G 和后面的两位数字组成。

常用 G 指令见表 5-3。

表 5-3　FANUC 0i 数控车床常用 G 指令

代码	组别	功能	代码	组别	功能
G00	01	快速点定位	G65	00	宏程序调用
G01	01	直线插补	G70	00	精车循环
G02	01	顺圆弧插补	G71	00	外圆粗车循环
G03	01	逆圆弧插补	G72	00	端面粗车循环
G32	01	螺纹切削	G73	00	固定形状粗车循环
G04	00	暂停延时	G74	00	端面转孔复合循环
G20	06	英制单位	G75	00	外圆切槽复合循环
G21	06	米制单位	G76	00	螺纹车削复合循环
G27	00	参考点返回检测	G90	01	外圆切削循环
G28	00	参考点返回	G92	01	螺纹切削循环
G40	07	刀具半径补偿取消	G94	01	端面切削循环
G41	07	刀具半径左补偿	G96	02	主轴恒线速度控制
G42	07	刀具半径右补偿	G97	02	主轴恒转速度控制
G50	00	坐标系的建立、主轴最大速度限定	G98	05	每分钟进给方式
G54~G59	11	零点偏置	G99	05	每转进给方式

注:表中代码 00 组为非模态代码,只在本程序段中有效;其余各组均为模态代码,在被同组代码取代之前一直有效。同一组的 G 代码可以互相取代;不同组的 G 代码在同一程序段中可以使用多个,同一组的 G 代码出现在同一程序段中,最后一个有效。

以下介绍几种常用的准备功能 G 指令的用法。

(1)快速点定位指令 G00

指令格式如下。

绝对坐标编程： G00X_Z_;

相对坐标编程： G00U_W_;

G00 指令用于快速定位刀具到指定的目标点（X，Z）或（U，W）。

如图 5-9 所示，刀具从起始点 A 点快速定位到 B 点准备车削外圆，分别用绝对和相对坐标编写该指令段如下。

绝对坐标编程为： G00X40Z5;

相对坐标编程为： G00U-40W-30;

① 使用 G00 指令时，快速移动的速度是由系统内部参数设定的，跟程序中 F 指定的进给速度无关，且受修调倍率的影响在系统设定的最小和最大速度之间变化。G00 指令不能用于切削工件，只能用于刀具在工件外的快速定位。

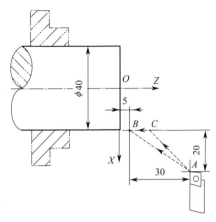

图 5-9　快速点定位示例

② 在执行 G00 指令时，刀具在 X、Z 轴分别沿该轴的最快速度向目标点运行，故运行路线通常为折线。如图 5-9 所示，刀具由 A 点向 B 点运行的路线是 A→C→B。所以使用 G00 时一定要注意刀具的折线路线，避免与工件碰撞。

③在车床系统中，X 轴方向的编程值按直径标定，好处是编程方便、测量方便。

（2）直线插补指令 G01

指令格式如下。

绝对坐标编程： G01X_Z_F_;

相对坐标编程： G01U_W_F_;

G01 指令用于直线插补加工到指定的目标点（X，Z）或（U，W），速度由 F 后的数值指定。

如图 5-10 所示，零件各表面已完成粗加工，试分别用绝对坐标方式和相对坐标方式编写精车外圆的程序段。

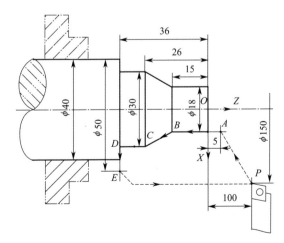

图 5-10　直线插补示例

绝对坐标编程：

G00X18Z5；　　　　　　　　　　　　快速定位 $P \to A$
G01Z-15F0.1；　　　　　　　　　　　切削 $A \to B$
X30Z-26；　　　　　　　　　　　　　切削 $B \to C$
Z-36；　　　　　　　　　　　　　　　切削 $C \to D$
X50；　　　　　　　　　　　　　　　切出退刀 $D \to E$
G00X150Z100；　　　　　　　　　　　快速回到起点 $E \to P$

相对坐标编程：

G00U-132W-95；　　　　　　　　　　快速定位 $P \to A$
G01W-20F0.1；　　　　　　　　　　　切削 $A \to B$
U12W-11；　　　　　　　　　　　　　切削 $B \to C$
W-10；　　　　　　　　　　　　　　　切削 $C \to D$
U20；　　　　　　　　　　　　　　　切出退刀 $D \to E$
G00U100W136；　　　　　　　　　　　快速回到起点 $E \to P$

（3）圆弧插补指令 G02、G03

指令格式如下。

绝对坐标编程： G02(G03)X_Z_R_F_；

相对坐标编程： G02(G03)U_W_R_F_；

G02、G03 指令表示刀具以 F 指定的进给速度从圆弧起点向圆弧终点进行圆弧插补。

① G02 为顺时针圆弧插补指令，G03 为逆时针圆弧插补指令。圆弧的顺、逆方向的判断方法是：朝着与圆弧所在平面垂直的坐标轴的负方向看，刀具顺时针运动为 G02，逆时针运动为 G03。数控车床前置刀架和后置刀架对圆弧顺、逆时针方向的判断，如图 5-11 所示。

② 采用绝对坐标编程时，X、Z 为圆弧终点坐标值；采用相对坐标编程时，U、W 为圆弧终点相对于圆弧起点的坐标增量。R 是圆弧半径。

如图 5-12 所示，零件各表面已完成粗加工，试分别用绝对坐标方式和相对坐标方式编写精车外圆的程序段。走刀路线为 $P \to A \to B \to C \to D \to E \to F \to P$。设起（退）刀点为 P（X100，Z100）。

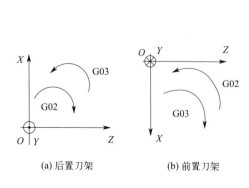

图 5-11　圆弧的顺、逆时针插补方向

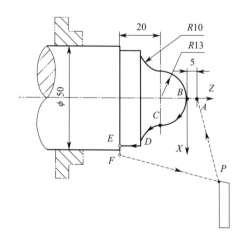

图 5-12　圆弧插补示例

绝对坐标编程：

G00X0Z5；	$P \to A$
G01Z0F0.1；	$A \to B$
G03X26Z-13R13；	$B \to C$
G02X46Z-23R10；	$C \to D$
G01Z-33；	$D \to E$
X55；	$E \to F$
G00X100Z100；	$F \to P$

相对坐标编程：

G00U-100W-95；	$P \to A$
G01W-5F0.1；	$A \to B$
G03U26W-13R13；	$B \to C$
G02U20W-10R10；	$C \to D$
G01W-10；	$D \to E$
U9；	$E \to F$
G00U45W133；	$F \to P$

5.2.4 数控车床的外圆编程

在使用棒料作为毛坯加工工件时，要完成粗车过程，需要编程者计算分配车削数和吃刀量，再一段一段地编程，还是很麻烦的。复合固定循环功能则只需指定精加工路线和背吃刀量等参数，数控系统就会自动计算出粗加工路线和加工数，因此可大大简化编程工作。

1）粗车复合循环 G71 指令

指令格式：

G71 U(Δd)R(e)；
G71 P(ns)Q(nf)U(Δu)W(Δw)(F_S_T_)；
Nns… F_S_T_；
…；
Nnf…；

指令中各参数的意义见表 5-4。

表 5-4 G71 指令中各参数的意义

地址	含义	地址	含义
ns	精加工轮廓程序的第一个程序段段名	Δu	径向精加工余量（直径值），车外圆时为正值，车内孔时为负值
nf	精加工轮廓程序的结束程序段段名	Δw	轴向精加工余量
Δd	每次循环的径向吃刀深度（半径值）	e	回刀时径向退刀量

G71 的走刀路线如图 5-13 所示，与精加工程序段的编程顺序一致，即每一个循环都是沿径向进刀，轴向切削。其中，ns 和 nf 两程序段号之间的程序用于描述零件最终轮廓的精加工轨迹。

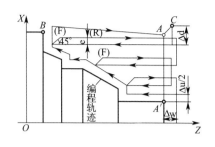

图 5-13　G71 指令走刀路线

2）仿形粗车复合循环 G73 指令

指令格式：

```
G73 U(Δi)W(Δk)R(d);
G73 P(ns)Q(nf)U(Δu)W(Δw)(F_S_T_);
Nns...F_S_T_;
...;
Nnf...;
```

指令中各参数的意义见表 5-5。

表 5-5　G73 指令中各参数的意义

地址	含义	地址	含义
Δi	X 方向总的退刀距离（半径值），一般是毛坯径向需切除的最大厚度	d	粗加工的循环次数
Δk	Z 方向总的退刀量，一般是毛坯轴向需去除的最大厚度	Δu	径向精加工余量（直径值）
ns	精加工轮廓程序的第一个程序段段名	Δw	轴向精加工余量
nf	精加工轮廓程序的结束程序段段名		

G73 指令适于加工铸造或锻造毛坯料，且毛坯的外形与零件的外形相似，但加工余量还相当大。它的进刀路线如图 5-14 所示，与 G71 指令不同的是，G73 指令的每一次循环路线长度均相同且与工件轮廓平行。

① G71、G73 指令程序段中的 F、S、T 在粗加工时有效，而精加工循环程序段中的 F、S、T 在执行精加工程序时有效。精加工程序段的编程路线如图 5-13 和图 5-14 所示，由 $A \rightarrow A' \rightarrow B$ 用基本指令沿工件轮廓编写。而且 ns~nf 程序段中不能含有子程序。

② G71、G73 指令编程时，在 $A \rightarrow A'$ 间段号 ns 的程序段中只能含有 G00 或 G01 指令，而且必须指定。

③ 用 G71 指令编程时，在 $A \rightarrow A'$ 间段号 ns 的程序段中不能含有 Z 轴指令；在 $A' \rightarrow B$ 之间必须符合

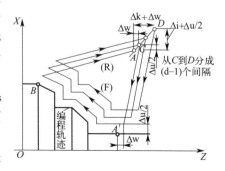

图 5-14　G73 指令走刀路线

X、Z 轴方向的单调增大或单调减小模式。

④ 粗加工完成以后，工件的大部分余量被去除，留出精加工预留量 $\Delta u/2$ 及 Δw。刀具退回循环起点 A 点，准备执行精加工程序。

⑤ 循环起点 A 点要选择在径向大于毛坯最大外圆尺寸（车外表面时）或小于最小孔径（车内表面时），同时轴向要离开工件的右端面的位置，以保证进刀和退刀安全。

3）精车循环 G70 指令

指令格式：

G70 P(ns)Q(nf)(F_S_);

该指令用于执行 G71 和 G73 粗加工循环指令以后的精加工循环。只需要在 G70 指令中指定粗加工时编写的精加工轮廓程序段的第一个程序段的段号和最后一个程序段的段号，系统就会按照粗加工循环程序中的精加工路线切除粗加工时留下的余量。

4）粗车外圆复合循环编程示例

（1） G71 指令编程示例

使用外圆粗车复合循环 G71 指令，对图 5-15 所示的工件进行加工编程。

① 选择毛坯：根据图样上工件最大直径尺寸 $\phi36$，选取直径 $\phi40$ 的棒料为毛坯材料，如图 5-16 所示的虚线范围。

② 选择刀具：因该工件的径向尺寸由右至左单调增大，故可选用 C 型刀片，主偏角为 95°外圆车刀即可满足加工要求，如图 5-16 所示。设其装夹在刀架的 1 号刀位，则可称其为 1 号外圆车刀 T01。

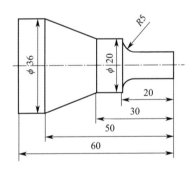

图 5-15　G71 指令编程示例

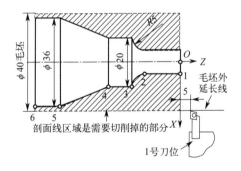

图 5-16　数控加工工艺设计

③ 建立编程坐标系：以工件右端面与中心线交点为原点建立编程坐标系 XOZ，如图 5-16 所示。

④ 编程节点坐标计算：如图 5-16 所示，6 个节点的坐标值经计算分别为：1(10，0)、2(10，-15)、3(20，-20)、4(20，-30)、5(36，-50)、6(36，-60)。

⑤ 程序编制：如图 5-17 所示，设定外圆粗车复合循环每刀切深 2mm，退刀时使刀尖与工件之间径向脱离接触 1mm。粗车时，每刀进给长度由程序中 N10~N20 之间的程序段（即描述工件最终轮廓程序段）进行限定。

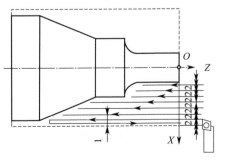

图 5-17　外圆粗车复合循环加工示意

```
O1236;                          程序名,由大写字母O及四位数字组成
T0101;                          选用1号外圆车刀,并使用刀偏法确定编程坐标系XOZ
M03S600;                        主轴正转,600r/min
G00X40Z5;                       刀具快速定位到粗车循环起点,毛坯外圆延长线上
G71U2R1;                        外圆粗车复合循环,每刀切深2mm,退刀时脱离接触1mm
G71P10Q20U0.5F0.3;              指定最终轮廓起止段号;X轴方向精加工余量0.5mm,粗加工进给量0.3mm/r
N10G00X10;                      描述工件最终轮廓开始段,快速进刀
G01Z-15;                        切直线至点2
G02X20Z-20R5;                   切顺时针圆弧2→3
G01Z-30;                        切直线3→4
X36Z-50;                        切直线4→5
N20Z-60;                        描述工件最终轮廓结束段,切直线5→6
G70P10Q20F0.1;                  外圆精车,精加工进给量0.1mm/r
G00X100Z100;                    快速退刀
M05;                            主轴停转
M30;                            程序结束
```

(2) G73指令编程示例

使用仿形粗车复合循环G73指令,对图5-18所示的工件进行加工编程。

① 选择毛坯:根据图样上工件最大直径尺寸$\phi 48$,选取直径$\phi 50$的棒料为毛坯材料,如图5-19所示的虚线范围。

② 选择刀具:因该工件的径向尺寸由右至左为非单调变化,故应选用V形刀片,主偏角为93°外圆车刀(尖刀),以免车刀与工件发生干涉,如图5-19所示。设其装夹在刀架的3号刀位,则可称其为3号外圆车刀T03。此时,为了防止粗车循环回刀时刀具或切屑拉伤工件,循环起点的径向坐标值应大于毛坯直径,本例选取的是(X80,Z5)。

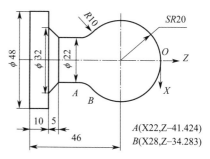

图5-18 G73指令编程示例

③ 建立编程坐标系:以工件右端面与中心线交点为原点建立编程坐标系XOZ,如图5-19所示。

④ 编程节点坐标计算:如图5-19所示,7个节点的坐标值经计算分别为:$O(0,0)$、$A(28,-34.283)$、$B(22,-41.424)$、$C(22,-51)$、$D(32,-56)$、$E(48,-56)$、$F(48,-66)$。

⑤ 程序编制:如图5-20所示,设定仿形粗车复合循环每刀切深2mm。各参数计算如下。

最大切深(出现在零件最小直径处)=(毛坯直径-最小直径)÷2=(50-0)÷2=25mm

U(粗加工最大单边余量Δi)=最大切深-每刀切深=25-2=23mm(减去一个每刀切深的目的,是为了防止第一刀是完全的空走刀)

R(粗加工循环刀数d)=最大切深÷每刀切深=25÷2≈13刀

粗车时,每刀进给路线形状尺寸均与工件最终轮廓形状一致,由程序中N10~N20之间的程序段(即描述工件最终轮廓程序段)定义。

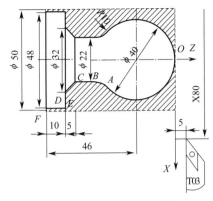

图 5-19 数控加工工艺设计

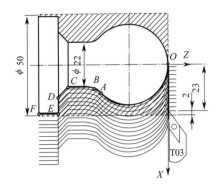

图 5-20 仿形粗车复合循环加工示意

O1256；	程序名
T0303；	选用 3 号外圆车刀（尖刀）
M03S800；	主轴正转，800r/min
G00X80Z5；	刀具快速定位到粗车循环起点。注意，不再是毛坯外圆延长线上
G73U23R13；	仿形粗车总切除余量 23mm，分 13 刀车完
G73P10Q20U0.8F0.3；	指定最终轮廓起止段号；X 轴方向精加工余量 0.8mm，粗加工进给量 0.3mm/r
N10G00X0；	描述工件最终轮廓开始段，快速进刀至中心线
G01Z0；	切直线，慢速移动至编程原点 O
G03X28Z-34.283R20；	切逆时针圆弧 O→A
G02X22Z-41.424R10；	切顺时针圆弧 A→B
G01Z-51；	切直线 B→C
X32Z-56；	切直线 C→D
X48；	切直线 D→E
N20Z-66；	描述工件最终轮廓结束段，切直线 E→F
G70P10Q20F0.1；	外圆精车，精加工进给量 0.1mm/r
G00X100Z100；	快速退刀
M05；	主轴停转
M30；	程序结束

5.2.5 数控车床的螺纹编程

螺纹切削是数控车床上常见的加工任务。螺纹的形成实际上是刀具和主轴按预先输入的直线运动距离和转速同时运动所致。切削螺纹使用的是成形刀具，螺距和尺寸精度受机床精度影响，牙型精度则由刀具精度保证。

G92 指令的编程方法及应用如下。

螺纹单一切削循环指令 G92 把"切入①→螺纹切削②→退刀③→返回④"四个动作作为一个循环，用一个程序段来完成，从而简化编程，如图 5-21 所示。

指令格式：

G00X(a)_Z(a)_；	X(a)、Z(a) 为切削螺纹循环起点 A 的坐标
G92X(b)_Z(b)_F_；	X(b)、Z(b) 为切削螺纹第一刀终点 B 的坐标，F 为螺纹的导程
X(c)_；	X(c) 为切削螺纹第二刀的终点坐标
X(d)_；	X(d) 为切削螺纹第三刀的终点坐标
…；	

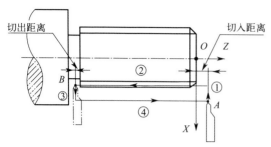
图 5-21 G92 指令加工圆柱螺纹的运动轨迹

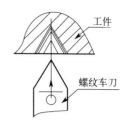
图 5-22 螺纹切削进刀方法

在编写螺纹加工程序时，起点坐标和终点坐标应考虑切入距离和切出距离；由于螺纹车刀是成形刀具，所以刀刃与工件接触线较长，切削力也较大。为避免切削力过大造成刀具损坏或在切削中引起刀具振动，通常在切削螺纹时需要多次进给才能完成，如图 5-22 所示。每次进给的背吃刀量根据螺纹牙深按递减规律分配。

切削常用米制螺纹的进给数与背吃刀量的关系见表 5-6。

表 5-6 切削米制螺纹的进给数与背吃刀量的关系   单位：mm

		米制螺纹		牙深=0.6495P（P 为螺距）				
螺距		1.0	1.5	2.0	2.5	3.0	3.5	4.0
牙深		0.649	0.974	1.299	1.624	1.949	2.273	2.598
进给数及背吃刀量	1 次	0.7	0.8	0.9	1.0	1.2	1.5	1.5
	2 次	0.4	0.6	0.6	0.7	0.7	0.7	0.8
	3 次	0.2	0.4	0.6	0.6	0.6	0.6	0.6
	4 次	—	0.16	0.4	0.4	0.4	0.6	0.6
	5 次	—	—	0.1	0.4	0.4	0.4	0.4
	6 次	—	—	—	0.15	0.4	0.4	0.4
	7 次	—	—	—	—	0.2	0.2	0.4
	8 次	—	—	—	—	—	0.15	0.3
	9 次	—	—	—	—	—	—	0.2

例如：用 G92 指令加工图 5-23 所示的圆柱螺纹。查表 5-6 可知：螺纹导程 $P=1.5$mm 时，牙深$=0.974$mm。选取主轴转速 650r/min，进刀距离 2mm，退刀距离 1mm；可分 4 次进给，对应的背吃刀量（直径值）依次为：0.8mm、0.6mm、0.4mm 和 0.16mm。

为防止刀具每次 Z 向退刀时缠带切屑，划伤已加工的螺纹，因此循环起点 A 的 X 坐标值要适当大于被加工螺纹的公称直径。本例设循环起点在 A(40, 3) 的位置，切削螺纹部分的加工程序如下：

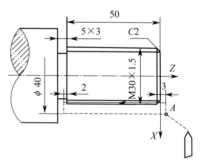
图 5-23 车螺纹例题图

```
… ;
G00X40Z3;              快速移动到循环起点 A
G92X29.2Z-52F1.5;      切削螺纹循环第一刀
X28.6;                 切削螺纹循环第二刀
X28.2;                 切削螺纹循环第三刀
X28.04;                切削螺纹循环第四刀
G00X100Z100;           快速退刀至换刀点
… ;
```

5.2.6 数控车床的综合编程

试根据图 5-24 所示的零件图纸编制数控车削加工程序。

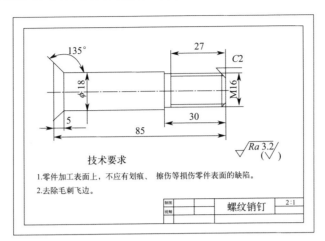

图 5-24 数控车削综合编程举例

(1) 加工工艺分析

该工件径向尺寸由右至左单调增加,适合使用 G71 粗车外圆复合循环加工指令完成外圆粗加工;使用螺纹车刀车出 M16 螺纹,最后再使用切槽(断)刀将工件从毛坯中切断即可。根据工件图样上径向最大尺寸 $\phi18$ 及材料要求,选择 $\phi30$ 尼龙棒料。仍选择工件右端面中心作为编程坐标系原点,并计算各基点坐标值。加工工序卡见表 5-7。

表 5-7 加工工序卡

加工工序	刀具(量具)与切削参数			主轴转速 /(r/min)	进给量 /(mm/r)	背吃刀量 /mm
	刀具(量具)规格					
	刀号	刀具(量具)名称	刀补号			
1:粗车外圆	T01	93°外圆车刀	01	600	0.3	1.5
2:检测工件		0~25mm 外径千分尺				
3:精车外圆	T01	93°外圆车刀	01	800	0.1	0.25
4:检测工件		0~25mm 外径千分尺				
5:车螺纹	T04	外螺纹车刀	04	500	2	第一刀切 0.9
6:检测工件		M16 螺纹量规				
7:工件切断	T03	刃宽 4mm 切槽刀	03	400	0.1	4

(2) 数控加工程序

```
O2626;
G99G97G40;              程序初始化
T0101;                  选 01 号车刀(93°外圆车刀),建立工件坐标系
M03S600;                主轴正转,600r/min(车外圆的转速)
G00X30Z3;               刀具快速移动到粗车循环起点(毛坯外径ϕ30mm)
G71U1.5R1;              每一循环进刀 1.5mm(背吃刀量 1.5mm),退刀 1mm
G71P1Q2U0.5F0.3;        设循环体起止行号,预留精加工余量并设置粗加工进给量
N1G00X5.8;              粗车循环起点。因有倒角因素,X 坐标值计算为 5.8
G01X15.8Z-2;            切倒角
Z-30;                   切 M16 螺纹顶径外圆ϕ15.8mm
```

X18；	调整刀具 X 轴位置至 φ18 处
Z-80；	切 φ18 外圆
X28Z-85；	切圆锥
N2Z-89；	切削至工件总长加刀宽 4mm，循环结束
G00X100Z120；	退刀至安全位置（换刀点）
M05；	
M00；	程序暂停
T0101；	精车刀
G00X30Z3；	定位至循环起点
M03S800；	精加工主轴转数 800r/min
G70P1Q2F0.1；	精加工外圆，精加工应提高转速并减小进给量
G00X100Z120；	退刀至换刀点
M05；	
M00；	
T0404；	换 04 号螺纹车刀
M03S500；	螺纹加工转数
G00X20Z3；	快速定位到螺纹加工循环的起点
G92X15.1Z-27F2；	切削螺纹循环第一刀 0.9mm
X14.5；	切削螺纹循环第二刀 0.6mm
X13.9；	切削螺纹循环第三刀 0.6mm
X13.5；	切削螺纹循环第四刀 0.4mm
X13.4；	切削螺纹循环第五刀 0.1mm
G00X100Z120；	快速退刀至换刀点
M05；	主轴停转
M00；	
T0303；	换 03 号车刀（刃宽 4mm），通过刀补建立工件坐标系
M03S400；	调整主轴转速
G00X32Z-89；	快速定位到工件总长位置，以切槽刀左刀尖为刀位点
G01X3F0.1；	工件切断，留 3mm
G00X100；	X 轴退刀
Z120；	Z 轴退刀
M05；	
M30；	程序结束

5.3 数控车床的操作实训

5.3.1 实训目标和能力目标

① 实训目标。通过实训，学生应了解数控车床的一般结构和基本工作原理；掌握中等复杂程度轴类零件的手动编程方法和加工过程。

② 能力目标。通过实训，着重培养学生发现问题、思考问题、分析问题、解决问题的能力；接受相关生产劳动纪律及安全生产教育，培养良好的职业素养。

5.3.2　FANUC 0i 数控车床的操作面板

如图 5-25 所示为配置 FANUC 0i 数控系统的数控车床操作面板。其中右上部分为 MDI 键盘，左上部分为 CRT 显示界面，设在显示器下面的一行键称为软键，软键的用途是可以变化的，在不同的界面下随屏幕最下面一行的软件功能提示而有不同的用途。MDI 键盘用于程序编辑、参数输入等功能。标准面板下半区是数控车床的机床操作面板，用对机床进行手动控制和功能选择。

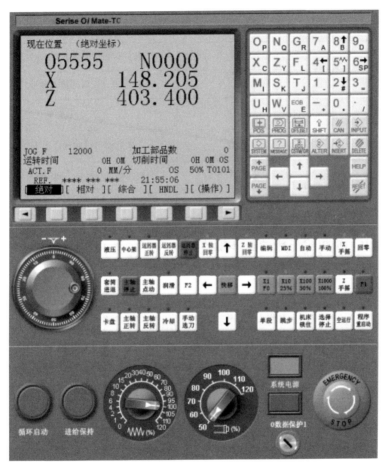

图 5-25　FANUC 0i 数控系统的数控车床面板

FANUC 0i 数控系统 MDI 键盘区各功能键的名称及功能，见表 5-8。

表 5-8　FANUC 0i 数控系统 MDI 键盘区各功能键的名称及功能

序号	图例	名称	功能
1	$O_P \sim \cdot/$	地址、数字和符号键	按这些键可输入字母、数字及其他字符
2	POS	位置画面	按此键显示机床坐标位置
3	PROG	程序画面	按此键进入程序画面，可以建立、编辑程序
4	OFS/SET	刀偏/设定画面	按此键进入刀偏画面进行对刀
5	SYSTEM	系统画面	按此键显示系统参数

续表

序号	图例	名称	功能
6		信息画面	按此键进入报警信息画面,查看报警信息
7		显示图形画面	按此键进入图形画面,可以模拟程序
8		程序编辑——替换	替换当前选中字符
9		程序编辑——插入	在当前位置之后插入字符
10		程序编辑——删除	删除存储区选中字符
11		换挡键	按此键可以输入地址和数字键左下角字符
12		取消键	按此键可以取消输入缓冲区内的最后字符
13		输入键	数据输入键
14		上下翻页键	按此键可以对程序上下翻页,查看程序
15		复位键	按此键可以复位 CNC,也可以清除报警信息
16		光标键	程序编辑时,可以上、下、左、右移动光标

5.3.3 FANUC 0i 数控车床的基本操作

1)开关机操作

(1)开机

接通机床电源,启动数控系统,操作步骤如下。

① 按下机床面板上的"系统电源"键 ,显示屏由原先的黑屏变为有文字显示,电源键指示灯亮。

② 旋转抬起"急停"按钮 ,这时系统完成上电复位,可以进行后面的操作。

(2)关机

关机过程与开机过程相反。

2)FANUC 0i 数控车床的基本操作

数控车床的基本操作概括起来可分为三大类。

(1)手动操作

① 回零操作。回零操作又称为手动返回参考点操作,其目的就是建立机床坐标系。回零操作按以下方法进行。

按下"回零"键 ,指示灯亮;首先按住"+X"键 ,X 轴开始回零,完成后指示灯 亮;然后按住"+Z"键 ,Z 轴开始回零,完成后指示灯 亮。

② 手动进给。手动进给又称手动连续进给或称 JOG 操作,就是在手动工作方式下,按机床操作面板上的方向选择键,机床刀架沿选定轴的选定方向移动。手动连续进给速度可用进给倍率调节。操作步骤如下。

按下"手动"键 [手动]，指示灯亮，系统处于手动工作方式。按下方向选择键 [↑↓←→]，机床刀架沿着选定轴的选定方向移动，可在机床运行前或运行中使用进给倍率 [X1 X10 X100 X1000]，根据实际需要调节进给速度。按住中间的"快移"按钮再配合其他方向键，可以实现该方向的快速移动。

③ 手轮进给。手轮进给又称增量进给，在手轮方式下，可使用手轮控制机床刀架发生移动。操作步骤如下。

通过按"X手摇"键 [X手摇] 或"Z手摇"键 [Z手摇]，进入手轮方式并选择控制轴。按手轮进给倍率键 [X1 X10 X100 X1000]，选择移动倍率。根据需要移动的方向，旋转手轮旋钮 [旋钮]，此时机床发生移动。手轮每旋转刻度盘上的一格，机床则根据所选择的移动倍率移动一个挡位。如倍率键选"×10"，则手轮每旋转一格，机床相应移动 $10\mu m$，即 0.01mm。

④ 主轴的手动操作。此时系统应处于手动方式下，进行主轴的启停手动操作。

按下"主轴正转"按键 [主轴正转]（指示灯亮），主轴以机床参数设定的转速正转；按下"主轴反转"按键 [主轴反转]（指示灯亮），主轴以机床参数设定的转速反转；按下"主轴停止"按键 [主轴停止]（指示灯亮），主轴停止运转。也可以使用主轴倍率修调旋钮 [旋钮]，调整主轴转速。首次操作时，应通过MDI（手动输入模式）方式赋予主轴一个转速值。

⑤ 手动选刀。首先按下方式键 [手动]，指示灯亮；然后按一下"手动选刀"键 [手动选刀]，刀架刀盘转一个工位，再按一下，刀架刀盘再转一个工位。

（2）编辑操作

在编辑操作方式下可以对加工程序进行建立、检索、编辑以及删除等操作。

① 创建程序。按下机床面板上的"编辑"键 [编辑]，系统处于编辑运行方式，再按下系统面板上的程序键 [PROG]，显示程序屏幕，使用字母/数字键，输入程序号。例如，输入程序号"O2345"，开头必须用大写字母"O"。按下系统面板上的插入键 [INSERT]，这时程序屏幕上显示新建立的程序名，接下来可以输入程序内容，如图5-26所示。在输入到一行程序的结尾时，先按"EOB"键 [EOB] 生成";"，然后再按插入键 [INSERT]。这样程序会自动换行，光标出现在下一行的开头。

② 字的插入。例如，要在某行"G00"后面插入"X100"。此时，应当使用光标移动键，将光标移到需要插入位置之前的最后一个程序字上，即"G00"处，如图5-27所示。

③ 字的替换。使用光标移动键，将光标移到需要替换的字符上；键入要替换的字和数据；按下替换键 [ALTER]，光标所在的字符被替换，同时光标移到下一个字符上。

④ 字的删除。使用光标移动键，将光标移到需要删除的字符上；按下删除键 [DELETE]，光标所在的字符被删除，同时光标移到被删除字符的下一个字符上。字母或数字还在输入缓存区、没有按插入键 [INSERT] 的时候，可以使用取消键 [CAN] 来进行删除。每按一下，则删除光标前面的一个字母或数字。

（3）自动运行

自动运行就是机床根据编制的零件加工程序来运行。自动运行包括存储器运行和MDI运行两种方式。

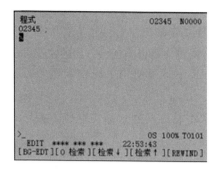

图 5-26　创建程序界面　　　　　　　　图 5-27　插入字符"X100"

存储器运行就是指将编制好的零件加工程序存储在数控系统的存储器中，调出要执行的程序来使机床运行。主要步骤如下。

① 按"编辑"键，进入编辑运行方式。

② 按数控系统面板上的"PROG"键。

③ 按数控屏幕下方的软键"DIR"键，屏幕上显示已经存储在存储器里的加工程序列表。

④ 按地址键"O"。

⑤ 按数字键输入程序号。

⑥ 按数控屏幕下方的软键"O检索"键。这时被选择的程序就被打开显示在屏幕上。

⑦ 按"自动"键，进入自动运行方式。按机床操作面板上的"循环启动"键，开始自动运行。运行中按下"进给保持"键，机床将减速停止运行。再次按下"循环启动"键，机床恢复运行。如果按下数控系统面板上的 ，自动运行结束并进入复位状态。

MDI 运行是指用键盘输入一组加工命令后，机床根据这个命令执行操作。操作方法是：按下 ，系统进入 MDI 状态；按下 ，输入一段程序；按下"循环启动"键，机床则执行刚才输入的那一段程序。MDI 一般用于临时调整机床状态或验证坐标等，其程序号为"O0000"，输入的程序只能执行一次，且执行后自动删除。

需要注意的是：在运行加工程序之前，一定确认加工程序正确；刀具安装及工件坐标系原点设定正确即对刀过程正确。

5.3.4　FANUC 0i 数控车床的对刀方法

对刀就是在机床上确定刀补值或工件坐标系原点的过程。配置有 FANUC 0i 数控系统的车床对刀方法有多种。这里，我们只介绍现在比较常用的直接采用刀偏设置，通过 T 指令来构建工件坐标系的对刀方法，即直接将工件零点在机床坐标系中的坐标值设置到刀偏地址寄存器中，相当于假设加长或缩短刀具来实现坐标系的偏置。具体操作步骤如下。

① 用所选刀具试切工件外圆，点击"主轴停止"按钮，使主轴停止转动，使用游标

卡尺或千分尺测量工件被切部分的直径，测量值记为Φ，如图5-28所示。

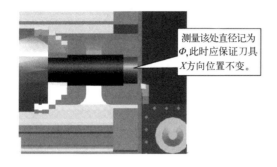
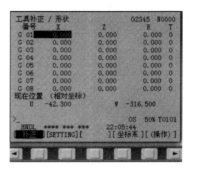

图5-28 试切外圆并测量直径　　　　　图5-29 参数设置界面

② 保持刀具X轴方向不动，刀具退出。点击MDI键盘上的 [图]，进入形状补偿参数设定界面，如图5-29所示。依次按下屏幕下方对应功能软键"补正""形状"后，将光标移到与刀位号相对应的位置，输入"XΦ"，按下屏幕下方对应功能软键"测量"，系统将对应的刀具X方向偏移量自动计算并输入寄存器中。

③ 试切工件端面，如图5-30所示。把端面在工件坐标系中Z的坐标值记为α（此处以工件端面中心点为工件坐标系原点，则α＝0）。

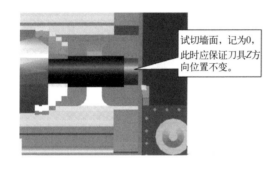

图5-30 试切端面　　　　　　图5-31 设定试切的端面Z方向坐标值为0

④ 保持Z方向不动，刀具退出。进入形状补偿参数设定界面，将光标移到相应的位置，输入"Zα"（一般为"Z0"），按"测量"软键，系统将对应的刀具Z方向偏移量自动计算并输入寄存器中，如图5-31所示。

⑤ 多把刀具对刀。第一把刀具作为基准刀具对刀完毕后，其余刀具的对刀方法与基准刀具的对刀方法基本相同。只是其他刀具不能再试切端面，而是以已有端面为基准，刀尖与端面对齐后，直接输入"Z0"后按"测量"键，这样就可以保证所有刀具所确定的工件坐标系重合一致。

综上所述，一个工件的完整加工过程为：开机→回零→安装刀具和工件→对刀→输入程序→试切工件。

5.3.5 实训操作训练

完成图5-32所示零件的程序的编制与加工。

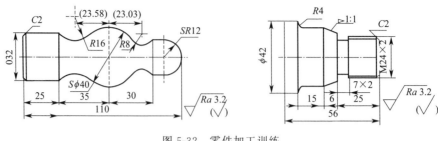

图 5-32 零件加工训练

5.4 数控铣床的程序编制

5.4.1 数控铣削加工工艺

（1）数控铣削的加工对象

数控铣削是机械加工中常用的数控加工方法之一，它除了能铣削普通铣床所能铣削的各种零件表面外，还能铣削普通铣床不能铣削的需要 2~5 坐标联动的各种平面轮廓和曲面轮廓。根据数控铣床的特点，从铣削加工角度考虑，适合数控铣削加工的对象有以下几类。

① 平面类工件。平面类工件是指加工面平行、垂直于水平面或加工面与水平面的夹角为定角的工件。这类工件的特点是，各个加工表面是平面或展开为平面。

② 变斜角类工件。加工面与水平面的夹角呈连续变化的工件称为变斜角类工件，图 5-33 是飞机上的变斜角梁缘条。变斜角类工件的变斜角加工面不能展开为平面。

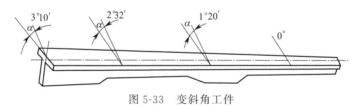

图 5-33 变斜角工件

③ 曲面类工件。加工面为空间曲面的工件称为曲面类工件。曲面类工件的加工面不仅不能展开为平面，而且它的加工面与铣刀始终为点接触。

④ 箱体类工件。箱体类工件一般是指具有一个以上孔系，内部有不定型腔或空腔的工件。箱体类工件一般都需要进行多工位孔系、轮廓及平面加工，公差要求较高，特别是几何公差要求较为严格。

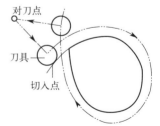

图 5-34 外轮廓加工刀具的切入切出

（2）数控铣削进给路线的确定

① 当铣削平面工件外轮廓时，一般采用立铣刀侧刃切削。铣削时应避免沿工件外轮廓的法向切入和切出，如图 5-34 所示，应沿着外轮廓曲线的切向延长线切入或切出，这样可避免刀具在切入或切出时产生切削刃痕，保证工件曲面的平滑过渡。

② 在精镗孔系时，安排镗孔路线一定要注意各孔的定位方向一致，即采用单向趋近定位点的方法，以避免传动系统反向间隙误差或测量系统的误差对定位精度的影响。图 5-35(a) 所

示的孔系加工路线，在加工孔Ⅳ时 X 方向的反向间隙将会影响Ⅲ、Ⅳ两孔的孔距精度；如果改为图 5-35(b) 所示的加工路线，可使各孔的定位方向一致，从而提高了孔距精度。

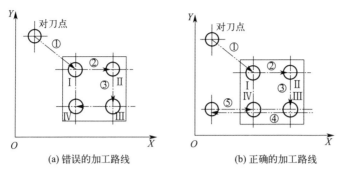

图 5-35　孔的位置精度处理

③ 应使进刀路线最短，减少刀具空行程时间，提高加工效率。如图 5-36(a) 所示，先加工均布于同一圆周上的八个孔，再加工另一圆周上的孔。但是对点位控制的数控机床而言，要求定位精度高，定位过程尽可能快，因此这类机床应按空行程最短来安排进刀路线，如图 5-36(b) 所示，以节省加工时间，提高效率。

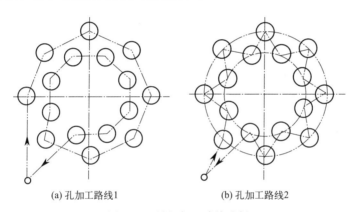

图 5-36　最短加工路线选择

④ 最终轮廓一次走刀完成。为满足工件轮廓表面加工后的粗糙度要求，最终轮廓应安排在最后一次走刀中连续加工出来。图 5-37(a) 为用行切方式加工内腔的走刀路线，这种进刀能切除内腔中的全部余量，不留死角，不伤轮廓。但行切法将在两次进刀的起点和终点间留下残留高度，而达不到要求的表面粗糙度。若采用图 5-37(b) 的进刀路线，先用行切法，最后沿周向环切一刀，光整轮廓表面，能获得较好的效果。图 5-37(c) 也是一种较好的进刀路线方式。

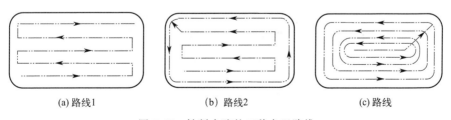

图 5-37　铣削内腔的三种走刀路线

(3) 数控铣床切削用量的选择

① 粗加工时切削用量的选择原则。首先选取尽可能大的背吃刀量；其次要根据机床动力和刚性的限制条件等，选取尽可能大的进给量；最后根据刀具寿命确定最佳的切削速度。

② 精加工时切削用量的选择原则。首先根据粗加工后的余量确定背吃刀量；其次根据已加工表面的粗糙度要求，选取较小的进给量；最后在保证刀具寿命的前提下，尽可能选取较高的切削速度。

5.4.2 数控铣削刀具系统

（1）数控铣刀

数控铣刀种类较多，不同的铣刀适用于不同表面的加工。图 5-38(a) 所示的面铣刀，主要用来铣削较大的平面；图 5-38(b) 所示的立铣刀，主要用于加工平面和沟槽的侧面；图 5-38(c) 所示的球头铣刀，适用于加工空间曲面和平面间的转角圆弧；图 5-38(d) 所示钻头，主要用于孔的加工；图 5-38(e) 所示的镗刀，主要用于扩孔及孔的粗、精加工。

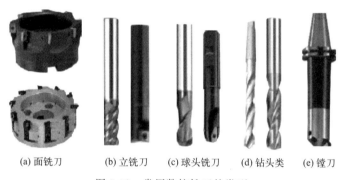

(a) 面铣刀　　(b) 立铣刀　　(c) 球头铣刀　　(d) 钻头类　　(e) 镗刀

图 5-38　常用数控铣刀的类型

（2）数控铣削刀柄系统

数控铣削刀柄系统由三部分组成，即刀柄、拉钉、夹头（或中间模块）。

① 刀柄。切削刀具通过刀柄与数控铣床主轴连接，其强度、刚性、耐磨性、制造精度以及夹紧力等对加工有直接的影响。数控铣床刀柄一般采用 7∶24 锥面与机床主轴锥孔配合定位，数控铣床刀柄已实现标准化，其使用的标准有国际标准（ISO）和中国、美国、德国、日本等国的标准。因此，数控铣床刀柄系统应根据所选用的数控铣床要求进行配备。图 5-39 所示为几种常用的数控铣床刀柄。

图 5-39　几种常用刀柄

② 拉钉。拉钉是用于连接刀柄与主轴的部件，其尺寸也已经标准化。选用时也应根据数控铣床主轴内拉紧机构的要求进行配备，如图 5-40 所示。

图 5-40 拉钉　　　　　　　　　　图 5-41 弹簧夹头

③ 弹簧夹头。弹簧夹头有两种,即 ER 弹簧夹头和强力弹簧夹头,如图 5-41 所示。其中 ER 弹簧夹头的夹紧力较小,适用于切削力较小的场合;强力弹簧夹头的夹紧力较大,适用于强力切削。

5.4.3　数控铣床的编程指令

数控铣床配备的数控系统不同,其编程指令也略有不同,以下是配备华中世纪星 HNC-22M 数控系统的编程指令。

1)准备功能 G 指令

准备功能 G 指令是建立坐标平面、控制刀具与工件相对运动轨迹等多种加工操作方式的指令。范围为 G00～G99。

(1)工件坐标系选择 G54(G55、G56、G57、G58、G59)指令

格式：G54(G55、G56、G57、G58、G59);

说明：G54～G59 可预定 6 个工件坐标系,根据需要选用。这 6 个预定工件坐标系的原点在机床坐标系中的值,预先输入数控系统坐标系功能表中,系统记忆。当程序中执行 G54～G59 中某一个指令时,后续程序段中绝对值编程时的指令值均为相对此工件坐标系原点的值。G54～G59 为模态指令,可相互注销,G54 为缺省值。

(2)编程方式选定 G90(G91)指令

格式：G90(G91);

说明：该组指令用来选择编程方式。其中,G90 为绝对值编程;G91 为相对值编程。G90、G91 为模态指令,可相互注销,G90 为缺省值。

(3)快速定位 G00 指令

格式：G00 X_Y_Z_;

说明：G00 指定刀具以预先设定的快移速度,从当前位置快速移动到程序段指定的定位终点(目标点)。其中,X、Y、Z 分别为快速定位终点坐标。

(4)直线插补 G01 指令

格式：G01 X_Y_Z_F_;

说明：执行 G01 指令,坐标轴按指定进给速度做直线运动。X、Y、Z 表示切削终点坐标,可三轴联动、二轴联动或单轴移动,由 F 值指定切削时的进给速度。

(5)圆弧插补 G02/G03 指令

圆弧方向判别方法是：沿着不在圆弧平面内的坐标轴由正方向向负方向看去,顺时针方

向为 G02，逆时针方向为 G03，如图 5-42 所示。

格式：

$$\begin{Bmatrix} G17 \\ G18 \\ G19 \end{Bmatrix} \begin{Bmatrix} G02 \\ G03 \end{Bmatrix} \begin{Bmatrix} X\_Y\_ \\ X\_Z\_ \\ Y\_X\_ \end{Bmatrix} \begin{Bmatrix} I\_J\_ \\ I\_K\_ \\ J\_K\_ \\ R\_ \end{Bmatrix} \ F\_$$

说明如下。

G17、G18、G19：指定圆弧所在的坐标平面，默认为 G17（即 XOY 水平面）。

X、Y、Z：终点坐标位置。

I、J、K：I、J、K 分别为圆弧圆心相对起点在 X、Y、Z 轴上的坐标增量。加工优弧时，使用该方法给定圆弧半径，如图 5-43 所示的圆弧 b。

R：圆弧半径，以半径值表示。加工劣弧时，使用该方法给定圆弧半径，如图 5-43 所示的圆弧 a。

F：指定切削圆弧时的进给量。

如图 5-43 所示，圆弧 a 的编程方法：

```
G91G02X30Y30R30F100;
G90G02X0Y30R30F100;
```

圆弧 b 的编程方法：

```
G91G02X30Y30I0J30F100;
G90G02X0Y30I0J30F100;
```

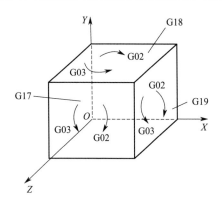

图 5-42 圆弧插补方向

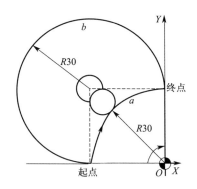

图 5-43 铣削圆弧

2）辅助功能 M 指令

辅助功能 M 指令，由地址字 M 后跟一至两位数字组成，如 M00～M99。主要用来设定数控机床电控装置单纯的开/关动作，以及控制加工程序的执行走向。常用的 M 指令的用法如下。

① 主轴控制指令 M03、M04、M05。M03 控制主轴的顺时针方向转动，M04 控制主轴的逆时针方向转动，M05 控制主轴的停止。M05 在该程序段其他指令执行完毕后才执行停止。

② 程序停止 M30。使用 M30 时，除表示执行 M02 指令的内容外，程序光标还返回到

程序的第一条语句,准备下一个工件的加工。

3)F、S、T 指令

① 进给功能 F。F 指令表示工件被加工时刀具相对于工件的合成进给速度,F 的单位由数控系统的 G 代码指定,G94 指定每分钟进给(mm/min),G95 指定每转进给(mm/r)。系统开机默认为 G94 指定,即每分钟进给,对于每转进给的设定,只有在主轴装有编码器时才能使用。

② 主轴功能 S。主轴功能 S 控制主轴转速,其后的数值表示主轴速度,单位为 r/min。当实习使用 $\phi10$ 平底立铣刀时,推荐粗加工 S 取 500~600r/min,精加工 S 取 800~900r/min。

③ 刀具功能 T。T 是刀具功能字,后跟两位数字用于提示更换刀具的编号,由于数控铣床没有刀库装置,更换刀具时是手动的,因此编程时,是不需要书写刀具编号的。

5.4.4 数控铣床的轨迹编程

如图 5-44 所示的槽型零件,在数控铣削加工时,选择铣刀直径尺寸与槽宽一致。编程时刀具的路径轨迹是槽的中心线,不需要考虑铣刀的直径尺寸。

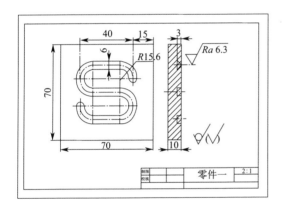

图 5-44 S 槽加工

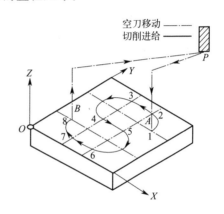

图 5-45 S 槽加工工艺路线

(1)工艺分析

毛坯尺寸为 70mm×70mm×10mm,刀具为 $\phi6$mm 的键槽铣刀,夹具为机用平口钳。

加工工艺路线:P 为起刀点,路线为 1→8。编程原点选择在工件上表面的 O 点位置,如图 5-45 所示。选择进给速度 F 为 70mm/min,主轴转速为 800r/min,切削深度为 3mm。

(2)程序编制

```
%1001;                  程序标识,华中数控系统标识符为%
G54G90G00X50Y100Z100;   定位在 P 点位置
M03S800;
G00X55Y45;              定位至1点上方
Z5;
G01Z-3F70;              下刀至切削深度
G03X45Y55R10;           逆时针圆弧切削1点至2点
G01X25;                 直线插补2点至3点
G03X25Y35R10;           逆时针圆弧切削3点至4点
```

```
G01X45;              直线插补4点至5点
G02X45Y15R10;        顺时针圆弧切削5点至6点
G01X25;              直线插补6点至7点
G02X15Y25R10;        顺时针圆弧切削7点至8点
G01Z5;               抬刀
G00Z100;
M05;
M30;
```

5.4.5 数控铣床的轮廓编程

在数控铣床上进行轮廓的铣削加工时,由于刀具半径的存在,刀具中心轨迹和工件轮廓不重合。如图5-46(a)所示,使用φ10立铣刀铣削φ40圆,结果得到的是φ30圆。当数控系统具备刀具半径补偿功能时,按工件轮廓编程即可。此时,数控系统会使刀具偏离工件轮廓一个半径值R(补偿量,也称偏置量),并自动重新计算刀具中心轨迹,即进行刀具半径补偿,如图5-46(b)所示。

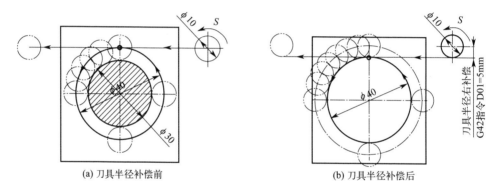

图5-46 刀具半径补偿示意图

① 刀具半径补偿指令。刀具半径补偿分为刀具半径左补偿(用G41定义)和刀具半径右补偿(用G42定义),使用非零的D代码选择正确的刀具半径偏置寄存器号。当刀具中心轨迹沿前进方向位于工件轮廓右边时称为刀具半径右补偿,如图5-46(b)所示;反之称为刀具半径左补偿。当不需要进行刀具半径补偿时则用G40取消刀具半径补偿。

格式:

$$\begin{Bmatrix} G17 \\ G18 \\ G19 \end{Bmatrix} \begin{Bmatrix} G40 \\ G41 \\ G42 \end{Bmatrix} \begin{Bmatrix} G00 \\ G01 \end{Bmatrix} X\_Y\_Z\_D\_$$

说明如下。

G40:表示取消刀具半径补偿。

G41:表示左刀补(在刀具进给前进方向左侧补偿)。

G42:表示右刀补(在刀具进给前进方向右侧补偿)。

G17、G18、G19:选择刀具半径补偿平面。默认G17选择XOY平面(水平面)。

X,Y,Z:G00/G01的参数,即刀补建立或取消的终点(投影到补偿平面上的刀具轨迹受到补偿)。

D：刀补号码（D00～D99），它代表了刀补表中对应的半径补偿值。

图 5-47 中，AB 段为刀具半径补偿的引入段，程序为：

(G17)G42G00X35Y20D01；

CD 段为刀具半径补偿的取消段，程序为：

G40G00X-50Y50；

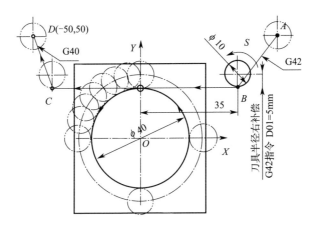

图 5-47 刀具半径补偿的编程

② 实例。试对图 5-48 所示的零件进行数控编程加工。该零件所用的毛坯为 100mm×100mm×40mm 的 PVC 长方体，需要在上部铣出深度为 5mm 的凸台。以工件上表面的对称中心为编程坐标系的原点，使用的刀具为 φ10 平底立铣刀。加工程序如下：

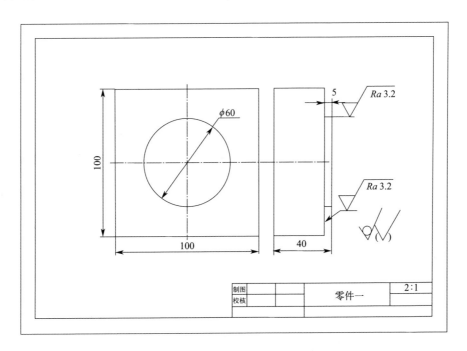

图 5-48 数控铣床编程示例

```
%1600;                      程序名
G90G54G40G49G80G17;         初始化机床状态
M03S600;                    刀具正转,600r/min
G00X0Y0Z50;                 刀具快移至工件正上方验刀
X100Y100;                   刀具快移至左上角起刀点
Z5;                         刀具快速下降接近工件
G42X65Y30D01;               引入刀具半径补偿,D01中存储有半径值5mm参数
G01Z-5F60;                  下刀到背吃刀量深度
X0F100;                     沿切向直线切入
G03J-30;                    加工整圆
G01X-65;                    沿切向切出
G00Z50;                     抬刀
G40X-80Y50;                 取消刀具半径补偿
X100Y100;                   返回起刀点
M05;                        刀具停转
M30;                        程序结束
```

5.4.6 数控铣床的简化编程

（1）子程序功能

为了简化数控程序的编制，当一个工件上有相同的加工内容时，常用调用子程序的方法进行编程。调用子程序的程序叫作主程序。M98用来调用子程序；M99表示子程序结束，执行M99使控制权返回到主程序。子程序的编写规则与一般程序基本相同，只是程序结束字为M99。

① 子程序的格式：

```
%__;
…;
M99;
```

② 调用子程序的格式：

```
M98P__L__;
```

指令说明：M98为调用子程序指令字，地址字P后为子程序号，L后为重复调用数，省略时为调用1次。为了进一步简化程序，子程序还可调用另一个子程序，即子程序的嵌套。

（2）镜像加工功能

指令格式：

```
G24X__Y__Z__;
M98P__;
G25X__Y__Z__;
```

指令说明：G24表示建立镜像；G25表示取消镜像；X、Y、Z表示镜像轴位置。当工件相对于某一轴具有对称形状时，可以利用镜像功能和子程序，只对工件的一部分进行编程，而能加工出工件的对称部分，这就是镜像功能。当某一轴的镜像有效时，该轴执行与编

程方向相反的运动。G24、G25 为模态指令，可相互注销，G25 为缺省值。

（3）比例缩放功能

指令格式：

G51X_Y_Z_P_；
M98P_；
G50；

指令说明：G51 表示建立比例缩放；G50 表示取消比例缩放；X、Y、Z 为缩放中心坐标值；P 为缩放比例。在有刀具半径补偿的情况下，先进行缩放，然后才进行刀具半径补偿。

（4）坐标系旋转功能

指令格式：

G17G68 X_Y_P_；
G18G68 X_Z_P_；
G19G68 Y_Z_P_；
M98P_；
G69；

指令说明：G68 为坐标系旋转功能指令；G69 为取消坐标系旋转功能指令；X、Y、Z 为旋转中心的坐标值；P 为旋转角度，单位为（°），且 0°≤P≤360°。

（5）数控铣床简化编程示例

例 1 图 5-49 所示为对称凸台工件。试按照图纸要求，分析加工工艺，选择合适的刀具并编制数控加工程序。

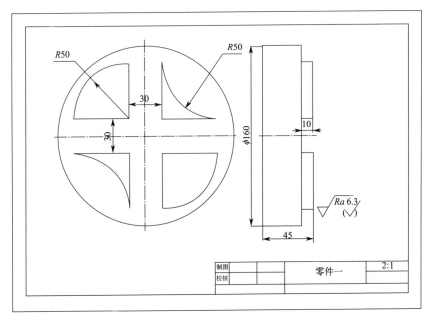

图 5-49 对称凸台工件

① 工艺分析：该工件结构简单，尺寸精度和表面粗糙度要求不高，使用一般的数控铣床即可达到加工精度要求。采用三爪夹盘装夹。加工内容为：首先，沿圆柱体边缘铣削一

周，去除边缘多余的金属；然后，铣削右侧两个半径一致、但凹凸不同的凸台；最后，使用镜像功能指令，加工左侧的两个凸台。

毛坯尺寸为 $\phi 160mm \times 45mm$ 的圆柱体，选用 $\phi 20mm$ 平底立铣刀加工。

编程坐标系原点选在毛坯对称中心的上表面。

② 加工程序：

```
%1;                         程序名
G54G90G40G49G80;            设置数控铣床初始状态,G54 设定工件坐标系
M03S600;                    主轴正转,600r/min
G00Z100;                    Z 方向快速定位
X0Y180;                     X、Y 向快速定位
Z-10;                       Z 方向下刀,深度 10mm
G42G01Y71.5D01F150;         建立刀具半径补偿
G03I0J-71.5;                整圆铣削,去除外围多余金属
G40G00Y150;                 取消刀具半径补偿
G00Z100;                    退刀
M98P1003;                   调用子程序 1003
G24X0Y0;                    建立关于原点的镜像加工
M98P1003;                   调用子程序 1003
G25X0Y0;                    取消关于原点的镜像加工
M05;                        主轴停转
M30;                        程序结束

%1003;                      子程序名 1003
G00X0Y150Z30;               X、Y 方向快速定位
G42G00X15Y100D01;           建立刀具半径补偿
G01Z-10F100;                Z 方向下刀至深度 10mm
Y15;                        ┐
X65;                         │
G02X15Y65R50;                ├ 加工凹圆弧凸台
G01Y100;                     ┘
Z30;                        抬刀至工件上表面 30mm 处
G40G00X0Y150;               取消刀具半径补偿
G00X0Y-150;
G41G00X15Y-100D01;          建立刀具半径补偿
G01Z-10F100;                Z 方向下刀至深度 10mm
Y-15;                       ┐
X65;                         │
G02X15Y-65R50;               ├ 加工凸圆弧凸台
G01Y-100;                    ┘
Z30;                        抬刀至工件上表面 30mm 处
G40G00X0Y-150;              取消刀具半径补偿
M99;                        子程序结束,返回主程序
```

例2 如图 5-50 所示零件，毛坯材料为 45 钢，外形尺寸为 $\phi 70mm \times 25mm$ 的圆柱体。现要加工正五边形凸台，凸台高度 4mm。试分析加工工艺、选择合适的刀具并编写数控加工程序。

① 工艺分析：该零件外形规则，有一定的规律性，可以考虑使用旋转命令，分别加工 5

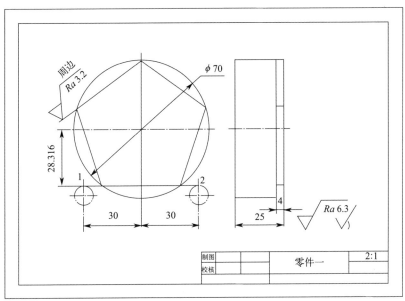

图 5-50 正五边形凸台零件图

条直线轨迹,形成正五边形。使用三爪夹盘夹持工件外圆柱面,并预留足够的加工高度。使用 ϕ10mm 平底立铣刀加工。

② 加工程序:

%30;	主程序名
G54G17G90G40G49G80;	机床初始化,G54 指定工件坐标系,绝对方式编程
M03S800;	主轴转速
G00X0Y0;	X、Y 向快速定位到工件坐标系原点
Z10;	Z 方向快速定位到安全高度
M98P1122;	调用子程序 1122
G68X0Y0P72;	旋转变换,角度 72°
M98P1122;	调用子程序 1122
G68X0Y0P144;	旋转变换,角度 144°
M98P1122;	调用子程序 1122
G68X0Y0P216;	旋转变换,角度 216°
M98P1122;	调用子程序 1122
G68X0Y0P288;	旋转变换,角度 288°
M98P1122;	调用子程序 1122
G69;	取消旋转变换
G00Z100;	Z 方向快速移动到退刀点
X100Y100;	X、Y 方向快速移动到退刀点
M05;	主轴停转
M30;	程序结束
%1122;	子程序
G00X-50Y-30;	快移到左下角
G42X-30Y-28.316D01;	刀具半径右补偿 D01
G01Z-4F100;	Z 方向直线切入,深度 4mm

X30;	切削底部直线
G00Z10;	抬刀
G40X0Y0;	快移刀具到起始位置
G69;	取消旋转变换
M99;	子程序结束,返回主程序

例3 加工图5-51所示的矩形阵列孔系。试按照图纸要求,分析加工工艺、选择合适的刀具并编制数控加工程序。

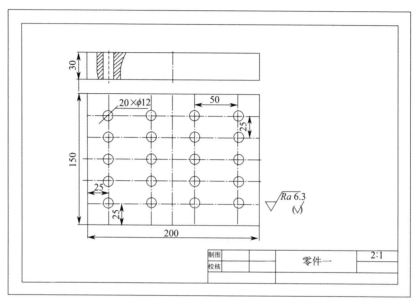

图5-51 矩形阵列孔系工件

① 工艺分析：采用机用台钳装夹。加工内容为使用 ϕ12mm 直柄麻花钻，通过子程序嵌套编程，直接钻削出规则排列的 20 个 ϕ12mm 通孔。工件坐标系原点设在工件上表面的左下角点。

② 加工程序：

%2;	程序名
G54G90G40G49G80;	设置数控铣床初始状态,G54 设定工件坐标系
M03S800;	主轴正转,800r/min
G00X25Y25;	X、Y轴快速定位
Z5;	Z轴快速定位
M98P1001L5;	调用子程序1001共5次,完成5行孔的加工
G00Z100;	退刀
X100Y100;	返回起刀点
M05;	主轴停转
M30;	程序结束
%1001;	子程序1001
M98P1002L4;	调用子程序1002共4次,完成4列孔的加工
G91G00X-200Y25;	每行加工完时的回行动作,加入行距

M99;	子程序结束,返回主程序
%1002;	子程序1002
G90G01Z-35F60;	在当前位置钻削一个孔
G91G01X50;	相对移动到下一个孔的位置,加入列距
M99;	子程序结束,返回主程序

5.5 数控铣床实训

5.5.1 实训目标

① 实训目标：通过实训，学生应了解数控铣床的一般结构和基本工作原理；掌握中等复杂程度数控铣床加工类零件的手动编程方法和加工过程。

② 能力目标：通过实训，着重培养学生发现问题、思考问题、分析问题、解决问题的能力；让学生接受相关生产劳动纪律及安全生产教育，培养良好的职业素养。

5.5.2 HNC-21M 数控铣床系统的 MDI 面板

① HNC-21M 数控铣床系统的标准面板，如图 5-52 所示。其中右上部分为 MDI 键盘，左上部分为 CRT 界面、坐标位置和各个菜单，下半部分是机床操作面板。MDI 键盘用于程序编辑、参数输入等。MDI 键盘上各个键的功能见表 5-9。

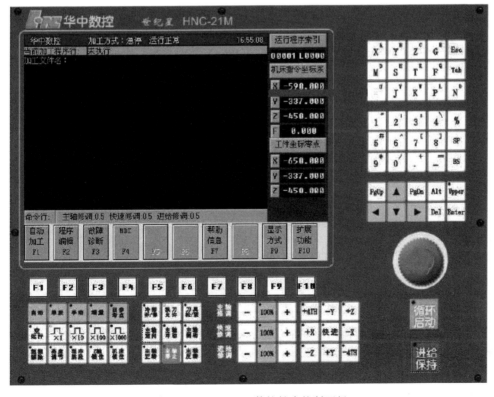

图 5-52　HNC-21M 数控铣床控制面板

表 5-9 MDI 键盘上各个键的功能

键的外形标志	键的名称	功能
PgUp PgDn	页面变换键	软键 PgUp 实现左侧 CRT 中显示内容的向上翻页；软键 PgDn 实现左侧 CRT 显示内容的向下翻页
▲ ◀ ▼ ▶	光标移动键	移动 CRT 中的光标位置。软键 ▲ 实现光标的向上移动；软键 ▼ 实现光标的向下移动；软键 ◀ 实现光标的向左移动；软键 ▶ 实现光标的向右移动
X^A Y^B Z^C G^E M^D S^H T^R F^Q I^U J^V K^W P^L	字母键	实现字符的输入，点击 Upper 后再点击字符键，将输入右上角的字符
Esc	取消键	取消当前操作
Tab	跳挡键	按一下此键，光标向前跳到当前行首
1 2 3 4 5 6 7 8 9 0 . -	数字键	实现字符的输入
BS	退格键	删除光标前的一个字符，光标向前移动一个字符位置，余下字符左移一个字符位置
SP	空格键	按下此键，光标向右空移出一格
Upper	上挡键	按下此键后，再按数字、字母键，则输入键右上方的数字或字母
Alt	替换键	字符替换
Del	删除键	删除光标所在位置的数据；或者删除一个数控程序；或者删除全部数控程序
Enter	输入键	输入信息确认键

② 菜单命令条说明。数控系统屏幕的下方就是菜单命令条，如图 5-53 所示。

由于每个功能包括不同的操作，在主菜单条上选择一个功能项后，菜单条会显示该功能下的子菜单。例如，按下主菜单条中的"自动加工"后，就进入自动加工的子菜单条，如图 5-54 所示。

图 5-53 菜单命令条

图 5-54 "自动加工"子菜单条

每个子菜单条的最后一项都是"返回"项,按该键就能返回上一级菜单。

③ 快捷键说明。如图 5-55 所示,这些是快捷键,它们的作用和菜单命令条是一样的。

图 5-55 快捷键

在菜单命令条及弹出菜单中,每一个功能项的按键上都标注了 F1,F2 等字样,表明要执行该项操作也可以通过按下相应的快捷键来执行。

④ 机床操作面板说明。图 5-52 所示 HNC-21M 数控铣床系统的标准面板中的下半部分为数控铣床的操作面板。操作面板上各个键的功能见表 5-10。

表 5-10 操作面板按钮说明

按钮	名称	功能说明
自动	自动运行	此按钮被按下后,系统进入自动加工模式
单段	程序单段执行	此按钮被按下后,运行程序时每次执行一条数控指令
机床锁住	机床锁住	用来禁止机床坐标轴移动。显示屏上的坐标轴仍会发生变化,但机床停止不动
空运行	空运行	在自动方式下,按下该键(指示灯亮),程序中编制的进给速率被忽略,坐标轴以最大快移速度移动
进给保持	进给保持	程序运行暂停,在程序运行过程中,按下此按钮运行暂停。按"循环启动"恢复运行
循环启动	循环启动	程序运行开始;系统处于自动运行或 MDI 位置时按下有效,其余模式下使用无效
回参考点	回参考点	机床处于回零模式;机床必须首先执行回零操作,然后才可以运行
手动	手动	机床处于手动模式,可以手动连续移动
换刀允许	换刀允许	在手动方式下,通过按此键,使得允许刀具松/紧操作有效
刀具松/紧	刀具松开或夹紧	按一下此键,松开刀具(默认为夹紧);再按一下又为夹紧刀具

续表

按钮	名称	功能说明
+4TH -Y +Z / +X 快进 -X / -Z +Y -4TH	进给轴和方向选择开关	在手动连续进给、增量进给和返回机床参考点运行方式下,用来选择机床欲移动的轴和方向。其中 快进 为快进开关。当按下该键后,该键左上方的指示灯亮,表明快进功能开启;再按一下该键,指示灯灭,表明快进功能关闭
− 100% +	快速修调	自动或 MDI 方式下,可用快速修调右侧的 100%、+、−,修调 G00 快速移动时系统参数"最大快移速度"设置的速度。按 100% 指示灯亮,快速修调倍率被置为 100%;按一下 +,快速修调倍率递增 10%;按一下 −,快速修调倍率递减 10%
− 100% +	主轴修调	自动或 MDI 方式下,当 S 代码的主轴速度偏高或偏低时,可用主轴修调右侧的 100%、+、−,修调程序中编制的主轴速度。按 100% 指示灯亮,主轴修调倍率被置为 100%;按一下 +,主轴修调倍率递增 5%;按一下 −,主轴修调倍率递减 5%
− 100% +	进给修调	自动或 MDI 方式下,当 F 代码的进给速度偏高或偏低时,可用进给修调右侧的 100%、+、−,修调程序中编制的进给速度。按 100% 指示灯亮,进给修调倍率被置为 100%;按一下 +,主轴修调倍率递增 10%;按一下 −,主轴修调倍率递减 10%
(急停按钮图)	急停按钮	按下急停按钮,机床移动立即停止,并且所有的输出,如主轴的转动等,都会关闭
机床锁住	超程解除	当机床运动到达行程极限时,会出现超程,系统会发出警告音,同时紧急停止。要退出超程状态,可按下该键(指示灯亮),再按与刚才相反方向的坐标轴键
主轴正转 主轴停止 主轴反转	主轴控制按钮	从左至右分别为:正转、停止、反转
机床锁住	机床锁住	禁止机床所有运动。在自动运行开始前,按一下此键,再按 循环启动,系统执行程序,显示屏上的坐标位置信息变化,但不输出伺服轴的移动指令,机床停止不动。这个功能用于校验程序
X1 X10 X100 X1000	增量值选择键	在增量运行方式下,用来选择增量进给的增量值。X1 为 0.001mm,X10 为 0.01mm,X100 为 0.1mm,X1000 为 1mm。增量值选择键的各键互锁,当按下其中一个时(该键左上方的指示灯亮),其余各键失效(指示灯灭)
增量	增量键	进入增量运行方式

5.5.3 HNC-21M 数控铣床系统的基本操作

1）手动返回参考点操作

手动返回参考点操作又称为回零操作，操作方法是：按下"回参考点"键（指示灯亮），系统处于手动回参考点方式；首先按一下方向键"+Z"，待 Z 轴按系统速度回零完成后（指示灯亮），然后再分别按一下方向键"+X"和"+Y"，使 X 轴和 Y 轴回零。

2）手动操作

① 手动进给操作。按一下"手动"按键（指示灯亮），系统处于手动方式，可手动移动机床坐标轴，按压"+X"或"-X"按键（指示灯亮），X 轴将产生正向或负向连续移动；松开按键（指示灯灭），X 轴即减速停止。用相同方法可使 Y 轴正、负向和 Z 轴正、负向产生移动。若同时按压"快进"按键，则产生相应轴的正向或负向快速移动。

② 增量进给操作。当手持单元的坐标轴选择波段开关置于"OFF"挡时，按一下"增量"按键（指示灯亮），系统处于增量进给方式，可移动机床坐标轴，每按一下"+X"或"-X"按键（指示灯亮），X 轴将向正向或负向移动一个增量值，增量进给的增量值由增量倍率按键控制（参看表 5-10）。用相同方法可使 Y 轴正、负向和 Z 轴正、负向产生一个增量的移动。

③ 手轮进给操作。当手持单元的坐标轴选择波段开关置于"X""Y""Z"位置时，按一下"增量"按键（指示灯亮），系统处于手轮进给方式，可手轮进给机床坐标轴，顺时针或逆时针旋转手轮脉冲发生器一格，X 轴、Y 轴、Z 轴将向正向或负向移动一个增量值，手轮进给的增量值由增量倍率按键控制（参看表 5-10）。

④ 主轴控制操作。在手动方式下，当"主轴制动"无效时（指示灯灭），按一下"主轴正转"按键（指示灯亮），主电机以机床参数设定的转速正转，转动的速度可由"主轴修调"按钮调节；再按一下"主轴停止"按键（指示灯亮），主电机停止转动。

3）换刀操作

（1）装刀操作

当机床主轴没有刀具时，需要在机床主轴安装一把刀具，操作方法如下。

① 机床主轴处于停止状态，按一下"换刀允许"按键（指示灯亮），允许刀具松/紧操作，再按一下"刀具松/紧"按键（指示灯亮），机床主轴内的拉刀机构松开。

② 手握刀柄送入机床主轴锥孔（注意刀柄键槽与机床主轴定位键的方向，JT 类型刀柄两侧键槽深浅不一致），然后，按一下"刀具松/紧"按键（指示灯灭），刀具处于夹紧状态。

③ 按一下"换刀允许"按键（指示灯灭），刀具松/紧操作失效，装刀完成。

（2）卸刀操作

当机床主轴上装有刀具，需要将刀具卸下来时，操作方法如下。

① 机床主轴处于停止状态，用手握住机床主轴上的刀柄，按一下"换刀允许"按键（指示灯亮），再按一下"刀具松/紧"按键（指示灯亮），机床主轴内的拉刀机构松开，刀具脱离机床主轴位置。

② 按一下"刀具松/紧"按键（指示灯灭），机床主轴内的拉刀机构夹紧，再按一下"换刀允许"按键（指示灯灭），卸刀工作完成。

4）程序管理

在系统主操作界面下，按 F1 键进入程序功能子菜单，在程序功能子菜单下，可以建立、编辑、存储、校验加工程序等操作。

① 新建程序。在指定磁盘或目录下建立一个新文件（若不指定存储位置，则为默认目录），新文件名不能与已存储的文件名重复。新建程序文件名一般是由开头字母"O"及其后跟的四个数字组成，例如，O1234 等。操作方法如下。

在程序功能子菜单下按"F3"键，进入"新建程序"菜单，系统提示"新建文件名"，光标在"输入新建文件名"栏闪烁，输入文件名后，按"Enter"键确认后，就可以在程序缓冲区编辑新建程序文件了。

在程序缓冲区输入程序时，首行必须输入程序标识符，华中数控系统程序标识符由"％"及其后面的一位至四位的数字组成，如果是一位数字时，不能是数字"0"，否则会出错，例如％0。

② 保存文件。在编辑状态下或在程序功能子菜单下按"F4"键，系统给出提示保存的文件名。按"Enter"键，将以提示的文件名保存当前程序文件。

③ 选择程序。在程序子菜单下按"F1"键，将弹出"选择程序"菜单。在"选择程序"菜单里左右移动光标选择存储器后按"Enter"键，进入程序文件列表，然后，再用上下光标选择需要的程序文件后按"Enter"键，需要的程序文件就出现在加工缓冲区了。

5）程序运行

（1）程序校验

程序校验用于对调入加工缓冲区的程序文件进行校验，并提示可能的错误。程序校验运行的步骤如下：

① 调入要校验的加工程序；
② 按"自动"或"单段"按键进入程序运行方式；
③ 在程序菜单下，按"F5"键，此时软件操作界面的工作方式显示为"自动校验"；
④ 按"循环启动"按键，程序开始校验，若程序正确，校验完成后，光标返回程序头，且软件操作界面的工作方式显示为"自动"或"单段"；若有错误，编辑修改后重新校验，直至程序正确为止。

（2）程序停止运行

在程序运行过程中，需要暂停运行，可按下述方法操作。

在程序子菜单下，按"F6"键，在提示行出现提示信息，按"N"键则暂停程序运行，并保留当前运行程序的模态信息（暂停运行后，可按"循环启动"键从暂停处重新启动运行）；按"Y"键则停止程序运行，并卸载当前运行程序的模态信息（停止运行后，只能重新运行）。

（3）程序重新运行

在当前加工程序停止运行后，希望从程序头重新开始运行时，可按下述方法操作：

① 在程序菜单下，按"F7"键，系统给出提示信息；
② 按"N"键则取消重新运行；
③ 按"Y"键则光标返回程序头，再按"循环启动"键，从程序首行重新运行当前加工程序。

5.5.4 HNC-21M 数控铣床系统的对刀方法

对刀是数控机床加工中极其重要的步骤，是数控加工重要的操作内容，其准确性将直接影响零件的加工精度，对刀方法一定要同零件加工精度要求相适应。对刀的作用就是建立工件坐标系或编程坐标系。

1）数控铣床对刀方法的分类

① 试切法对刀法；

② 塞尺、标准心棒和块规对刀法；

③ 寻边器、偏心棒和 Z 轴定位器对刀法。

2）试切对刀法

这种对刀法简单方便，但会在工件表面留有切削痕迹，且对刀精度较低，适用于精度要求不高的零件。

如图 5-56 所示，以工件坐标系原点在工件上表面中心位置为例介绍试切法对刀。

（1）X、Y 轴对刀操作方法

① 将工件通过夹具装在工作台上，装夹时，工件的四个侧面应留出对刀的位置。

② 使机床主轴中速旋转，快速移动工作台和主轴，让刀具移动到靠近工件左侧有一定安全距离的位置，然后降低速度移动至接近工件左侧，如图 5-57 所示。

③ 靠近工件左侧时改用微调操作（一般用 0.01mm 来靠近），让刀具慢慢接近工件左侧，使刀具恰好接触到工件左侧表面（听切削声音，看切痕，看切屑，只要出现其中一种情况即表示刀具接触到工件），记下此时机床坐标系中显示的 X 坐标值，记作 X1 值，如图 5-58 所示。

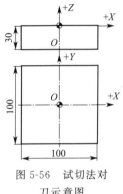

图 5-56 试切法对刀示意图

④ 刀具沿 X 轴方向离开工件，沿 Z 轴正方向退刀，至工件表面以上，用同样方法接近工件右侧，记下此时机床坐标系中显示的 X 坐标值，记作 X2 值。

⑤ 据此可得工件坐标系原点在机床坐标系中 X 坐标值为 $X' = (X1 + X2)/2$。

⑥ 同理可测得 Y 坐标值为 Y'。

（2）Z 轴对刀操作方法

① 将刀具快速移至工件上方。

② 使主轴中速旋转，快速移动工作台和主轴，让刀具移动到工件上表面有一定安全距离的位置，然后降低速度使刀具端面接近工件上表面。

③ 靠近工件时改用微调操作（一般用 0.01mm 来靠近），让刀具端面慢慢接近工件表面，使刀具端面刚刚接触到工件上表面，记下此时机床坐标系中的 Z 坐标值，记作 Z'，如图 5-59 所示。

将测得的数据 X'、Y'、Z' 输入机床工件坐标系存储地址 G5*中（一般使用 G54～G59 代码存储对刀参数）。

其他对刀方法，由于篇幅限制，这里就不介绍了。

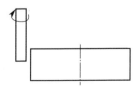

图 5-57 X 轴试切前状态

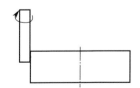

图 5-58 X 轴试切后状态

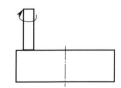

图 5-59 Z 轴试切后状态

5.5.5 实训操作训练

完成图 5-60 所示两个零件的数控铣床程序编制与加工。

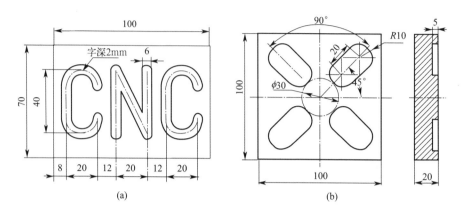

图 5-60 数控铣床零件编程加工训练

 数控机床实训视频

 大国工匠马小光——中国兵器工业集团首席技师

第6章

激光加工实训

6.1 激光加工概述

6.1.1 激光简介

(1) 激光概述

激光是 20 世纪伟大的科学发明之一,它一经出现就深刻地改变了人们对世界的认识,引领着人们利用激光创造了一个又一个的奇迹,经过多年的发展已被人们广泛地研究和认识,并对现代科学技术的进步起着巨大的推动作用。激光被喻为"最快的刀""最准的尺""最亮的光"。时至今日,激光应用技术已成为众多领域中不可替代的关键技术,其中激光加工技术是最具代表性、用途最广的激光应用技术,激光加工设备也被誉为材料加工领域的万能工具。尤其近二十年来,随着激光器件和激光加工工艺的不断创新与优化,激光加工技术已愈来愈多地渗入诸多高新技术领域和产业,并开始逐步取代或改造某些传统加工行业。而作为现代科学技术发展的重要标志和现代信息社会光电子技术的支柱之一,激光与激光加工技术的发展受到世界各国家的高度重视,成为各国的中长期发展计划和重大科技规划中的重要内容。

从激光制导弹、炸弹到激光核聚变,从激光切割、激光焊接、激光打孔、激光打标、激光清洗、激光表面改性到激光增材制造再到激光 3D 打印,从激光测量到激光美容,从激光催陈到激光育种等,激光技术已经逐步渗透到军事、工业、农业、医疗、食品安全以及我们生活的方方面面,可以预料,激光将在 21 世纪助推我国从世界"制造大国"向世界"智造强国"迈进。

(2) 激光的发展历史

1960 年,世界上第一台激光器是由美国科学家梅曼(T. H. Maiman)研究成功的。1960 年 7 月 7 日,*New York Times* 发表了梅曼研制成功第一台激光器的消息,随后又在英国 *Nature* 和 *British Commum* 发表,第二年其详细论文在 *Physical Review* 上刊出。其实,爱因斯坦在 1917 年便提出了一种现在被称为光学感应吸收和光学感应发射的观点(又叫受激吸收和发射),这一观点后来成为激光器的主要物理基础。1952 年,马里兰大学的韦伯(Weiber)开始运用上述概念去放大电磁波,但其工作没有进展,也没有引起广泛的注意,后来激光的发明人汤斯(C. H. Townes)向韦伯要了论文,继续这一工作,才打开了一个新的领域。汤斯的设想是:由四个反射镜围成一只玻璃盒,盒内充以铊,盒外放一盏铊灯,使用这一装置便可以产生激光。汤斯的合作者肖洛(A. L. Schawlow)擅长于光谱学,对于原子光谱及两平行反射镜的光学特性十分熟悉,便对汤斯的设想提出两条修改意见:

① 铊原子不可能使光放大,建议改用钾(其实钾也不易产生激光)。

② 用两面反射镜便可以形成光的谐振器,不必沿用微波放大器的封闭盒子作为谐振器。

直到现在，尽管激光器种类很多，但汤斯和肖洛的这一设想仍为各类激光器的基本结构。

1958 年 12 月，*Physical Review* 发表了汤斯和肖洛的文章后，引起了物理界的关注，许多学者参加了这一理论和实验研究，都力争自己能造出第一台激光器。汤斯和肖洛都没有取得成功，原因是汤斯遇到了无法解决的铯和钾蒸气对反射镜的污染问题，而肖洛在实验研究后却误认为红宝石不能产生激光。可是，在一年多后，世界上出现的第一台激光器正是梅曼用红宝石研制的，如图 6-1 所示。尽管世界上第一台红宝石激光器不是由汤斯和肖洛研制出来的，但是他们提出的基本概念和构想却被公认是对激光领域划时代的贡献。

图 6-1　世界上第一台激光器

1962 年，出现了半导体激光器。

1964 年，帕特尔（C. Patel）发明了第一台 CO_2 激光器。

1965 年，出现了第一台 YAG 激光器。

1968 年，发展高功率 CO_2 激光器。

1971 年，出现了第一台商用 1kW CO_2 激光器。

上述一切，特别是高功率激光器的研制成功，为激光加工技术应用的兴起和迅速发展创造了必不可少的前提条件。

我国对激光器的研究和开发几乎是与世界同步的，我国激光研究的起步之快、发展之迅速令我们骄傲和自豪。我国第一台激光器是 1961 年由中国科学院长春光学精密机械研究所（简称长春光机所）的王之江等人创制的红宝石激光器，如图 6-2 所示，它仅仅比梅曼发明的红宝石激光器晚了约一年的时间。之所以称为创制，是因为除了基本原理外，在结构上完全出于自己的创造，与梅曼的激光器迥然不同。

起初，科学家给这种装置起了个类似于微波激射放大器的名字，后把微波改为光波，称为光波激射放大器，英文简称 LASER（来自英语 light amplification by stimultated emission of radiation）。我国开始时把它称为光受激发射，后来由钱学森建议改称为"激光"，这是激光名词的由来。在我国台湾方面则按 LASER 的外文发音称为"雷射"。

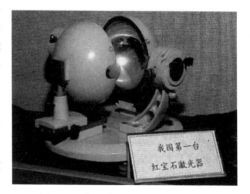

图 6-2　我国第一台红宝石激光器

接着长春光机所又相继研制出了多种固体激光器：1962 年，干福熹等人发明了钕玻璃激光器，1962 年，刘颂豪等人发明了掺铀氟化钙激光器，1963 年，刘顺福等人发明了含钕钨酸钙激光器。

1963 年 7 月邓锡铭等人成功完成了 He-Ne 激光器的运转，1964 年，王乃弘等人研制成功砷化镓半导体激光器和吕大元等人研制成功转镜开关短脉冲激光器。在之后的几十年发展过程中,长春光机所还相继研制出 CO_2 激光器、环形染料激光器、氩离子激光器、Nd:YAG(简称 YAG)激光器、准分子激光器、铜蒸气激光器以及全固态半导体激光器等一大批具有代表性和实际应用价值的激光光源。其中 CO_2 激光器(包括封离式、快轴流式)已在激光加工技术领域得到了广泛的应用,我国第一台数控激光金属板材切割机采用的就是长春光机所研制的封离式 CO_2 激光器,该机于 20 世纪 70 年代末即开始在长春第一汽车制造厂用于轿车车身钢板的切割。

随着激光技术的不断发展,如今已有几十种激光器在工业加工、科学研究、军事、医疗、通信、环境探测及航空航天等领域得到应用,激光也成为应用广泛的现代高新技术之一。

6.1.2 激光产生的原理

产生激光的装置称作激光器。各种不同激光器的具体原理和结构各不相同,但所有激光器的基本原理都是通过受激辐射实现的光放大。

我们可以用原子的两个能级系统做一个简单的说明。

原子的两个能级好比两个台阶。处在高台阶上的电子不难自动地跳到低台阶,这时伴随的辐射就叫自发辐射,如图 6-3 所示。如果在外来光子作用的促进下,使高台阶上的电子跳下来,伴随产生的辐射就叫受激辐射,如图 6-4 所示。这种辐射的光子跟外来光子向一个方向跑,并具有同样的频率、相位等。所以,如果高台阶上有许多光子在同样的外来光子促进下一起跳下来,就会使这种光得到加强,也就是光的放大。

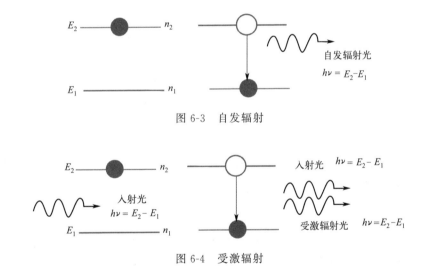

图 6-3 自发辐射

图 6-4 受激辐射

受激辐射光有三个特征:
① 受激辐射光与入射光频率相同,即光子能量相同;
② 受激辐射光与入射光相位、偏振和传播方向相同,所以两者是完全相干的;
③ 受激辐射光获得了增强。

在通常条件下,高台阶上的电子少,下面低台阶上的电子多,需要通过各种激励的手段,把底下的电子抬到上面去,使高台阶上的电子比低台阶上的电子多,这种状态的专业术语叫粒子数反转。有了这样的状态,在外来光子的作用下,就能造成光的放大(增益),从而获得激光。

6.1.3 激光器的组成

产生激光的装置叫激光器。一台激光器由 3 个基本部分构成,如图 6-5 所示。

(1)工作介质

工作介质是激光器的核心。它可以是固体、气体、液体或其他。选择不同的工作介质,可构成不同类型的激光器。选择不同的跃迁能级,可获得不同的激光波长。

对工作介质的要求是,它有一对有利于产生激光的能级,即粒子被激发到上能级后,能在其上滞留较长的时间,以利于形成与下能级间的粒子数反转。还要求这一对能级间的跃迁有相当的强度,以产生激光。

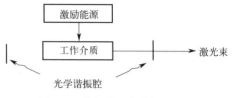

图 6-5 激光器基本结构示意图

(2)激励能源(也叫作泵浦源)

激励能源的作用是用一定的方法去激励原子体系,工作物质中处于基态的粒子激发到上能级,使处于上能级的粒子数增加,以获得工作介质粒子数反转。用气体放电的办法让具有动能的电子去激发介质,称为电激励;用脉冲光源来照射工作介质,称为光激励;还有热激励、化学激励、核能激励等。各种激励方式被形象化地称为泵浦或抽运。为了不断得到激光输出,必须不断地泵浦以维持处于上能级的粒子数比下能级的多。

(3)光学谐振腔

光学谐振腔一般由两个相对的光学反射镜组成。一块为全反射镜,另一块是部分反射、部分透射镜,激光从这一端输出。工作介质就放置在腔中,被反射回工作介质的光,继续诱发新的受激辐射,光在谐振腔中来回振荡,造成连锁反应,雪崩似的获得放大,产生强烈的激光,从部分反射镜子一端输出。从部分反射镜子一端输出的光对于一定长度的谐振腔来说,只有某些特定频率的光波满足谐振条件,因而,谐振腔起到一种选频作用,使激光具有单色性。

理解了激光器的基本原理和结构,我们就能更好地明白前面讲过的激光的特性。例如,激光的单色性来自激光谐振腔的选择频率的作用。激光的方向性也是由激光器的原理和结构决定的。由于工作介质只向特定模式提供能量,受激辐射提供的光子应与入射光的一样(包括频率、偏振、相位及传播方向),所以激光的发散角可以接近衍射极限。激光的发散角小,即它能聚焦成一个小斑点,而获得高能量密度。

激光是相干光束这一特点,也是由激光器的原理和结构决定的。在激光器中有一个统一的光信号在工作介质中一边传播一边放大,又经两个端面反射镜形成稳定的光振荡。因此,激光器内部各发光点的自发性和独立性被大大抑制,而相互激励与强化成为主导。这样,输出的是一束步调一致的光束,在其波场空间中每一点有确定的传播方向,在其波前上各点之间有固定的相位关系,因此,激光束截面上各部分作为光波源是符合相干条件的。

6.1.4 激光的特点

① 单色性,如图 6-6 所示。一般激光是由工作介质特定能级间的受激辐射产生的,而且在能级线宽的范围内,也只有满足光腔谐振条件的光才能振荡放大,因而激光的频谱分布范围很窄,即线宽很窄。在激光器输出的激光束中,若只有一个振荡频率,就叫作一个纵向模式。显然,单纵模的激光单色性最好。

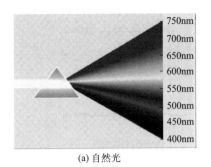 

(a) 自然光　　　　　　　　　　(b) 激光

图 6-6　自然光和激光单色性的对比

激光单色性的好坏可用线宽与波长的比值 $\Delta\lambda/\lambda$ 来表示。激光的单色性比激光出现之前最好的"单色光源"的有极大提高。如氪-86 放电灯在 b 低温下发出 6057Å❶的谱线，曾被选为长度基准，其 $\Delta\lambda/\lambda\approx 8\times 10^{-6}$。而一般的稳频氦-氖激光，其线宽与波长（$6328\text{Å}$）的比值可达 $\Delta\lambda/\lambda\approx 10^{-11}$，高出近 5 个数量级。

激光之所以有好的单色性，是由激光器的结构和它的工作原理决定的。实际上，绝对的单模是困难的，要使激光器的单色性好，技术上需解决两个问题：一是从多模中提取单模，二是稳定住单模的频率，这就是所谓单模稳频技术。

② 方向性，如图 6-7 所示。光源发出的光束的方向性可用其发散角 2θ 描述，也可用光束所占的空间立体角 $\Delta\Omega=(2\theta)^2$ 来描述。普通光源发射的光束是自发发射，是向 4π 立体角发射的，方向性极差。激光的方向性强，即发散角小。一般激光器的发散角的最小极限是激光器出射孔径所决定的衍射极限：

$$2\theta=\frac{\lambda}{d} \tag{6-1}$$

式中，λ 是激光发射波长；d 是出射孔径。

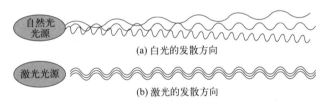

图 6-7　自然光和激光方向性的对比

③ 相干性。所谓相干性，可理解为来自不同时刻或不同空间位置的光场之间的相关性，如图 6-8 所示。具体说，把同一光源发出的光分成两束，然后在空间某一点叠加，如果能形成干涉条纹，我们就说这两束光是相干的，反之是非相干的。

空间相干性则取决于光源的方向性，激光由于方向性好，所以有极好的空间相干性，即波前上的各点是相干的。

④ 高亮度。激光由于发散角小，单色性好，所以光源亮度和光谱亮度都很高，而且被照射的地方光的照度很大。如一个 10mW 功率的 He-Ne 激光器，竟能产生比太阳大几万倍的亮度。

激光的上述特性归结为一点，即激光光束的能量在空间高度集中，它是一种近单色的、

---

❶　$1\text{Å}=10^{-10}\text{m}$。

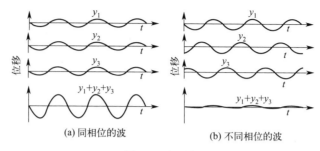

图 6-8　相干性

定向的强光光束,这正是它的诱人之处,是普通光源望尘莫及的。

6.1.5 激光的应用

激光在测量、通信、军事、工业、医疗等各个领域广泛应用,下面列举几个典型应用。

(1)激光测量

激光测量的基本原理是利用光在待测距离的往返时间算出距离,与传统测量方法相比,激光测量具有突出的优势:一方面,激光的工作高度比较高;另一方面,激光测量的精确性比较好。以激光作为测距仪的光源,可以使测距量程大大提高,减少了测量环境限制的影响。由于激光具有良好的单色性和方向性,在一定程度上不仅提高了测量距离的准确度,还缩小了光学系统的孔径、测量仪器的体积和质量。激光测量的方法也多种多样,如按照检测时间方法的不同可分为脉冲激光测距和相位测距。以宇航工作为例,工作人员在地面发射激光,宇航人员在月球反射激光,能够精准计算出月球到地球的距离。另外将网络信息技术与激光技术融合在一起,可以构建三维立体测量图,加快信息数据的传递速度。就目前来看,激光测量设备已经被广泛应用在工程、地质勘探、大气监测等领域,收获了事半功倍的实用效果。

(2)激光通信

激光通信与无线电通信在原理、结构及通信过程方面都是类似的,所不同的是激光通信采用了一些光学器件,利用激光作为传递信息的工具,而不用无线电波。激光通信系统包括三个主要部分,即信号发送部分、信号传输部分、信号接收部分。激光通信中,首先将传递的信息,如文字、语言、图像等转变为电信号,再把这个电信号加载到由激光器产生的载波上,其中的调制过程由激光调制器完成,然后激光载着被传递的信号向接收点传播,在接收部分,把被调制的光信号转换成电信号。接收系统由接收天线、光检测器、信号变换器等组成。为提高接收灵敏度,有时采用光放大、外差接收等技术。

(3)军事科技

激光可以被应用在军事科技中。自20世纪60年代开始,发达国家就将激光技术应用在军事中,取得了较好的实用效果。比如以激光束作为信息载体的各种激光探测雷达,是一种通过探测散射光特性来获取目标的相关信息的光学遥感技术,以激光束取代无线电波,用振幅、相位、频率和偏振来搭载信息,在重复测距的同时,以细激光束对空间进行扫描,把从探测方向返回来的反射光强加以变化,不仅能够精准测距,而且能够精准测速、精确跟踪,具有角分辨率高、距离分辨率高、速度分辨率高、测速范围广、抗干扰能力强等一系列优点,用于目标的跟踪和定位,在军事、航天、航空等多个技术领域有着重要的应用。另外以激光束为能量载体的各种激光武器是一种利用沿一定方向发射的高能激光束攻击目标的定向能武器,有打击速度快、效费比高等优点,在光电对抗、防空和战略防御中发挥独特作用。它分为战术激光武器和战略激光武器两种,将成为一种常规威慑力量。但激光武器存在的问题是不能全天候作战,受限于大雾、大雪、大雨,且激光发射系统属精密光学系统,在战场上的生存能力有待考验。激光武器不断向小型化、实用化方向发展。

(4)医学领域

激光用于医疗的作用机理包括利用激光在局部组织上产生的高温导致的精细切割、烧蚀以及汽化、光热刺激、光生化反应等。许多激光治疗方法已经临床验证,取得了好的效果并获准推广,还有些正在研究中。

激光用于多种外科手术,由于开刀范围小、痛苦少而受到欢迎。较为成熟的应用有:眼科中的视网膜焊接,治疗近视眼;肿瘤科中,激光手术治疗肿瘤和抑制癌细胞的生长与转移;皮肤科中,激光可去除痣、胎记,用于美容;还有胆结石治疗等。在医学诊断中,激光可用于探测血液运行,对白细胞进行分类。

(5)环境保护

大气污染分为颗粒型和气体型两类。前者包含大气中的各种不同大小和性质的粉尘颗粒,后者包括各种有害气体的成分和浓度。利用激光的散射光,可以进行各种尘埃的测量。这是由于激光能聚焦在一个很小的体积内,在其中达到高的照射强度,从而可测定小于$1\mu m$的微粒,适用于采矿、石棉工业等工作场所。利用激光也可进行气体型空气污染的测定。用高功率、高光谱纯度的激光光谱学原理可制成灵敏度高的测量仪器。根据拉曼散射、共振荧光和共振吸收等原理,可测出产生有害气体的源的地点和浓度以及它向远处空间的侵入程度和分布,为环境治理提供依据,保证人们呼吸空气的质量达到标准。

利用光探测与测距仪,可遥测颗粒型污染的方位、气体型污染的方位与浓度。与光谱分析法相结合,还可鉴定污染的类型。

(6)激光加工

激光加工是激光应用技术中发展最快、用途最广、最具发展潜力的领域,目前已开发出的具有代表性的激光加工技术就有二十余种,它们多应用于工业材料的加工和微电子等行业的特种材料与器件的加工。其中已较为成熟的激光加工技术主要有激光切割技术、激光打标技术、激光打孔技术、激光雕刻技术、激光焊接技术、激光表面强化技术、激光调阻技术、激光划片技术、激光直写技术、激光快速成形技术、激光清洗技术、激光去重平衡技术、激光微细加工技术以及激光修复技术等。近年来,这些技术已得到了广泛的应用,特别是激光切割和激光打标技术的应用市场份额较大,两者之和超过总量的50%。此外,激光快速成形、超短脉冲激光加工、短波长微细加工等新兴激光加工技术发展势头强劲,其工艺也日渐成熟,将逐步占据激光加工市场更重要的位置。下面对上述激光加工技术做简要的介绍。

① 激光切割。激光切割适用于各种金属或非金属材料的加工,与传统的加工方法相比在提高加工效率和加工精度、降低加工成本等方面均具有明显的优势。从原理上讲,大多数的激光加工是利用激光对材料产生的热效应实现的,而激光切割则是应用激光聚焦后所产生的高功率密度能量实现的,与传统的材料加工方法相比,激光切割具有更高的切割质量、更高的切割速度、更好的柔性(可随意切割任意形状)和广泛的材料适应性等优点。激光切割是当前各国应用最多的激光加工技术,在国外许多领域,如汽车制造业和机床制造业都广泛采用激光切割进行各种钣金零部件的加工。随着大功率激光器光束质量的不断提高,激光切割的加工对象范围不断扩大,几乎包括了所有的金属和非金属材料。例如,可以利用激光对

高硬度、高脆性、高熔点的金属材料进行形状复杂的三维立体零件切割,这也正是激光切割的优势所在。

② 激光打标。激光打标是成功的激光加工技术之一,也是截至目前涉及面最广的激光应用领域。激光打标是指利用高能量密度激光对工件进行局部照射,使材料表层发生气化或变色的化学反应,从而留下永久性标记的一种标记方法。激光打标可打出各种文字、符号和图案等,标记的大小可从毫米到微米量级,这对某些产品的防伪有特殊的意义。针对不同的材料可采用不同的激光器,目前最常用的是 CO_2 激光器和 Nd:YAG 激光器,光纤激光打标发展势头强劲,市场占有量逐年提升,而准分子激光打标则是近年来发展起来的一项新型打标技术,特别适用于金属材料的打标,其处于紫外区的短波段,可实现更为精细的亚微米级尺度的打标,并已广泛用于微电子行业和生物工程。

③ 激光打孔。激光打孔是得到实际应用最早的一项激光加工技术,它具有精度高、适应性强、效率高、成本低和经济效益显著等优点,现已成为诸多制造领域的关键技术。激光打孔特别适合于高硬度材料的加工。在此技术出现之前,人们只能用硬度较大的物质在硬度较小的材料上打孔,因此要在硬度最大的金刚石上打孔,是极为困难的事。随着电子产品朝着便携式、小型化的方向发展,对电路板小型化提出了越来越高的要求,提高电路板小型化水平的关键就是越来越窄的线宽和不同层面线路之间越来越小的微型通孔及盲孔的加工。传统的机械钻孔最小的尺寸仅为 $100\mu m$,这显然已不能满足要求,取而代之的是一种新型的激光微型通孔加工方式。通常用 CO_2 激光器加工,在工业上可获得的通孔直径达到 $30\sim 40\mu m$,用紫外(ultra violet,UV)激光加工通孔直径可达到 $10\mu m$ 左右。目前在世界范围内激光在电路板微孔制作和电路板直接成型方面的研究已成为激光加工应用的热点之一。利用激光制作微孔与其他加工方法相比优越性更为突出,有极大的商业价值。

④ 激光雕刻。激光雕刻技术是一种以数控技术为基础,激光束为加工刀具,利用加工材料在激光照射下瞬间熔化和气化的特性,使材料局部去除的加工方法。其特点是与材料表面无接触,不受机械运动影响,工件表面不会变形,一般无须固定,不受材料的弹性与柔韧性影响,加工精度高,速度快,应用领域广泛。激光雕刻其实就和使用电脑打印机打印文字一样,过程非常简单。不同的是打印是将墨粉印到纸张上,从而制作出图像和文字,而激光雕刻是将激光照射到木制品、亚克力板、塑料板、金属板以及石材等材料上,从而雕刻出所需要的图像和文字。

⑤ 激光焊接。激光焊接技术是激光加工技术的重要技术,已成为金属焊接的重要手段并得到广泛应用。激光焊接过程与传统的焊接一样,也属于热传导型,激光辐射到工件表面后,表面热量迅速通过热传导向内部扩散,可通过控制激光的脉冲宽度、能量、功率和重复频率等参数使工件熔化,形成熔池。由于其独特的优点,已成功地应用于其他焊接方法难以实现的微、小型零件的焊接中。与其他焊接技术相比,激光焊接技术的主要优点是焊接速度快、变形小、深度大,可在室温或特殊的条件下进行焊接,设备操控性好,无污染。同时,激光焊接具有熔池净化效应,能纯净焊缝金属,还可用于不同金属材料之间的焊接。此外,由于激光焊接具有能量密度高的特点,对于高熔点、高反射率、高热导率和物理特性相差较大的金属焊接具有明显的技术优势。

⑥ 激光表面强化。激光表面强化技术是激光加工技术中的一个重要发展方向,所涉及的技术内容也相对较多,根据技术原理和特点的不同又被细分为激光淬火技术、激光熔覆技术、激光表面重熔技术以及激光冲击强化技术等,这些技术已成为改善和提高金属材料表面性能(包括力学性能、耐热性和耐腐蚀性等)的重要技术途径。其中,激光淬火(也称为激光相变硬化)是激光表面强化技术中研究最早、应用最广泛的一种激光表面强化处理工艺,

适用于大多数金属材料，特别是异形零件不同部位的强化处理，显著地提高了工件表面的耐磨性和疲劳强度，已成为欧美、日本等工业发达地区和国家在汽车制造等行业中保证产品质量的重要手段。激光熔覆技术是激光加工技术中的另一个研究热点，也是当今工业部门中获得广泛应用的重要的表面强化技术之一，可大幅提高金属材料或工件的力学性能和抗腐蚀性，经济效益显著。激光重熔技术是进行材料表面强化的一个新方法，可以实现材料表面化学成分的调整，进而实现材料表面显微组织和性能的改善，也是一项极具应用潜力的表面强化技术，可广泛用于航空航天、汽车制造等行业中对表面性能有特殊要求的零件制造和修复。激光冲击强化技术能显著改善金属材料的力学性能，特别是对于阻止材料裂纹的产生和扩展，提高钢、铝、钛及其合金等材料的抗疲劳性能具有独特的效果。

⑦ 激光调阻技术。激光调阻技术是激光加工技术在电子制造业中成功的应用之一，它利用激光对特定电阻的阻值进行自动的精密微调，其加工精度达 $0.002\% \sim 0.01\%$，与传统的加工方法相比，加工精度和效率均有大幅度的提高，使电阻器件生产的成本明显降低。激光微调可实现薄膜电阻（$0.01 \sim 0.6 \mu m$）和厚膜电阻（$20 \sim 50 \mu m$）的微调，同时还可实现电容和混合集成电路的微调。

⑧ 激光划片。激光划片技术是集成电路生产中的一项关键技术。它利用激光可聚焦成极小光斑的特点，在制作集成电路的硅片上划出高精度的细线（通常线宽为 $15 \sim 25 \mu m$，槽深为 $5 \sim 200 \mu m$），其加工速度快（达 200mm/s）、成品率高（99.5% 以上）。集成电路的生产过程中，为了在一块基片上制备上千个电路，在封装前需将其分割成单个的管芯。传统的分割方法是利用金刚石砂轮切割，常常会因受力使硅片表面产生辐射状的裂纹。而采用激光划片的方法是将激光束聚焦在硅片表面，使材料局部温度急速升高而汽化形成沟槽。通常的方法是通过精确控制刻槽的深度，使硅片很容易沿沟槽整齐断开，另一种方法是进行多次割划而将其直接切开。由于激光划线的热影响区极小，刻划 $50 \mu m$ 深的沟槽时，在距沟槽边 $25 \mu m$ 的区域内温升不会影响有源器件的性能。由于激光划片属于非接触加工，硅片不会因受机械力而产生裂纹，因此可大大提高硅片利用率、成品率和切割质量。此外，激光划片还可用于多晶硅、单晶硅、非晶硅太阳能电池的划片及锗、硅、砷化镓和其他半导体衬底材料的划片与切割。

⑨ 激光快速成形。激光快速成形技术是一种典型的激光制造技术，它集成了激光技术、CAD/CAM 技术以及材料技术的最新成果。其基本过程是根据零件的 CAD 模型，用激光束将光敏聚合材料按顺序逐层固化，精确地堆积成设计形状的样品。这种不需要刀具和模具即可快速精确地制造出形状复杂零件的办法，特别适合于小型复杂工件的快速制造。此技术已广泛用于汽车、电子和航空航天等工业领域的零件制造中。

⑩ 激光直写。激光直写技术是随着大规模集成化电路的发展于 20 世纪 80 年代提出来的。所谓激光直写，就是利用强度可变的激光束对涂在基片表面的抗蚀材料变剂量曝光，显影后在抗蚀层表面形成所要求的浮雕轮廓。因其一次成形无离散化近似，器件的衍射效率和制作精度相对传统半导体工艺套刻制作的器件有较大提高。

⑪ 激光去重平衡。激光去重平衡技术的原理是利用激光作用于材料上使其气化蒸发，以去除高速旋转部件上不平衡的过重部分，使部件的惯性轴与旋转轴重合，实现旋转部件动态平衡。通常激光去重平衡系统均兼具去重和测量双重功能，因此可同时进行旋转部件不平衡量的测量和校正，具有非常高的工作效率。激光去重平衡技术特别适合于高精度转子的动态平衡，其平衡精度可得到成倍的提高，质量偏心值平衡精度可达到千分之几微米或 1%。该技术在陀螺制造领域具有广阔的应用前景。

⑫ 激光清洗技术。激光清洗技术是近十几年来发展起来的一项新型激光加工技术，该

技术的基本原理是根据需要利用光学系统,使激光束聚焦成大小不同的光斑,并照射到物体需要清洗的部位,使其表层物质发生振动、熔化、蒸发、燃烧等一系列物理化学过程,从而脱离被清洗物体表面,实现对表面污染物清除的目的。该技术充分利用了激光束能量密度大、聚焦性强、方向性好的特点,对于不同尺寸的污染物颗粒,可通过调整控制不同的激光束聚焦光斑尺寸和激光能量密度达到去除污染物的目的。激光清洗微粒的机制可归纳为三种,即在激光照射下微粒产生热膨胀、基体表面的热膨胀以及施于微粒的光压效应。当激光照射物体表面微粒时,微粒各部位的温度升高会急剧、不均匀,从而导致在微粒中产生热应力,使其能够克服表面对粒子的吸附力,脱离表面,达到清洗的目的。

⑬ 激光微细加工。激光微细加工技术是近年来激光加工行业关注的热点,也是今后激光加工技术的主要发展方向之一。激光微细加工技术最成功的应用是在 20 世纪 80 年代发展起来的微电子学领域。作为微电子集成工艺中重要的一项不可替代的微加工技术,激光微细加工现已形成了固定的模式并投入规模化生产。此外,在高密度信息的写入存储、精密光学仪器的制造以及生物细胞组织的医疗等领域,也充分显示了激光微细加工技术的优势。通过激光波长的选择,接近衍射极限高性能聚焦系统的设计和制造工艺的优化等一系列技术方法,获得了高质量和高稳定性的微小尺寸焦斑激光输出。利用其锋利的光刀特性,进行高密信息的直写和高密微痕的刻制;同时亦可利用其产生的光阱力效应,进行微小透明球状物的夹持,即所谓的光镊。如:利用光刀进行高精密光栅的刻制(精密光刻);利用光镊,对生物细胞执行移动操作(生物光镊);通过仿真图案的设计和控制,实现高保真打标;特别是可利用激光微细加工技术实现高密信息的激光记录以及微细机械零部件的光制造。近年来激光记录方法(光刻)已成为激光微细加工领域中最具代表性的前沿技术,并已取得了重要突破,如:对于数字记录来说,其信息记录的密度已达 $10^7 \sim 10^8 \text{bit/cm}^2$,甚至更大,刻录槽的宽度达到 $0.7\mu m$、深度达到 $0.1\mu m$,这比磁记录的密度提高了两个数量级以上;记录、检索和读出速度达单波道 50Mbit/s,多波道 320Mbit/s。近几年在国外,激光微细加工被列为重点攻关项目,成为未来高新技术前期研究的热点,并取得了多项重要的研究成果。如日本已采用激光微细加工技术,制造出微米量级的三维纳米牛,这标志着在微纳量级的三维激光微成型技术取得了巨大的进展。北京工业大学利用准分子激光掩模的方法,已加工出 10 齿/$50\mu m$ 和 108 齿/$500\mu m$ 的微型齿轮工件。激光微细加工技术已逐步显现出巨大的发展潜力并代表了激光加工技术最重要的发展方向,这一点也已成为业内人士的共识。

⑭ 激光修复。激光修复技术是由固体脉冲激光器的激光焊接功能扩展出来的一项新技术,常用于工具和模具的修复。其技术方法是将高能量的激光束精确地定位在直径为 $0.2 \sim 0.8mm$ 的点上,这样就形成了一个非常小的焊接带。工艺上通常使用的激光脉冲宽度为 20ms,脉冲频率为 10Hz。这种工艺使许多工件的死角(如内边)修补工作成可能。目前,激光修复技术已在小型模具,特别是小型工业零件、日用品、玩具制造业的模具修复上得到广泛的应用。

激光科学技术的进步,必将为激光的应用开辟更为广阔的前景。

激光应用的发展有两个方向:一是普及化,二是高精尖。

在普及化方面,激光将迅速渗透到国民经济、人民生活、国防建设的各领域。激光视听和通信,将改变生活和办公的方式;光纤终端将进入家庭;激光将会为信息化时代做出举足轻重的贡献。在医疗、教育、出版、文化娱乐、公安、运输等领域的激光应用会产生巨大的社会和经济效益。激光的各种应用,将与企业结合得更加紧密,朝实用化、产业化、商品化的方向发展。

在高精尖应用方面,激光引发核聚变的研究和激光武器的研究将会有明显的发展;激光在生命科学和微制造技术方面精细的应用,将会产生意义重大的成果。这类应用对激光的性能要求很高,包括功率的提高、光束质量的提高、脉冲的压缩、单色性的提高等。因此,它们将推动激光技术本身的进步,而且将带动一系列新材料、新工艺、高质量的光学器件的发展和推广。

在未来,激光这种新型的光,必将更加灿烂辉煌。

6.1.6 激光的安全与防护

激光自诞生以来,以其独有的特性几乎在所有领域得到了迅速发展和广泛应用,同时激光束的危害也引起了人们的高度重视。由于激光加工技术中广泛采用各种高功率、高能量的激光加工系统,因此充分认识激光束的危害、采取适当的防护和控制措施、确保工作人员和设备的安全尤为重要。激光的安全和防护在我国已有国家标准,在世界各国也已形成了相关的行业标准。

(1) 激光辐射的危害

由于激光具有极高的亮度和方向性,输出功率为毫瓦量级的 He-Ne 激光器,其辐射亮度比太阳光的亮度高几千倍,一台较高水平的红宝石调 Q 激光器发出激光的亮度比太阳表面的亮度高数亿倍,因此激光对人的眼睛和皮肤以及设备的危害可想而知。即使是反射或散射到人体上的激光,也会对人造成不同程度的危害。

① 激光损伤人体组织的因素。激光对人体组织的损伤主要与激光辐射的波长、激光作用时间、激光束直径、辐照度和辐射量等激光参数有关。导致人体组织损伤的因素包括热效应、光压效应及光化学相互作用过程。

对于中等剂量的辐照度和辐射量,可以引起皮肤、眼睛晶状体等组织的不可逆变化,这种变化是由于分子获得光子而被激活产生化学反应的结果。若辐照时间太长,或多次重复进行短时间照射,也可以引起生物组织的损伤。

② 激光对眼睛的危害。人的眼睛是一个很复杂的天然光学仪器,是用于接收和感受光辐射的器官。可见和近红外激光可以被透射到视网膜上,对眼睛的损伤很特殊。

视网膜的不同部位在视觉过程中起不同的作用,损伤程度随被照部位而变化。例如,视网膜中心凹区视觉最敏感,若被烧伤将会使视力显著下降,若是视网膜周边被烧伤将可能感觉不出视力变化。众所周知,直视太阳会使人短暂失明,而激光辐射对眼睛的伤害可以超过太阳对眼睛的伤害。一束强激光聚焦到视网膜上,只有 5% 以下的一小部分被视杆和视锥细胞中的视色素吸收,大部分将被色素上皮中的黑色素吸收(在黄斑区,波长为 400~500nm 范围内的部分能量将被黄斑色素吸收)。吸收能量使局部发热,将烧坏色素上皮和邻近的光感视杆细胞和视锥细胞。这种烧伤或损伤可以导致失明。这种失明是否是永久性的,取决于照射强度。视力下降一般不易被发现,只有当视网膜最重要的中心凹区,即黄斑中央的小凹陷受伤,才可发现视觉有问题。早期在视觉中央出现一个模糊的白点,两周内或更长时间,白点变为黑斑。最后患者可能在正常情况下不会察觉到这个白点,但当注视一张空白纸样的物体时盲点就会出现。

激光加工多采用高功率、高能量的激光器,高度重视激光辐射对人眼的伤害尤为重要。我国激光领域的工作人员已超过数万人,由于激光辐射造成眼睛永久伤害的病例达四十多例,因此在激光加工过程中必须加以安全防护。

③ 激光对皮肤的危害。激光对皮肤的损伤比眼睛的损伤容易恢复,因此皮肤损伤比眼睛损伤较轻。但是当激光加工中采用脉冲激光能量密度达 $1\sim5J/cm^2$,或连续激光功率密度达 $0.5W/cm^2$ 时,皮肤就会受到严重损伤。

④ 与激光加工有关的其他危害。

a. 电气危害。大多数激光设备使用高电压或大电流。尤其是脉冲激光所用的高压电容器，注意不够，很容易造成电击危害。国内外均发生过由于高压电容器储能放电造成的人身伤害。当电容器放电通过人体的能量超过 50J 时有可能损伤心脏。

流过人体电流的大小是决定电击损伤程度的关键因素。人体电阻包括皮肤的接触电阻和人体内电阻，干燥完整皮肤的电阻约为 250kΩ。皮肤穿孔、出汗和潮湿等都会使电阻大大减小。人体内电阻约为 500Ω，以限制通过人体的电流。当电流流经心脏、肺或大脑等器官时，将会很危险。

b. 大气污染。在激光加工过程中产生的反应物和汽化的加工材料，有可能使大气污染。其浓度可能高到危害工作人员的健康。其中包括：由金属靶产生的氧化铁、氧化锌、氧化铜等金属氧化物烟雾；铅、汞、镍、钼等金属的烟雾和尘埃；激光器泄漏的激光工作物质，如溴气、氯气、一氧化碳、二氧化碳等；闪光灯产生的臭氧等。因此应当注意工作环境的排气。

c. 辐射危害。除了激光束本身的危害以外，泵浦用的闪光灯和放电管都可能发出非常有害的紫外辐射。由泵浦源和靶的再辐射产生的可见光和近红外光的辐射也应引起注意。当激光设备中所用的高压电真空元件的阳极工作电压高于 15kV 时，可能产生 X 射线，这是一种对人体有害的电离辐射，需要进行适当屏蔽。

d. 低温制冷剂。某些高功率、大能量激光系统可能使用液态氮、液态氢和氦等低温制冷剂来冷却激光器和探测元件。这些低温制冷剂会烧伤皮肤，另外在使用和储存低温制冷剂时，由于低温液体变为气体时体积急剧膨胀，有可能发生爆炸，使用中应当特别注意安全。

e. 噪声和爆炸危险。大能量脉冲激光系统常采用高电压大能量电容器储能，电容器放电时产生的噪声有时会危害健康。大功率激光器中的气体循环风机、加工系统的抽排气机和水泵等产生的噪声也应控制在安全水平以内。

在高功率激光加工系统中，若采用低质量的电容器或水泵，会存在爆炸的危险，被加工件在强激光照射下，是否会发生爆炸，需预先认真评估，预防爆炸。

f. 火灾。由于激光加工系统中多采用高功率、大能量激光，当激光束照到易燃、易爆的被加工材料上时，很容易引起火灾。所以在工作台附近，不能放易燃、易爆的物品。

高功率、大能量激光器常常在高电压、大电流状态下工作，激光电源和加工机器电路中元件、引线等的选取必须留有余地，绝不能超负荷工作，尤其是需要长时间工作时，一定要注意避免火灾。激光加工车间必须配备灭火装置。

（2）激光危害的分类

由于各种激光器发出的激光束的波长、脉冲宽度、能量及功率等参数不尽相同，在使用中，它们对人体的危害差别很大，所以对激光危害进行评价和分类非常必要，这有助于对激光束的潜在危害进行防护和控制。目前采用的激光危害评价和分类系统是在大量的生物损伤实验的基础上，根据其可能对人体造成危害的范围和程度制定的。它提醒人们要注意区分不同危害等级的激光，特别要注意控制那些危险性非常大的高功率、大能量的激光束。

建立类别是为了帮助用户评估激光器的危害，确定必需的用户控制措施。激光器的分类涉及激光器的可达辐射对皮肤和眼睛损伤的潜在危害，并不涉及其他可能危害，例如电气危害、机械危害、化学危害或二次光辐射的危害。分类的目的是让人们认识到，随着可达功率增加到基准（最低限度）以上，即1类条件之上，受损伤的风险也增大。分类最精确地描述了在距激光器较近距离上潜在的照射危害。在同一个类别中，不同的激光器的危害区可能差别很大。通过附加的用户防护措施，包括诸如防护罩等工程控制措施，潜在的危害可能会大大减少。在国家标准《激光产品的安全 第1部分：设备分类、要求》（GB 7247.1—2012）中将激光产品按照危害程度递增的顺序排列为1类、1M类、2类、2M类、3R类、3B类和4类。

激光器的分类基本上是根据所定类别内允许的激光器的最大输出功率和能量，即可达发射极限 AEL（accessible emission limit）定义的。这说明，某一类别激光的可达发射极限是该类别激光 AEL 表内允许的最大可以达到的发射水平。分类表是根据波长和发射持续时间确定的。一个激光器可能发射4类激光，但在该激光被定为4类之前，其辐射必须真正超过3B类激光发射极限。

① 1类激光产品。在使用过程中，包括长时间直接光束内视，甚至在使用光学观察仪器（眼用小型放大镜或双筒望远镜）时受到激光照射仍然是安全的激光器。1类也包括完全被防护罩围封的高功率激光产品，在使用中接触不到潜在的危害辐射（嵌入式激光产品）。发射可见辐射能量的1类激光产品光束内视仍可能产生炫目的视觉效果，特别是在光线暗的环境中。

② 1M类。在使用中包括裸眼长时间直接光束内视是安全的激光器。1类激光器的波长范围局限于光学仪器的玻璃光学材料的透光性特别好的光谱区，即 302.5～4000nm 之间。发射可见辐射能量的1M类激光产品的使用过程中的光束内视仍可能产生炫目的视觉效果，特别是在光线暗的环境中。

③ 2类激光产品。2类激光产品发射的波长范围为 400～700nm 的可见辐射，其瞬时照射是安全的，但是有意注视激光束可能是有危害的。2类激光产品的激光束可引起炫目、闪光盲和视后像，特别是在光线暗的环境中。暂时的视觉干扰或受惊反应可引起间接的一般性的安全问题。如果用户在安全要求苛刻的操作中，比如操纵机器、在高处工作、有高电压的工作或在驾驶中，视觉干扰就可能特别需要留意。用户要根据标记的指示不要凝视激光束，即通过移开头部或闭眼完成主动防护，并避免持续有意的光束内视。

④ 2M类激光产品。这类激光产品发射可见激光束，仅对裸眼短时照射是安全的。对于发散光束，如果用户为了聚集（准直）光束而将光学组件放置在距光源100mm的距离之内，使用光学观察仪器（眼用小型放大镜或双筒望远镜）时，受到照射，眼损伤可能会发生。

⑤ 3R类激光产品。这类激光产品的 AEL 仅是2类（可见激光束）AEL 或1类（不可见激光束）AEL 的5倍。因为风险较低，其适用的制造要求和用户控制措施较3B类少。损伤的风险性随着照射持续时间的增加而增大，有意的眼照射是危险的。3R类激光器仅宜在不可能发生直接光束内视的场合使用。

⑥ 3B类激光产品。这类激光产品发生意外的短照射时，通常是有害的，观察漫反射，一般是安全的。3B类激光器可引起较轻的皮肤损伤，有点燃易燃材料的危险。然而，只有光束直径很小，或被聚焦时才可能发生这种情况。

⑦ 4类激光产品。这类激光产品，光束内视和皮肤照射都是危险的，观察漫反射可能是危险的，这类激光器也经常会引起火灾。

1M类和2M类中的"M"来自具有放大（magnifying）功能的光学观察仪器。3R类中的"R"来自减少（reduced）或放松（relaxed）要求。

（3）个人防护

在激光加工作业场所不可能对激光做到完全彻底地封闭，有关人员仍然存在受到反射激光或散射激光伤害的可能性，因此有关人员需要使用个人防护用品，如防护眼镜、防护手套、防护服和防护面罩等。必须指出，使用的个人防护用品承受意外激光，尤其是强激光辐射的能力是有限的，仅仅是一种辅助的防护措施。

激光防护眼镜。激光照射眼睛，可以损伤眼睛的角膜、视网膜、晶状体，导致眼睛充血、视力下降，甚至失明，而且激光对眼睛的损伤具有累积性，长时间不注意，就会带来严重后果，因此对眼睛进行防护是最重要的。是否需要戴激光防护眼镜，最少取决于三个激光输出参数：最大曝光周期、激光波长及输出功率或输出能量，以及相应的最大允许照射量（MPE）。

激光防护眼镜最重要的部分是滤光片，一般由高分子材料和光吸收材料合成制成，或者选用彩色玻璃，或者在镜片上镀膜，它们选择性地吸收衰减或反射特定的波长，而尽可能多地透过可见光。现有的激光防护眼镜分为以下几种类型：普通眼镜型、不透光边框的防侧光型、部分透光边框的半防侧光型等。

激光防护眼镜的参量包括：防护波长或波长范围、滤光片的光学密度、防护眼镜对可见光的透过率、激光对防护镜片的损伤阈值（最大辐照度）及镜片曲率等。

防护波长。不同的激光器辐射的激光波长不同，需要戴的防护眼镜也就不同，因此防护眼镜都应标有防护波长，一般标注的是激光器辐射最大功率的波长。而激光器的种类很多，有的激光器不止发射一个波长，如 He-Ne 激光器可以发射 100mW 的 632.8nm 的辐射和 10mW 的 1150nm 的辐射，防护眼镜可能只防前者，而不能防后者，氩离子激光器可以发射 488nm 和 514.5nm 的辐射等，此时应当戴能同时防多波长的防护眼镜。

可见光透过率。激光防护眼镜是为了选择性地吸收衰减特定的激光波长，而尽可能多地透过可见光，以便能正常工作。若防护眼镜对可见光的透过率太低，容易使工作人员眼睛疲劳。

激光对防护眼镜的损伤阈值。对于吸收型滤光片，它选择性地吸收衰减特定的波长，在高强度激光长时间照射下，会产生裂纹、碎裂、熔化等，吸收型玻璃制成的滤光片，对于峰值功率很高的 Q 开关或锁模激光器，其损伤阈值在 $10\sim100\text{J/cm}^2$ 范围，塑料片或介质膜片的损伤阈值在 $1\sim100\text{J/cm}^2$ 范围。

镜片曲率。在距平面镜表面一定距离内可能存在有害的镜反射，曲面滤光镜应比平面滤光镜更理想。工作人员戴有外表面凸出的防护眼镜，眼镜反射后的光束发散，降低了激光功率密度，对周围的其他人不造成危害。

在选择激光防护眼镜时，应当预先测定激光输出波长和功率（能量）、所需光学密度等参数，合理选用质量好的防护眼镜，并定期检查防护眼镜的滤光片是否损坏。

激光防护手套。激光加工场所的工作人员或维修人员在接近 4 类激光时，为了防止高功率、大能量激光意外照射到皮肤造成损伤，应当戴上激光防护手套。

激光防护服和防护面罩。在工作人员的皮肤有可能受到超过皮肤最大允许照射量（MPE）的激光照射，特别是使用 4 类激光可能造成火灾时，必须穿耐火、耐热材料做成的防护服。

紫外光会引起皮肤过敏、脱皮等损伤，因此在使用紫外激光时必须佩戴有防护眼镜的防护面罩，以保护眼睛和面部皮肤。

6.2 激光加工用激光器

激光自诞生以来，尤其是近十几年来，激光技术及其应用得到迅速普及和发展，激光器种类繁多，新型激光器不断被开发。现代用于激光加工制造的激光器，主要有 Nd：YAG 激光器、CO_2 激光器、准分子激光器、大功率半导体激光器等。其中，大功率 CO_2 激光器和大功率 Nd：YAG 激光器在大型工件激光加工技术中应用较广，中小功率 CO_2 激光器和 Nd：YAG 激光器在精密加工中应用较多；准分子激光器多应用于微细加工；而由于超短脉冲（飞秒脉冲）激光与材料的热扩散相比，能更快地在照射部位注入能量，所以主要应用于超精细激光加工。

6.2.1 Nd：YAG 激光器

固体激光器由工作物质、泵浦源、聚光腔、光学谐振腔、冷却系统、激光电源等组成，主要采用光泵浦，工作物质中的激活粒子吸收光能，形成粒子数反转，产生激光。固体激光器各部分的结构，如图 6-9 所示。

① 工作物质是激光器的核心，由掺杂离子型基质晶体或玻璃组成。按激活离子能级结构，可分为三能级和四能级系统。使用红宝石晶体的是典型的三能级系统，使用 Nd：YAG 晶体的是典型的四能级系统。工作物质的形状可做成圆棒状、板条状、圆盘状等，使用最多的是圆棒状。

② 泵浦源为工作物质形成粒子数反转提供光能量。常规泵浦源都是采用氪灯、氙灯等惰性气体闪光灯。近些年采用激光二极管泵浦是固体激光器新的发展方向，体积小，效率高。

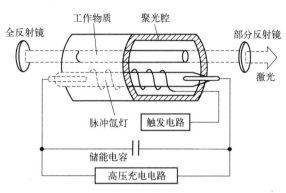

图 6-9 固体激光器的基本结构

③ 聚光腔将泵浦源发射的光能有效均匀地汇聚到工作物质上，提高泵浦转换效率。

④ 光学谐振腔由全反射镜和部分反射镜组成，使受激辐射光经过反馈形成放大和振荡，输出激光。

⑤ 冷却系统防止激光棒、灯、聚光腔温度过高，在高功率、大能量激光器中尤为重要，因为泵浦源发出的光能只有很少部分被激光棒吸收，大部分光能转化为热能。

⑥ 激光电源为泵浦源提供电能，使泵浦源发出光能，用于泵浦工作物质。

目前适用于全固态激光器的固态工作物质有掺钕钇铝石榴石（Nd：YAG）、掺钕钒酸钇（Nd：YVO_4）、掺钕氟化钇锂（Nd：YLF）、掺铬六氟铝酸锶锂（Cr：LiSAF）等。

掺钕钇铝石榴石激光器简称为 Nd：YAG 激光器，是目前应用最广泛的一种激活离子与基质晶体组合的固体激光器。工作物质 Nd：YAG 晶体具有优良的物理性能、化学性能、激光性能及热学性能，可以制成连续和高重复频率器件。

（1）Nd：YAG 激光器的基本结构

Nd：YAG 激光器的基本结构，如图 6-9 所示。采用气体放电灯激励的 Nd：YAG 激光器常用连续氪灯泵浦，氪灯在满负荷时的使用寿命约为 200h，在 70% 的负荷下使用寿命约为 1000h。脉冲激光器使用的脉冲氙灯的使用寿命达 10^7 次。连续氪灯和脉冲氙灯发射的光谱与工作物质 Nd：YAG 晶体的吸收光谱匹配。采用灯激励每秒几十次重复频率的调 Q 激光器的最大峰值功率可达几百兆瓦，连续输出的最高功率已超过 1000W，多棒串联的连续输出功率可达数千瓦。采用半导体激光二极管泵浦的、连续输出功率达上百瓦、峰值功率达数百千瓦的 Nd：YAG 激光器早已问世。

（2） Nd:YAG 激光器的特点

① 输出的激光波长为 1064nm，是 CO_2 激光波长 10600nm 的 1/10。波长较短对聚焦、光纤传输和金属表面吸收等有利，因此与金属的耦合效率高，加工性能良好（一台 800W 的 YAG 激光器的有效功率相当于一台 3kW 的 CO_2 激光器功率）。

② YAG 激光器可以在连续和脉冲两种状态下工作，脉冲输出加调 Q 和锁模技术可以得到短脉冲和超短脉冲，峰值功率很高，加工范围比 CO_2 激光器的更大。

③ YAG 激光器能与光纤耦合，借助时间分割和功率分割多路系统可以方便地将一束激光传输给多个工位或远距离工位，便于激光加工实现柔性化。

④ YAG 激光器结构紧凑，特别是 LD（激光二极管）泵浦的全固态激光器，具有小型化、全固态、长寿命、工作物质热效应小、使用简便可靠的特点，是目前 YAG 激光器的主要研究和发展方向。

Nd:YAG 激光器的缺点是：转换效率比 CO_2 激光器的低约一个数量级，仅为百分之几；工作过程中 YAG 棒内部存在温度梯度，因而会产生热应力和热透镜效应，输出功率和光束质量受到影响；YAG 激光器的光束质量较差，一般为多模运转；每瓦输出功率的成本费比 CO_2 激光器的高。

Nd:YAG 激光器具有量子效率高（接近 100%）、受激辐射截面大、热导率较高、阈值比红宝石和钕玻璃激光器的低得多等优点，不仅可以脉冲运转，还可以连续或高重复频率运转，是固体激光器中有代表性、使用广泛的一种激光器。

（3） Nd:YAG 激光器工作的基本原理

Nd:YAG 激光器工作的基本原理和过程如下（以脉冲氙灯泵浦为例）。

工作物质 Nd:YAG 晶体与脉冲氙灯相互平行地固定在内壁抛光并镀金属反射层的聚光腔内。谐振腔由两个反射镜组成，一个是全反射镜，另一个是部分反射镜，以便输出激光。激光电源给电容器充电，加到脉冲氙灯上，同时由触发器产生一个上万伏的触发高压使氙灯中的气体电离点燃，电容器充的电通过氙灯放电，使脉冲氙灯在毫秒时间内发光，聚光腔将脉冲氙灯的光能聚到工作物质上，工作物质中的激活离子被激发，形成粒子数反转，当腔内增益大于损耗时，就产生激光，由部分反射镜输出。没有被工作物质吸收的脉冲氙灯的光能形成的热量由冷却系统带走。通过调整光泵输入的电参数、选择不同尺寸和性能的 Nd:YAG 晶体、选择不同的谐振腔镜的最佳透过率、改变聚光腔及冷却系统等，可以改变激光器输出的功率或能量。

6.2.2 CO_2 激光器

（1）气体激光器的一般结构

气体激光器从光学结构上可以分为内腔式、外腔式和半外腔式三种，如图 6-10 所示。图(a)中谐振腔的两个镜片与放电管为一体，称为内腔式；图(b)中谐振腔的两个镜片与放电管完全分开，称为外腔式，由于在这种结构的激光器中，激光在腔内需要通过放电管窗表面 4 次，为了减少反射损耗，常将放电管的窗口做成布儒斯特角，称为布儒斯特窗，光波电场振动方向垂直于纸面的分量反射损耗大，不能产生激光振荡，平行于纸面的分量完全通

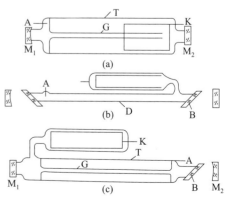

图 6-10　气体激光器的典型结构

过，损耗小可以产生激光振荡，因此输出激光为平行于纸面的线偏振光；图(c)中谐振腔的两个镜片，一个与放电管紧贴成一体，另一个与之分开，称为半外腔式。由于输出镜片安装成布儒斯特角，所以输出激光也为平行于纸面的线偏振光。

气体激光器一般分为原子激光器（工作物质是惰性气体原子，以 He-Ne 激光器为代表）、分子激光器（工作物质是双原子或三原子分子，以 CO_2 激光器为代表）和离子激光器（工作物质是气态离子，以氩离子激光器为代表）。

（2）CO_2 激光器的特点

CO_2 激光器是一种混合气体激光器，以 CO_2、N_2 和 He 的混合气体为工作物质。激光跃迁发生在 CO_2 分子的电子基态的两个振动-转动能级之间。N_2 的作用是提高激光上能级的激励效率，He 的作用是有助于激光下能级的抽空。后两者的作用都是为了增强激光的输出。CO_2 激光器因其效率高、光束质量好、功率范围大（几瓦至几万瓦）、能连续和脉冲输出、运行费用低、输出波长 10600nm 正好落在大气窗口等优点，成为气体激光器中最重要、应用最广的一种激光器，尤其大功率 CO_2 激光器是激光加工中应用最多的激光器。

（3）CO_2 激光器的分类

① 封离型 CO_2 激光器。这种 CO_2 激光器的工作气体不流动，直流自持放电产生的热量靠玻璃管或石英管壁传导散热，热导率低。由于放电过程中，部分 CO_2 分子分解为 CO 和 O，需要补充新鲜气体以防止 CO_2 含量减少导致的激光输出下降。因此这种激光器必须加入催化剂使 CO 和 O 重新结合为 CO_2，通常加入少量 H_2O 和 H_2 作为催化剂。封离型 CO_2 激光器的优点是结构简单，维护方便，造价和运行费用较低，寿命已超过数千小时至上万小时，激光器的输出功率为 50～70W。可应用于需要数百瓦功率的激光加工中。

② 纵向慢流 CO_2 激光器。这种激光器的结构，如图 6-11 所示。

这种激光器有很好的光束质量，模式稳定。但由于换气率低，散热方式效率低，高功率器件尺寸大，正在被纵向快流 CO_2 激光器替代。

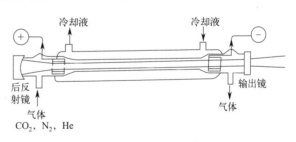

图 6-11　纵向慢流 CO_2 激光器

③ 纵向快流 CO_2 激光器。这种激光器是将放电管气体流动速度提高到每秒几十至几百米，以便冷却放电区的工作气体和及时带走不稳定因素。但由于气流扰动等因素，其光束质量不如纵向慢流 CO_2 激光器的，但优于横向激励 CO_2 激光器的。这种激光器的输出功率随放电电流密度线性增加，不存在放电电流密度的最佳值，输出功率可达 1kW 以上，电光转换效率在 20% 以上，光束质量以基模为主。目前 1～3kW 的纵向快流 CO_2 激光器已广泛应用于激光焊接、切割等加工领域。

④ 横向激励高气压 CO_2 激光器。这种激光器的放电方向与激光光轴相互垂直，一般在 10^5Pa 气压下运转，又称为 TEA（transversely excited atmospheric pressure，横向激励高气压）CO_2 激光器。这种激光器是脉冲激光器，其输出脉冲峰值功率可达 10^{12}W，每个脉冲能量为数千焦耳，是气体激光器在高功率和大能量方面与固体激光器竞争最有希望的器件。采用横向激励，电极面积大，平行于放电管轴，缩短了极间距离，使放电激励电压大大降低，也实现了大体积激励，提高了激光输出的峰值功率或能量。

⑤ 横向流动 CO_2 激光器。这种激光器的气体流动方向与激光光轴相互垂直。由于气体

流动路径短，通道截面大，较低的流速就可以达到纵向快流 CO_2 激光器同样的冷却效果，在 50m/s 左右的气体流速下，就有很高的气体流量。横向流动 CO_2 激光器通常采用电场与光轴垂直的横向激励方式，输出功率可达数千瓦，商用器件的最大输出功率超过 20kW，其缺点是光束质量较差。这种激光器已广泛应用于激光表面淬火、激光表面熔覆、激光表面非晶化等。

6.2.3 光纤激光器

光纤激光器是以光纤作为工作物质（增益介质）的极有发展潜力的中红外波段激光器，按其发射机理可以分为稀土掺杂光纤激光器、光纤非线性效应激光器、单晶光纤激光器、光纤孤子激光器等，其中稀土掺杂光纤激光器已很成熟，如掺铒光纤放大器（EDFA）已广泛应用于光纤通信系统。高功率光纤激光器主要用于军事（光电对抗、激光探测、激光通信等）、激光加工（激光打标、激光机器人、激光微加工等）、激光医疗等领域。

（1）光纤激光器的特点

① 光纤激光器在低泵浦下容易实现连续运转。

② 光纤激光器为圆柱形结构，容易与光纤耦合，实现各种应用。

③ 光纤激光器的辐射波长由基质材料的稀土掺杂剂决定，不受泵浦光波长的控制，因此可以利用与稀土离子吸收光谱相适应的短波长激光二极管作为泵浦源，得到中红外波段的激光输出。

④ 光纤激光器与目前的光纤器件，如调制器、耦合器、偏振器等相容，故可制成全光纤系统。

⑤ 光纤激光器结构简单，体积小巧，操作和维护运行简单可靠，不需要像半导体激光泵浦固体激光器系统中的水冷结构等复杂设备。如图 6-12 所示。

⑥ 与灯泵激光器相比，光纤激光器（尤其是高功率双包层光纤激光器）消耗的电能仅约为灯泵激光器的 1%，而效率则是半导体激光泵浦固体 YAG 激光器的 2 倍以上。

⑦ 因为光纤只能传输基本的空间模式，所以光纤激光器的光束质量不受激光功率运作的影响，尤其是高功率双包层光纤激光器，具有输出功率高、散热面积大、光束质量好等优点，输出的激光具有接近衍射极限的光束质量。

（2）光纤激光器的工作原理

光纤是以 SiO_2 为基质材料拉成的玻璃实体纤维，其导光原理是利用光的全反射原理，即当光以大于临界角的角度由折射率大的光密介质入射到折射率小的光疏介质时，将发生全反射，入射光全部反射到折射率大的光密介质，折射率小的光疏介质内将没有光透过。普通裸光纤一般由中心高折射率玻璃芯（直径一般为 $4\sim62.5\mu m$）、中间低折射率硅玻璃包层（芯径一般为 $125\mu m$）和最外部的加强树脂涂层组成，光纤按传播光波模式可分为单模（SM）光纤和多模（MM）光纤。单模光纤的芯径较细（直径 $4\sim12\mu m$），只能传播一种模式的光，其模间色散很小。多模光纤的芯径较粗（直径大于 $50\mu m$），可传播多种模式的光，但其模间色散较大。按折射率分布可分为阶跃折射率（SI）光纤和渐变折射率（GI）光纤。

以稀土掺杂光纤激光器为例，掺有稀土离子的光纤芯作为增益介质，掺杂光纤固定在两个反射镜间构成谐振腔，泵浦光从 M_1 入射，激光从 M_2 输出，如图 6-12 所示。当泵浦激光通过光纤时，光纤中的稀土离子吸收泵浦光，其电子被激励到较高的激发能级上，实现了粒子数反转。反转后的粒子以辐射形式从高能级转移到基态，释放能量，输出激光。

图 6-12 光纤激光器的结构示意

6.3 激光切割技术

激光切割是利用激光束聚焦形成的高功率密度光斑,将材料快速加热至汽化温度,蒸发形成小孔洞后,再使光束与材料相对移动,从而获得窄的连续切缝。连续激光可用于各种材料的高效率切割,红外脉冲激光主要用于金属材料的精密切割,紫外脉冲激光主要用于薄板金属或非金属材料的精密切割。连续激光切割加工是激光加工应用的重要领域,而 CO_2 激光切割加工各种金属和非金属则是激光切割应用的最大市场。

通过与数控机床、计算机辅助设计与辅助制造(CAD/CAM)软件相结合,激光切割具有无限的仿形切割能力,并且切割轨迹修改方便。通过预先在计算机内设计,可进行众多复杂零件的整张板的套排切割,既节省材料,也可实现多零件同时切割以及全自动化操作,甚至可实现三维空间曲线的激光自动切割。

6.3.1 激光切割的特点

(1) 激光切割材料的特点

① 切割质量好。割缝窄(一般为 0.1~0.5mm)、精度高(一般孔中心距误差 0.1~0.4mm,轮廓尺寸误差 0.1~0.5mm)、割缝粗糙度好(表面粗糙度一般为 $Rz=12.5$~$25\mu m$)。

② 切割速度快、效率高。激光切割加工为无接触加工,惯性小,因此其加工速度快。又因为采用数控系统,当采用先进的 CAD/CAM 软件编程时,省时方便,整体效率很高。

③ 热影响区小、几乎无变形。虽然激光照射加工部位的热量很大、温度很高,但照射光点很小,并且光束移动速度快,所以其热影响区很小。

④ 清洁、安全、劳动强度低。由于激光切割自动化程度高,可以全封闭加工,无污染(切割有机材料时,会有有害气体从排气系统排出,但不影响工作环境),噪声小,极大地改善了操作人员的工作环境。

⑤ 几乎可用于任何材料的切割。激光亮度高、方向性好,聚焦后的光点很小,能够产生极高的能量密度和功率密度,足以熔化任何金属,还可以加工非金属,特别适合于加工高硬度、高脆性及高熔点的其他方法难以加工的材料。

⑥ 不易受电磁干扰。激光加工不像电子束加工那样必须在真空中才能进行。激光加工在空气中进行,有时使用适当的辅助气体,光束在空气中的传输过程不受电磁场干扰。

⑦ 激光束易于传送。通过外光路系统可以使激光束随意改变方向,甚至可通过光纤传输,因而可以很容易和数控机床、机器人连接起来,构成各种灵活的柔性加工系统。

⑧ 激光切割经济效益好。尤其对于其他传统方法很难加工的材料,采用激光切割的优势更明显,因为激光切割的加工费用受材料变化的影响很小。

⑨ 节能和节省材料。激光束的能量利用率为常规热加工工艺的 10~1000 倍。由于激光

切割的割缝很窄，且为数控加工，可采用软件套排整板加工，可节省材料15%～30%。

（2）激光切割机理

激光切割是材料通过吸收激光能量而使其局部熔化，甚至汽化来完成材料的切割加工。当激光功率超过一定阈值后，在材料被激光穿透前，熔化的材料在激光喷嘴吹出的气流的助推下被反向抛出，同时喷出物继续吸收激光能量，形成等离子体，这些等离子体对激光的吸收率很大，屏蔽了部分激光向材料表面的直接注入，使材料对激光的吸收率减小，导致加热熔化时间变长，热影响区域变大，因此激光起始穿孔的口径较大。材料越厚，激光穿透的孔径越大。当材料被激光穿透后，以一定速度移动光束，则烧蚀前沿熔化的材料在激光喷嘴吹出的气流的助推下被正向吹出，形成的等离子体将在孔内（或切缝内），此时等离子体进一步吸收的激光能量将通过热传导传递到材料基体，这相当于增大了材料对激光的吸收率，从而使加热熔化时间变短，热影响区域变小，切缝变窄。也就是说材料被激光穿孔前，对激光的吸收率较小，需要较长的时间照射或较高的激光功率才能完成穿孔，并且穿孔也不规则，口径较大。一旦完成穿孔，材料对激光的吸收率显著增大，可以在一定速度情况下切割材料，切缝变窄，并且割缝表面光滑。

材料对激光的吸收能力取决于激光的偏振性、模式、会聚角、烧蚀前沿的形状和倾角以及材料的性质和氧化程度等一系列因素。

（3）激光切割分类

根据被切割材料和辅助气体的不同，把激光切割分为汽化切割、氧助熔化切割和无氧熔化切割三大类。有些学者把控制断裂切割作为激光切割的第四类。

① 汽化切割。当聚焦到材料表面的激光功率密度非常高时，与热传导相比，材料表面的温度上升极快，直接达到汽化温度，而没有熔化产生。例如，飞秒激光切割任何材料都属于汽化切割；纳秒或连续激光切割只有在切割一些低汽化温度的材料（如木材、碳素材料和某些塑料）时，才属于汽化切割。

② 氧助熔化切割。当激光切割金属材料时，若所吹辅助气体为氧气或含氧的混合气体，使被激光加热的金属材料产生氧化放热反应，这样在激光能量外就产生了另一个热源——金属化学反应产生的热能，并且两个热能共同完成材料的熔化及切割，称为氧助熔化切割。一般来讲，氧气流的速度越高，金属材料氧化放热反应越激烈，产生的熔渣被高速的氧气流排出越彻底，可以获得较高的切割速度。但氧气流的速度太高，气流会带走太多的热量，导致熔化金属冷却，使金属的氧化反应速度减缓，甚至会产生切不透的现象。据估算，激光切割低碳钢时，氧化反应放出的热能要占到切割所需全部能量的60%左右。

③ 无氧熔化切割。当激光切割材料时，若所吹辅助气体为惰性气体，熔化的材料将不会与空气中的氧气接触，也就不会产生化学反应，故称为无氧熔化切割。因此同等条件下，无氧熔化切割所需的激光能量将比氧助熔化切割所需的激光能量高。

6.3.2 影响激光切割质量的因素

影响连续激光切割材料质量的因素很多，下面对主要的影响因素进行简单介绍。

① 工件特性及激光波长对切割质量的影响。工件特性及激光波长对切割质量影响很大，因为它们直接影响材料对光束能量的吸收率，而对激光能量的吸收是实现激光加工的前提，吸收率的大小决定着激光加工的能量利用率。一般非金属材料对紫外激光和10600nm的CO_2激光的吸收率很大，而对近红外激光的吸收率却因材料不同有很大变化。不同的金属材料对不同波长的激光的吸收率变化很大，但它们的绝对数值较小。一般来讲，金属的氧化

物对激光的吸收率较大，所以在切割金属时，为了提高切割速度常采用吹氧气流。

② 工艺参数的影响。影响激光切割质量的主要工艺参数有喷嘴结构、气流、辅助气体、切割速度、焦点位置、焦点大小、景深、穿孔、程序设计等。

6.3.3 常用工程材料的激光切割

不同的材料激光切割的特性也不同，本章就一些常用材料的激光切割特性进行简要介绍。

（1）金属板材的激光切割

所有的金属对红外波段的激光都有很高的反射率，但高功率的红外激光还是能很好地切割金属，主要是由于高功率密度（大于 $10^6\text{W}/\text{cm}^2$）的聚焦激光照射到金属表面时，光照射的焦点处会在微秒量级的时间内熔化和氧化，氧化层和熔融的金属层对光的吸收率急剧增加，一般可达到 60%～80%。一旦完成穿孔，光的吸收率更高。因此，大多数金属材料可以很好地用激光进行切割加工。

① 普通碳钢的激光切割。低碳钢最适合采用氧助熔化激光切割。低碳钢含有 99% 以上的铁，铁的氧化反应产生大量的热量，因此通过吹氧辅助，可以减小对激光能量的要求；另外氧气可自由穿过氧化反应造成的氧化铁层，进入熔化材料，使氧化反应可连续快速地沿切口移动。氧化的熔融物的黏度低，与周围钢板的黏附力也低，因而熔渣可以很容易地被氧气流吹除，留下一个没有残留液滴的光洁切口。因而激光切割碳钢的切割速度高、切口质量好，切割热影响区几乎可以不予考虑，并且割缝平整、光滑，垂直度好。但切割较厚的低碳钢板，最好采用较大直径的喷嘴和较低的氧气压力，以防止烧坏切口边缘。

高碳钢的激光切割质量也较好，与低碳钢比，只是热影响区稍微大一些。含杂质低的冷轧钢板的激光切割质量优于热轧钢板。镀锌钢板和涂塑薄钢板的激光切割效果很好，不但热影响区小，并且割缝附近的镀层（或涂层）不受损坏。

② 不锈钢的激光切割。不锈钢一般采用高压氮气辅助切割，需要激光功率较高，切口白亮、不氧化、不变色。如用氧气助熔切割，在同样功率下切割速度可加快，但切口氧化变黑。不锈钢中含有 10%～20% 的铬，由于铬的存在，破坏铁的氧化过程，熔化层氧化不完全，反应热减少，切割速度较低。另一方面，由于熔化物没有完全氧化，与工件之间有较大的黏附力，不易完全从切口吹除，较易在切口的下沿留有熔化残渣。特别是对于含镍元素的奥氏体不锈钢来讲，熔融态的镍的黏度较高，更容易引发熔渣黏附在割缝背面。对于切口氧化程度要求不高时，也可以采用压缩空气作为辅助气体。为了减少黏渣和提高切割速度，可以采用高压氧气来切割不锈钢。另外采用高重复频率脉冲激光切割不锈钢，高的峰值功率可有效地消除切口黏渣。切割不同牌号的不锈钢，切割参数略有不同。

与切割普通低碳钢不同的是，在切割不锈钢的时候激光的焦点需要聚焦到被加工板材表面以下，而普通低碳钢则只需要将激光聚焦到被加工板材的表面，如图 6-13 所示。

③ 镍合金的激光切割。对镍合金的激光切割与不锈钢的切割相似，但由于熔融态的镍的黏度较高，更容易引发熔渣黏附在割缝背面，所以对镍合金的激光切割一般在较高的氧气压力下完成。随合金成分的不同，切割速度大约为切割同等厚度不锈钢的 0.5～1.0 倍。

(a) 切割普通低碳钢的焦点位置

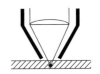
(b) 切割不锈钢时的焦点位置

图 6-13 切割不同材料钢材时的激光焦点位置

④ 钛及其合金的激光切割。由于钛的氧化反应放热量很大，吹氧切割钛的氧化反应剧烈、切割速度较快，并且很容易引起切口过烧，一般采用空气为辅助气体，更容易控制切割质量。而航空业常用的钛合金（Ti-6Al-4V）激光切割的质量较好，一般采用空气为辅助气体，在割缝的底部会产生少许黏渣，但很容易清除，而切口会由于吸收了氧，产生硬脆氧化层。吹惰性气体可减少氧化污染问题，但切口附近存在的热影响区也可能改变材料的力学性能。

⑤ 铝及其合金的激光切割。由于铝及其合金的热导率大（切割区的热量易被传导走），对红外激光又有高反射率，连续激光很难完成穿孔。因此连续激光切割铝及其合金，需采取一些特殊措施，如打磨其表面使之变粗糙、涂吸光材料或阳极钝化铝表面，也可从边缘起切或从预先钻孔处起切。但切割铝及其合金的最有效办法是采用高重复频率高峰值功率的脉冲激光，高的脉冲峰值功率能有效突破铝合金表面的吸收壁垒，获得良好的切缝。

用连续激光切割铝材，要特别注意反射光可能损坏激光系统的外部光学元件，如圆偏振镜和聚焦透镜等。

⑥ 铜激光切割。铜和铝相似，对红外激光具有高反射率并具有高热导率，连续激光很难完成穿孔，属难切材料。采用高重复频率高峰值功率的脉冲激光，辅助吹氧，可以较好地切割铜合金。

（2）非金属材料的激光切割

绝大多数非金属材料可用激光进行高速切割，并有优良的切割质量。尤其是对CO_2激光，非金属材料几乎完全吸收10600nm激光的能量。一般切割所采用的辅助气体是空气。

非金属的切割可以是切割区的汽化、熔化或化学裂解。在某些情况下材料切除过程是以上几种机制中的两个或三个的组合。

① 有机材料激光切割。由于纯的有机材料对YAG激光的透过率较大，所以不适合用YAG激光切割，而其对CO_2激光几乎完全吸收，所以有机材料特别适用于CO_2激光切割。它属于汽化切割，切口质量特别好。

100W以下的中小功率CO_2激光可以切割20mm以下的有机材料。主要采用吹压缩空气的方法，当吹气压力较小（10kPa）时，切缝表面光滑、透彻。但空气压力过低容易导致汽化气体着火燃烧，会烧坏工件甚至引燃机床。如果吹气压力较高，将在熔融材料中形成涡流，使熔融材料固化在切口上沿，可以看到沿着切口上部1mm左右的不透明白带。

提高激光功率可以加大切割速度。为了获得光亮的切缝，要求低速气流，一般采用大直径喷嘴（2mm）切割有机材料。此外，还要做好有害废气的排放处理。

紫外激光可以对一些有机聚合物进行冷切割，是一种化学分割过程，而不是常规的热切割过程，因此切口尖锐，没有任何熔化痕迹，质量极高。这是由于紫外激光的高光子能量可以直接打断有机聚合物的长分子链，产生化学分离过程，留下尖锐的未熔化切边，因此这种方法的切割精度很高，适合一些特殊用途的微加工应用场合。

② 纸张、木材等激光切割。纸张、木材等很容易采用激光进行切割。木材不熔化，属于汽化切割，同时在切割区发生化学裂解，裂解产物由气流吹出，切口断面覆盖有残余碳颗粒。由于切口材料无熔化流动，切口通常均很平滑。吹空气一般切缝会有黑色糊边，吹工业氮气切缝不会产生黑色糊边。对于较薄的材料，常用100W以下的中小功率CO_2激光切割；对于较厚的材料，如多层胶木板的纸盒模板，常用500~1500W的CO_2激光切割，通过参数控制，可切割出宽度均匀的矩形割缝。

③ 玻璃和石英的激光切割。玻璃材料对CO_2激光的吸收率很高，能有效地吸收激光束

的能量而被热能熔化，可以加工，但会伴随着切口下沉，周围产生的热应力也会使边缘出现裂缝（玻璃的韧性太差），因而不能进行相当精确的切割加工，一般来讲，这类高线胀系数的易碎材料，不能使用传统的激光热熔汽化切割法进行优质加工，但可以采用一种近年来发明的称为"激光引自分离"的激光加工方法，可以精确"切割"玻璃，并且效率很高。

石英材料比玻璃耐热冲击，熔点很高，因此可以用激光切割。CO_2 激光切割薄的石英板材或管材效率很高，如用 450W CO_2 激光切割石英灯泡管，每小时可切 4000 个。

④ 陶瓷材料的激光切割。陶瓷材料由于具备良好的电气、力学和热性能，在电子元器件生产中得到越来越广泛的应用。陶瓷材料比玻璃耐热冲击，熔点很高，因此可以用激光切割，但采用通常的穿透切割的速度切割，速度比较低。由于割缝附近的热梯度较大，有可能产生裂缝，预加热陶瓷材料和使用脉冲激光是减少切割区热冲击的有效方法。

对于陶瓷薄片采用划痕切割，是一种高效率的加工方法。采用脉冲激光，在陶瓷上沿直线打一系列互相衔接的盲孔，由于应力集中，材料很容易准确地沿此线折断，且切割速度很高。划痕切割只适用于直线切割。

由于短波长光束可汇聚更小的光斑，因此紫外脉冲激光在陶瓷的精密加工领域发挥着越来越重要的作用。紫外脉冲激光切割陶瓷薄片时，切割边缘陡直、光滑，无细小裂纹，热影响区域极小，切割边缘位置准确度高、精度好。

6.4　常用激光加工设备简介

激光加工设备是现代制造业重要的精密加工工具，广泛应用于各种材料的加工处理。下面是一些常用的激光加工设备及其特点。

① 激光切割机：用于金属和非金属的切割，特别是对于高硬度、高脆性及高熔点材料的切割具有显著优势。切割过程中工件变形小，切口质量高，适用于自动化生产线。

② 激光焊接机：适用于金属材料的焊接，特别是对于高要求焊接质量的场合。焊接速度快，焊接变形小，焊接质量稳定。

③ 激光打标机：用于在各种材料上进行标识，如皮革、塑料、金属等。打标效果清晰，速度快，适用于大批量生产。

④ 激光雕刻机：适用于木材、塑料、皮革等材料的精细雕刻。能完成复杂图形的雕刻，适用于艺术加工和装饰行业。

⑤ 激光钻孔机：用于各种材料的孔加工，精度高，效率高。适用于高精度要求的电子元器件制造等领域。

⑥ 激光热处理机：对材料进行表面或内部的热处理，改善材料的性能。热处理效果均匀，可控性好，适用于材料性能的精确调控。

⑦ 三维成型机：用于制作三维形状的产品，如塑料部件、陶瓷部件等。精度高，成型效果好，适用于复杂形状产品的制造。

⑧ 激光毛化机：用于改变材料表面状态，增加接触面积，提高摩擦力。适用于需要改善材料表面性能的场合。

这些激光加工设备在各个工业领域中都有广泛应用，特别是在服装行业中，激光加工技术因自动化程度高、加工精确、速度快、效率高、操作简便等优点而得到迅速普及。随着技术的不断发展，激光加工设备正逐步实现数字化、智能化，进一步提高加工效率和质量，降低成本，推动传统制造业的转型升级。

6.5 光纤激光打标加工实训

6.5.1 光纤激光打标机和相关软件介绍

（1）光纤激光打标机的介绍

本实习采用 HM20 激光打标机。HM20 激光打标机是一款具有更高性价比的激光打标设备。设备采用高性能的光纤激光发生器，通过自主研发的控制软件，实现小范围的各种幅面打标。配合自主研发生产的各种工作平台，拓宽了打标产品的种类和范围。

① HM20 激光打标机，如图 6-14 所示，其结构由激光打标头、升降架部件、显示器、按钮盒（如图 6-15 所示）、机箱部件组成。其中光学结构，如图 6-16 所示。

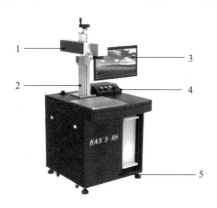

图 6-14 HM20 激光打标机图示
1—激光打标头；2—升降架部件；
3—显示器；4—按钮盒；5—机箱部件

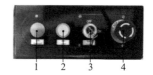

图 6-15 按钮盒
1—预留；2—激光按键；
3—钥匙开关；4—急停按钮

② HM20 激光打标机按钮说明。设备总电源开关位于操箱体后方，如图 6-17 所示。设备配备了急停电路，急停按钮（如图 6-18 所示）安装于操控台的按钮盒。当出现紧急情况时按下急停按钮能激活急停功能。当按下急停按钮后设备的所有动力电源将被切断，机器处于停止的安全状态。必要情况下如需对整机断电，应关闭总电源开关甚至拔掉总电源电缆。仅在已排除紧急情况并纠正所有缺陷或修复故障后方可松开急停按钮继续操作机器。紧急情况排除后将被按下的急停按钮按顺时针方向旋转使其自然上弹复位，即可解除急停状态。解除急停状态后需将软件重启，方可恢复设备工作。

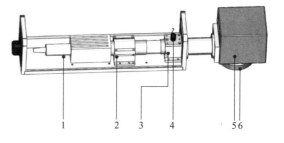

图 6-16 光学机构
1—激光器；2—激光器座；3—合束镜座；
4—红光标点器；5—振镜；6—场镜

图 6-17　电源开关

图 6-18　紧急停止按钮

③ 适合打标材料：包括塑料、金属表面、氧化层。

（2）光纤激光打标机软件介绍

HM20 激光打标机使用的软件为 HSMARKER。HSMARKER 包括：操作界面、文字功能、绘图功能、条码功能、图形导入导出、图层管理、标刻参数的调节和设定。HSMARKER 的主界面，如图 6-19 所示，包括系统工具栏、绘图工具栏、图元列表、图层列表、状态栏等。

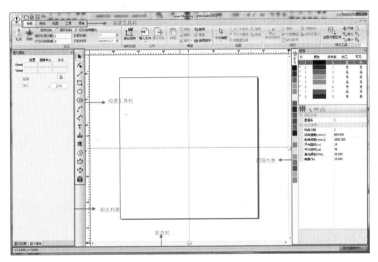
图 6-19　HSMARKER 的主界面

"常规"菜单实现一般的常规操作，包含七个部分：加工、文件、编辑、绘图、排列、缩放工具、视窗显示。如图 6-20 所示。

图 6-20　常规菜单

"加工"菜单包括红光预览、标刻操作、参数设置和打标的计数和计时。如图 6-21 所示。

图 6-21　加工菜单

绘图工具栏主要用来绘制常用的图形，如：实线、矩形、正多边形、椭圆、贝塞尔1、贝塞尔2、文字、穿孔、条形码、延时器、输入口、输出口、扩展轴等。如图6-22所示。

图形选取：使用图形选取的功能，可在绘制工具栏中选择图标或点击"常规"菜单中的"图形选取"按钮，如果当前没有其他命令正在运行，该图标显示为按下的状态，表示当前命令为选取。此时，可以使用鼠标单击工作空间内的对象来选中该对象。选取分单选和多选。

① 单选对象。先点击绘图工具栏上的 ，然后用鼠标左键点击某个需要选择的图形，被选中的状态如图6-23所示。

② 多选对象。

方法1：使用鼠标拖动一个矩形框来框选，如图6-24所示。

方法2：点击图元列表节点选择对象。

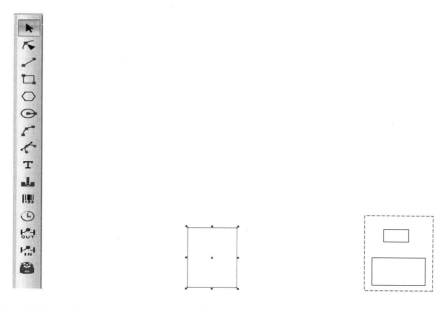

图6-22　绘图工具栏　　　　图6-23　单选对象示例　　　　图6-24　多选对象示例

另外，在图元列表框中也能方便实现单选和多选的功能。在图元列表框中用鼠标左键选中树形控件中的一个图元节点，如图6-25所示，即在绘图区域中显示选中的图元。选中树形控件中的"图层1_3"，则选中该图层下所有的图元或者按住"Ctrl"键用鼠标单击列表中的图元，如图6-26所示。

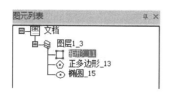　　　　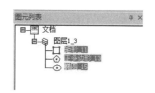

图6-25　单选图元　　　　　　　　　　图6-26　多选图元

椭圆绘制：点击绘图工具栏内 进入椭圆绘制状态。

椭圆私有属性：单选绘图区域中的椭圆，在主界面的左下方选择"图元属性"，可以设置椭圆相关参数，如图6-27～图6-29所示。

 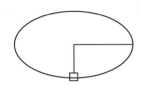

图 6-27　椭圆属性栏　　　　图 6-28　长、短半轴示例　　　　图 6-29　中心坐标示例

贝塞尔 1 绘制：点击绘图工具栏内 进入贝塞尔曲线绘制状态，绘制方式类似于实线的绘制方式，绘制完成时，点击鼠标右键，会出现三种方式用以完成绘制，如图 6-30 所示。

① 结束：完成绘制贝塞尔曲线，如图 6-31 所示。

② 闭合：选中该项后，系统自动将贝塞尔 1 的首尾两个节点连接起来形成闭合曲线。

③ 输入坐标：弹出对话框同实线设置一样，可以设置精确的 X、Y 坐标值。

文本绘制：点击绘图工具栏内 T 进入文本绘制状态，在绘图区域上按下鼠标左键，这时会弹出一个文本输入的窗口，默认情况下为 "TEXT"。输入相应的文本后点击 "确认" 或者直接按 "Esc" 键。文本支持多行文本的显示和空格键切换位置功能，如图 6-32 所示。

 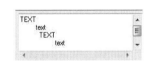

图 6-30　三种方式　　　　图 6-31　选择"结束"后　　　　图 6-32　多行文本示例

文字私有属性：单选绘图区域的文本，"图元属性" 栏里会显示该文本的属性，用户可设置不同的值以调整选中的文字，如图 6-33 所示。

高度（mm）：设置基准字母的高度，其他字母都以基准字母作为参考来计算对应的高度值。

B：设置字体为粗体。只在 TrueType 字体模式下有效。

I：设置字体为斜体。只在 TrueType 字体模式下有效。

F：点击此按钮，会弹出一个字体设置对话框，该窗口主要设置多行文本的排列、镜像排列、字体间距、行间距、排布方向和圆弧文本排布。如图 6-34 所示。

：多行文本采用左对齐方式排布。

：多行文本采用中心对齐方式排布。

：多行文本采用右对齐方式排布。

ABCD：文字从左到右镜像排列。

DCBA：文字从右往左镜像排列。

：文字镜像。

图 6-33　文本属性框　　　　　　　图 6-34　选择 F 后字体设置对话框

间距：设置文本中每个字之间的距离，单位为 mm。

行间距：设置的是多行文本下，行与行之间的间隔大小，单位为 mm。

使能固定文本宽度：勾选该项，文本宽度为设定的值，增加或减少字符，文本宽度不会改变。

排列方向：支持横向排列和竖向排列。默认状态下为横向排列。两种排列方式效果如图 6-35 所示。

排列方式：支持直线和圆弧文本排列。默认为直线排列。如果要把文字排列成圆弧形式，单击勾选"圆弧文本"选项，在"圆弧半径（mm）"中设置圆弧排列半径大小，如图 6-36 所示。

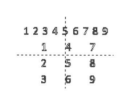
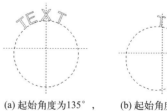

图 6-35　横向、竖向排列示例　　　　图 6-36　圆弧文本排列

填充功能：点击填充功能，主要用于文本绘制中填充，可选择不同类型的填充路线。

删除填充：文本填充中若要删除填充，选中文本图元，点击鼠标右键，然后选择"撤销填充"即可撤销填充。操作如图 6-37 所示。

条形码绘制：点击绘图工具栏内 切换到绘制条形码状态，在绘图区域点击鼠标左键则默认会生成一个条形码，类型为 Code 39，文本内容为"TEXT"。如图 6-38 所示。

图元列表：单选绘图区域中某个条形码图元，这时会在图元列表中显示出其私有属性的窗口。如图 6-39 所示。

 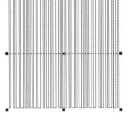 

图 6-37　右键菜单　　　　　图 6-38　条形码示例　　　　图 6-39　条形码属性栏

类型：指的是当前条形码的类型，目前包括多种类型：其中 PDF 417、DataMatrix 和 QRCode 为二维码，其他都为一维码。

QRCode 二维码：QRCode 称为快速响应矩阵码，呈正方形，只有黑白两色。在 3 个角落，印有较小、像"回"字的正方图案，QRCode 支持所有 ASCII 码字符，如图 6-40 所示。

其他工具栏：包含新建（N）、打开（O）、保存（S）、另存为（A）、关闭（C）、设备参数设置、系统配置、控制器说明、帮助、关于功能。界面如图 6-41 所示。

图 6-40　QRCode 码和填充示例　　　　图 6-41　其他工具栏

6.5.2　光纤激光打标机实训操作项目

（1）在金属名片上打标图标的实例

打标机操作步骤：绘制图样→设定标刻参数→红光预览→正式标刻→检查标刻质量。

① 绘制圆环。首先，双击 HSMARKER 图标，打开软件。在左侧绘图工具栏中点击"椭圆"命令 ⊙，在作图区域点击鼠标左键任意画出一个椭圆后，点击左下方"图元属性"，设置参数，输入 X、Y 的位置数值为 0、0，大小数值为 73、73，点击"应用"，如图 6-42 所示。

再次点击"椭圆"按钮，在作图区域重新点击鼠标左键画出一个椭圆，并在左侧"图元属性"中设置参数，输入 X、Y 的位置数值为 0、0，大小数值为 70、70，点击"应用"，完成圆环的绘制。

② 编辑文字。在左侧绘图工具栏中点击"文字"命令 T，在作图区域单击鼠标左键，弹出对话框，输入文字"智能制造实训中心"，如图 6-43 所示，单击"确认"，并在作图区域单击鼠标右键，退出编辑文字命令。

选取刚编辑的文字，点击左下方的"图元属性"即文字私有属性栏，点击 F，弹出字体

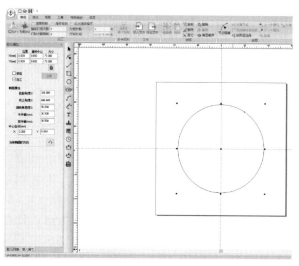

图 6-42 圆的参数设置

设置对话框,选择居左,设置"间距"数值为 0,"行间距"数值为 0,"字符宽度"数值为 100,勾选"圆弧文本" ☑圆弧文本 ,"圆弧半径"数值为 25,"起始角度"数值为 150,勾选"使能角度范围限制" ☑使能角度范围限制,数值为 140,点击对称,设置文字参数,如图 6-44 所示,点击"应用",完成"智能制造实训中心"的编辑。

图 6-43 输入文字

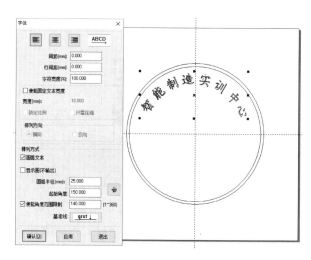

图 6-44 设置文字参数

在左侧绘图工具栏中点击"文字"命令 T,在作图区域单击鼠标左键,弹出对话框,输入英文"INTELLIGENT MANUFACTURING TRAINING CENTER",单击"确定",并单击鼠标右键,退出编辑文字命令。

选取刚编辑的文字,点击左下方的"图元属性",即文字私有属性栏,点击 F,弹出字体设置对话框,选择居左,设置"间距"数值为 0,"行间距"数值为 0,"字符宽度"数值为 100,勾选"圆弧文本" ☑圆弧文本 ,"圆弧半径"数值为 33,"起始角度"数值为 5,勾选"使能角度范围限制" ☑使能角度范围限制,数值为 190。点击 ABCD 使其顺序改变为 DCBA,点击,设置英文参数,如图 6-45 所示,点击"应用"。在左侧菜单栏中,可调整英文的文字字体,完成英文的编辑。

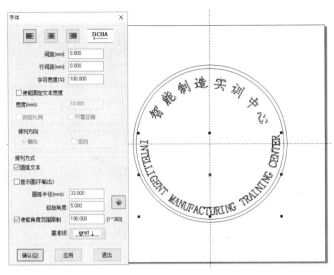

图 6-45 设置英文参数

③ 绘制图形。选择"导入文件"中的"图像文件"导入已有的图标图片,在左侧绘图工具栏中点击"贝塞尔1"命令 ,在作图区域内描绘出图标中间图形,如图 6-46 所示,当终点和起点要相接时,单击鼠标右键,选择"闭合",闭合曲线后,单击鼠标右键退出绘图,如图 6-46(a)所示,删除导入的图标图片,如图 6-46(b)所示。

在左侧绘图工具栏中点击 T,在作图区域点击鼠标左键,并输入文字"2021",点击"确定",点击 F,弹出文字设置对话框,去掉"圆弧文本"的对勾 □圆弧文本,点击 DCBA 使其顺序改变为 ABCD,点击"确认",并在作图区域单击鼠标右键结束编辑文字。然后调整大小与位置。

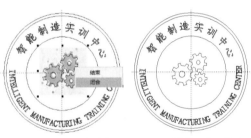

(a) 贝塞尔1曲线结束时选项　　(b) 删除导入的图片后

图 6-46 绘制图标

④ 填充。点击主界面左下方的"图元列表",长按键盘上"Ctrl"键同时选中已绘制的两个椭圆,在作图区域单击鼠标右键,弹出右键菜单,点击"填充",弹出"填充"对话框,可选择适合的加工路径类型,参数设置如图 6-47 所示,点击"确认",完成外圆环的填充。

在图元列表中,长按键盘上"Ctrl"键的同时选中已绘制的图标和"2021",在作图区域单击鼠标右键,弹出右键菜单,点击"填充",弹出"填充"对话框,选择适合的加工路径类型,加工路径类型可选 ,图形和文字填充参数设置,如图 6-48 所示。然后完成"智能制造实训中心"和英文"INTELLIGENT MANUFACTURING TRAINING CENTER"的填充。最后完成绘制作品,如图 6-49 所示。

⑤ 红光预览。在已经调整焦距的激光打标机上,选中图标的所有图元,点击"红光"图标 ,调整打标内容的大小和位置。

⑥ 标刻。确定加工参数后,如图 6-50 所示,选中图标的所有图元,点击"标刻"图标 ,如图 6-51 所示。

⑦ 完成并检查标刻质量。打标完成,检查标刻质量。图标打标作品如图 6-52 所示。

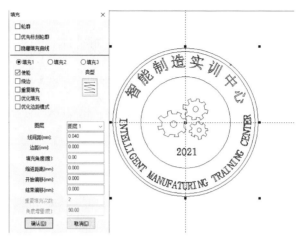

图 6-47　圆环填充参数设置

图 6-48　图形和文字填充参数设置

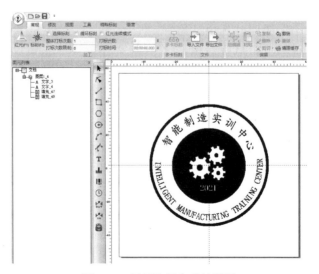

图 6-49　图标绘制完成效果图

图层参数	
图层名	1
加工参数	
标刻次数	1
标刻速度(mm/s)	800.000
跳转速度(mm/s)	2000.000
开光延时(us)	10
关光延时(us)	30
能量(%)	70.00
激光频率(KHz)	20.000

图 6-50　加工参数设置　　　图 6-51　打标图标　　　图 6-52　图标打标完成作品

（2）用光纤激光打标机制作金属名片创新设计作品

① 编辑文字。首先，双击图标，打开软件。在左侧绘图工具栏中点击 T，在作图区域单击鼠标左键，输入名片所需文字并移动到相应位置，然后填充。如图 6-53 所示。

图 6-53　名片文字设计图

② 制作二维码。在左侧绘图工具栏中点击"条形码"命令，在左下方选择"图元属性"，并选择"QRCode"类型，在左边文本框中输入文本"JIGUANGJIAGONG"后点击"应用"，并填充，得到二维码，如图 6-54 所示。

③ 导入矢量图。在菜单中选择"导入文件"→"矢量文件"选择 plt 文件进行添加，并选取填充。如图 6-55 所示。

图 6-54　二维码设计图　　　　　　　　图 6-55　祥云设计图

④ 完成制作。最后，把所有图元内容调整到适合的位置，完成名片设计图，如图6-56所示。选中所有图元，进行红光预览并标刻，完成作品，如图6-57所示。

图6-56 名片设计图

图6-57 名片打标完成作品

6.6 非金属激光切割加工实训

6.6.1 CO_2激光切割机和相关软件介绍

（1）CO_2激光切割机的介绍

本实训采用型号为CMH1610-B-A的CO_2激光切割机，其结构和相关开关如图6-58和图6-59所示，设备的控制面板如图6-60所示。激光切割机主要包括激光发生器、光路系统、动力系统、控制系统、冷却系统等。其工作面积为1600mm×1000mm。适合加工亚克力板、木板等非金属材料。

图6-58 CO_2激光切割机

图6-59 CO_2激光切割机控制开关

（2）CO_2激光切割机软件的介绍

CO_2激光切割机使用的软件为SmartCarve4.3。SmartCarve4.3软件是一款全新的上位平台软件，能支持公司绝大部分激光加工设备的加工控制或者数据生成，具有计算机辅助设计、计算机智能控制、图形图像处理、多种数据类型支持、多种激光加工工艺处理、多图层设置及多国语言支持等主要功能。软件操作流程图如图6-61所示。

SmartCarve4.3 的主界面如图 6-62 所示，包括系统工具栏、绘图工具栏、图元列表、图层列表、图层参数设置等。

① 界面说明如下。

系统工具栏：新建、修改、撤销重新操作、窗口缩放、移动和查看图形。

图元列表：显示绘图区绘制的图元名称、编号。

图元共有属性和图元私有属性：设置图元的位置、大小等属性情况。

绘图工具栏：绘制实线等基本图元，支持各种图形格式文件导入、打印输入等功能。

图层列表：显示 256 个图层及其切割顺序等信息。

图层参数设置：设置图层参数、加工参数。

图 6-60　CO_2 激光切割机控制面板

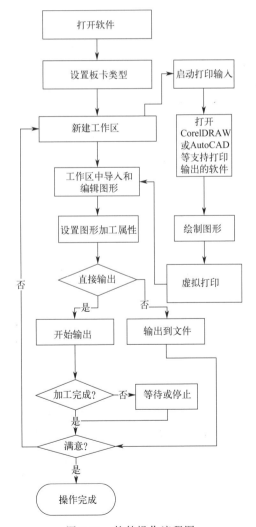

图 6-61　软件操作流程图

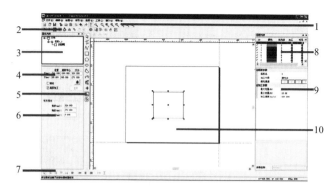

图 6-62 主界面
1—系统工具栏；2—其他工具栏；3—图元列表；4—图元共有属性；5—绘图工具栏；
6—图元私有属性；7—对齐工具栏；8—图层列表；9—图层参数设置；10—绘图区域

对齐工具栏：用户选中图形，对其进行位置排列。

其他工具栏：图形编辑功能和修改功能，以及网络传输、机床参数设置等功能。

绘图区域：绘制、编辑图形的地方。

② 绘图工具栏功能：绘图工具栏功能包括图形选取、节点编辑、实线绘制、矩形绘制、正多边形绘制、椭圆绘制、曲线绘制、文字编辑、穿孔绘制、图片导入、矢量图导入、打印输入启动等功能。其中图像文件可导入 bmp，jpg，gif 等图像文件，矢量文件可导入 plt，dxf，dst，dsb，ai，oux，out，yln，ymd 等矢量图形文件，绘图工具栏如图 6-63 所示。

③ 图层：图层可以直接理解为一种加工工艺，不同的加工工艺可以分成不同的图层。比如，一幅图中，有些地方需要切割深一点，有些地方需要切割浅一些，按图层的设置，则可以很容易达到这样的效果。目前系统最大支持 256 个图层。

图层列表中主要包括：图层信息栏、图层参数和加工参数设置属性栏。图层信息栏分别列举出了 256 个图层的信息，主要包括：图层 ID、颜色、优先级、是否加工、是否可见，如图 6-64 所示。

图 6-63 绘图工具栏 　　　　　　　　　　图 6-64 图层信息栏

图 6-64 中图层 1（以蓝色背景覆盖的图层）为当前选中的图层，在图层参数和加工参数

中显示的是该图层的参数。以灰色背景覆盖的图层为当前绘制图形默认的图层。右键点击图层列表框中的某一行时，会有一个右键菜单，该右键菜单如图 6-65 所示。

a. 应用到当前选中对象：点击该项后，系统会将当前绘图区域中选中的对象的图层切换到当前右键点击处对应的图层。

b. 将当前图层参数应用到所有图层：点击该项后，系统会将当前右键点击处的图层中设置的参数拷贝到其他图层中。

c. 设置当前层为默认层：点击该项后，系统会将当前右键点击处的图层设定为默认图层（默认图层表示的是在绘图区域绘制图形时，图形初始化的图层）。

④ 加工参数：加工参数列表如图 6-66 所示。

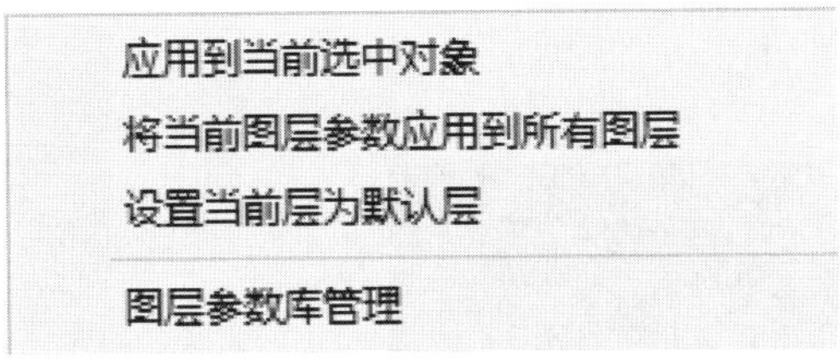

图 6-65　选图层后右键菜单

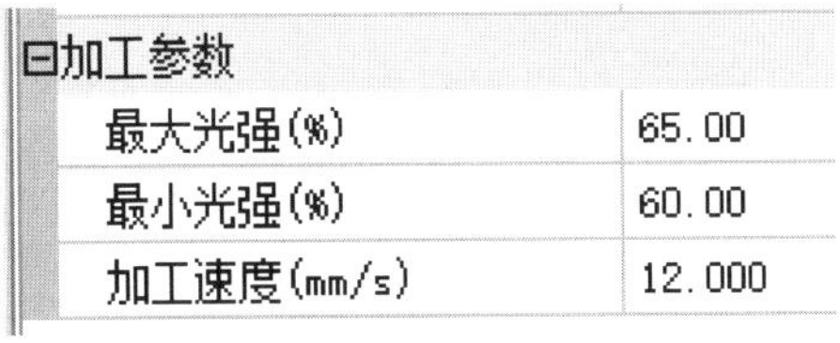

日加工参数	
最大光强(%)	65.00
最小光强(%)	60.00
加工速度(mm/s)	12.000

图 6-66　加工参数设置界面

加工速度（mm/s）：机器工作时单轴最大运行的速度。

最小光强（%）：加工时激光出光的最小值，范围为 0～100%。

最大光强（%）：加工时激光出光的最大值，范围为 0～100%。

设置时最大光强始终大于或等于最小光强。在速度一样的情况下，光强越大，雕刻越深。

6.6.2 CO_2 激光切割机实训操作项目

以激光切割红船为例：为纪念中共一大在南湖游船上顺利闭幕这一历史事件，在中央和省委指示下，1959 年仿制一条当年一大开会的游船（当年南湖的游船已经绝迹了），作为一大会议纪念船，停泊在烟雨楼前水面上，如图 6-67 所示。

图 6-67　南湖红船

① 在 CAD 中绘制红船，确定木板厚度和图纸中插孔的宽度，图纸分成浅雕和轮廓两个文件保存，如图 6-68 和图 6-69 所示。

② 把绘制好的两张图纸保存为 dxf 文件。

③ 打开 SmartCarve4.3 软件，选择“文件”→“导入文件”选择浅雕图纸导入绘图区域，选中所有元素，图层设置中选择绿色，点击鼠标右键选择“应用到当前选中对象”，优先级为 1，并把绿色图层对应的加工参数设置为最大光强和最小光强数值分别为 15 和 10，设置加工速度数值为 100，浅雕参数设置如图 6-70 和图 6-71 所示。

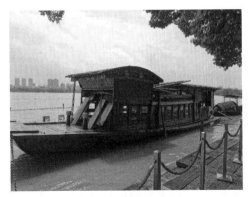

④ 再次选择“文件”→“导入文件”选择轮廓图纸导入绘图区域，选中所有元素，图层设置中选择黑色，点击鼠标右键选择“应用到当前选中对象”，优先级为 2，并把黑色图层对应的加工参数设置为最大光强和最小光强数值分别为 65 和 60，设置加工速度数值为

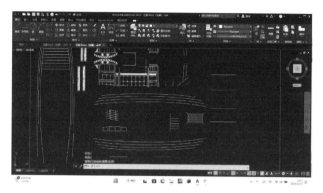

图 6-68　浅雕文件

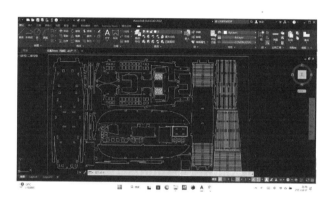

图 6-69　轮廓文件

12，轮廓参数设置如图 6-72 和图 6-73 所示。

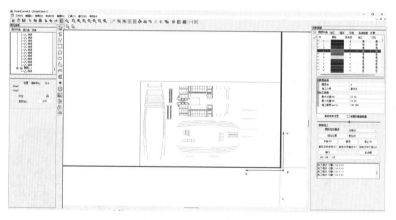

图 6-70　导入浅雕文件

⑤ 打开激光切割机的开关，用数据线连接电脑和激光切割机，放入木板并调整焦距，如图 6-74 所示。

⑥ 调整激光头位置，选择定位点，并走边框，确定加工位置，调试好后关上切割机保护罩。点击"开始"按键，切割机开始切割，如图 6-75 所示。

⑦ 切割机工作的同时，操作人员在机器旁戴好护目镜观察机器动向，以便及时发现故障。

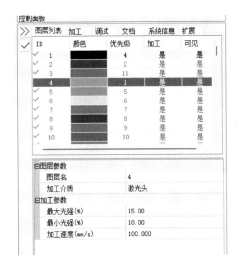
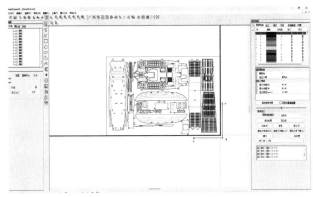

图 6-71　浅雕加工参数　　　　　　　　　图 6-72　导入轮廓文件

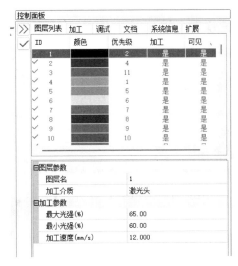

图 6-73　轮廓加工参数

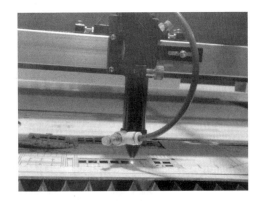

图 6-74　调焦距　　　　　　　　　图 6-75　激光切割加工

⑧ 激光切割加工结束后，打开机器保护罩，取出切割成品，如图 6-76 所示。把切割好的作品进行拼装，拼装好的红船如图 6-77 所示。

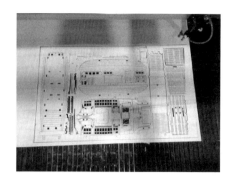 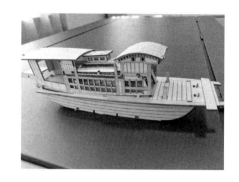

图 6-76　激光切割加工结束　　　　　图 6-77　拼装好的红船

6.7　激光内雕加工实训

6.7.1　激光内雕机和相关软件介绍

（1）激光内雕机的介绍

激光内雕是将脉冲强激光在透明体内部聚焦，产生微米量级大小的汽化微裂纹，通过计算机控制微裂纹在玻璃体内的空间位置，使这些微裂纹三维（或二维）排列而构成立体（或平面）图像。激光内雕机是一种集激光技术、机械设计技术、计算机技术、电子技术、三维控制技术、传动技术于一体的高科技设备。本实训用到的激光内雕机如图 6-78 所示。

（2）激光内雕机软件的介绍

本次实训中，激光内雕三维数据处理用到的软件有 3D Crystal、3D Vision、Laser Controller、3D Craft 软件，四种软件图标如图 6-79 所示。

6.7.2　激光内雕机实训操作项目

以航天员模型为例，此内雕模型为纹理模型。

① 用 3D Crystal 软件生成点云。双击打开 3D Crystal 软件，将语言设置为中文。点击"文件"→"打开纹理模型"（如图 6-80），选择 obj 素材文件导入模型。点击"设置"→"图形居中"（如图 6-81），使模型自动移动到中心。

图 6-78　激光内雕机

点击主界面右上角"贴图层"下模型名称，如图 6-82 所示，使导入模型呈现红色状态，即选中模型，如图 6-83 所示。点击"设置"→"纹理设置"，如图 6-84 所示，弹出"纹理设置"对话框，点击"层名"下方文件名，选择 jpg 文件（对应模型图片）打开，如图 6-85 所示，点击"确认"，即导入贴图图片。

图 6-79　激光内雕机加工用软件

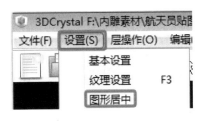

图 6-80　打开纹理模型　　　　图 6-81　图形居中　　　　图 6-82　贴图层

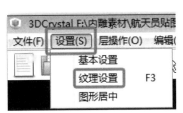
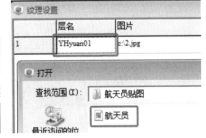

图 6-83　选中模型状态　　　　图 6-84　纹理设置　　　　图 6-85　选择贴图文件

再次点击主界面右上角"贴图层"下模型名称，选中模型，点击"层操作"→"缩放层"→"精确缩放"，如图 6-86 所示，弹出"精确缩放"对话框，X、Y、Z 对应的数值都改为 600，如图 6-87 所示，即放大模型。

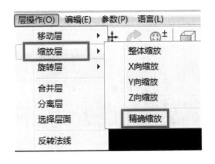
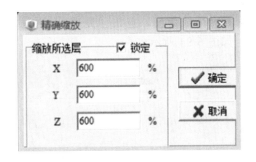

图 6-86　选择精确缩放　　　　　　　　图 6-87　设置精确缩放参数

打开"设置"→"基本设置"，弹出对话框，Zoom model 锁定模型中，勾选"lock"，将"Crystal size"中"Size X"改为 50，"Size Y"改为 80，"Size Z"改为 50，即设置水晶尺寸，如图 6-88 所示，点"OK"完成。

返回主界面，将右侧菜单栏中的"最小点距"改为 0.08→选"整体单面"→点击"确认修改"→点击"生成点云"，如图 6-89 所示，即将模型生成点云，然后弹出对话框设置参数，移动滑动条使"统一灰度值"数值在 55%~62%，如图 6-90 所示，点击"确认"，得到点云的总点数。然后保存为 dxf 文件。

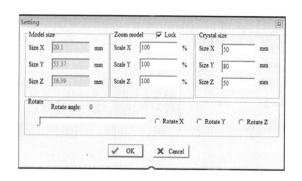
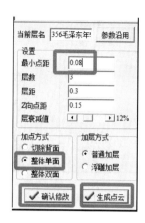

图 6-88　设置水晶尺寸　　　　　　图 6-89　设置点云参数

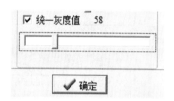

图 6-90　设置统一灰度值　　　　　　图 6-91　选择静态点云

② 用 3D Vision 软件将模型与文字合并。双击打开 3D Vision 软件，点击菜单栏中的"模型"→"模型导入"，选择刚保存的 dxf 文件，导入模型。

点击左侧模型编辑工具栏中的"静态点云"（如图 6-91 所示）→弹出点云生成对话框→点击下方的"文字"，在左侧输入"宇航员"（如图 6-92 所示）→点击"字体"，弹出"字体"对话框，选择字体类型和大小（楷体，大小 45）→点击"确定"（如图 6-93 所示），→返回点云生成界面，点击"完成"，再选择"明快"→"预览"→"确定"，生成文字的点云，如图 6-94 所示。

图 6-92　输入文字

返回主界面，点击"模型列表"中的图层，将两个图层均变为显示状态。点击选择文字图层→点击左侧"模型编辑工具栏"对话框中的"移动"将文字调整到合适位置→点击"更新"→同时选择两个图层点击"合并"，如图 6-95 所示。完成模型和文字合并，如图 6-96 所示，点击菜单栏中的"模型"→"模型导出"，保存模型文件。

③ 用 Laser Controller 软件设置电流。双击打开 Laser Controller 软件，然后打开激光内雕机开关，进入系统预热状态，待系统状态为"设备外控状态"后，将电流数值设置为 78，点击"设置"，如图 6-97 所示，完成预热。

④ 用 3D Craft 软件内雕加工。点击菜单栏中的"文件"→"打开 dxf 文件（即上一软件模型导出文件）。点击工具栏的"排序"→"最短路径"，如图 6-98 所示。设置材料水晶

块尺寸大小，注意 X、Y、Z 三个方向的尺寸数值与工作台水晶块的放置要一致。点击左侧菜单栏的"机械复位"。确认水晶块放到激光内雕机工作台左上方的零点位置，点击左侧菜单栏中的"开始"如图 6-99 所示。开始激光内雕加工，如图 6-100 所示，完成激光内雕的水晶作品，如图 6-101 所示。

图 6-93 设置字体参数

图 6-94 设置文字点云

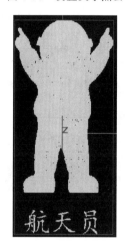

图 6-95 模型与文中合并

图 6-96 生成合并模型

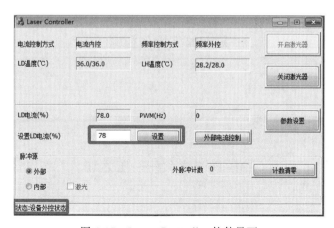

图 6-97 Laser Controller 软件界面

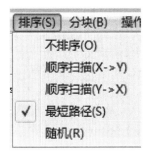

图 6-98 设置最短路径

图 6-99 设置水晶块尺寸

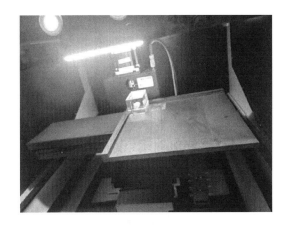

图 6-100 激光内雕机加工

图 6-101 激光内雕水晶作品

 激光加工操作视频

 中国激光之父——王之江

第 7 章
逆向工程实训

7.1 逆向工程概述

逆向工程,也称为反向工程,是一种通过对已有产品或系统进行深入分析,以获取其设计原理、结构、性能和制造工艺等各方面的详细信息,进而实现复制、改进或创新设计的过程。逆向工程的主要目标是从实物中提取设计信息,并以此为依据进行再设计和制造。

逆向工程是近年来发展起来的消化、吸收和提高先进技术的一系列分析方法以及应用技术的组合,其主要目的是改善技术水平,提高生产率,增强经济竞争力。世界各国在经济技术发展中,应用逆向工程消化吸收先进技术经验,给人们有益的启示。据统计,一些国家70%以上的技术源于国外,逆向工程作为掌握技术的一种手段,可使产品研制周期缩短40%以上,极大提高了生产率。因此研究逆向工程技术,对我国国民经济的发展和科学技术水平的提高,具有重大的意义。

逆向工程的核心技术和方法:逆向工程的核心技术包括三维扫描、数据处理、模型重建和再制造等。其中,三维扫描技术用于获取物体表面的几何信息,数据处理技术则用于处理和解析这些信息,模型重建技术则通过这些信息重建三维模型,最后再制造技术将模型转化为实物。具体来说,逆向工程的方法一般包括以下步骤:首先,对实物进行三维扫描或者图像采集;然后将获取的数据进行预处理和清洗;接着,利用专业软件进行模型重建,得到产品的三维数字模型;最后,根据这个模型进行再设计和制造,得到新的产品或者对原有产品进行改进。逆向工程被广泛应用于汽车制造、航空航天、医疗器械、艺术品复制、影视道具和服装等多个领域。如图 7-1 逆向工程在医学领域的应用,首先对骨骼进行扫描,扫描之后数据直接存储在电脑内对骨骼进行 3D 建模。在汽车制造领域,设计师可以通过逆向工程技术对汽车外形进行复制和改进;在航空航天领域,逆向工程可以帮助工程师分析复杂的机械系统,以改进或维修其部件。

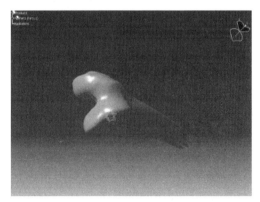

图 7-1　逆向工程应用

逆向工程面临的挑战和争议。尽管逆向工程在很多领域都有广泛的应用,但它也面临着一些挑战和争议。首先,逆向工程涉及知识产权和专利问题,可能引发法律纠纷。其次,逆向工程需要大量的计算资源和专业知识,成本较高。此外,逆向工程还可能涉及技术秘密和商业机密的泄露问题。

逆向工程发展趋势及对未来科技发展的影响。随着科技的不断发展，逆向工程也将迎来新的发展机遇。一方面，随着计算机技术的发展和数据处理能力的不断提高，逆向工程的精度和效率也将得到显著提升。另一方面，随着 3D 打印等先进制造技术的普及，逆向工程的应用范围也将进一步扩大。同时，逆向工程也将对未来科技发展产生深远影响。首先，逆向工程将推动制造业的数字化转型，实现更加高效和智能的生产。其次，逆向工程将促进设计的创新和优化，推动产品和技术的不断进步。最后，逆向工程将有助于保护知识产权和商业机密，维护企业的利益和权益。

总之，逆向工程是一种非常重要的技术手段，具有广泛的应用前景和发展潜力。未来，随着科技的进步和应用领域的拓展，逆向工程将在更多领域发挥重要作用，为人类社会的发展带来更多机遇和挑战。

7.2　产品数据采集与处理

7.2.1　点云数据获取

点云是指一个坐标系下的点的集合。这些点包含了丰富的信息，包括三维坐标（X，Y，Z）、颜色、分类值、强度值、时间等。点云根据组成特点分为两种，有序点云和无序点云。有序点云：一般为由深度图还原的点云，有序点云按照图方阵一行一行地从左上角到右下角排列，当然其中有一些无效点。有序点云按顺序排列，可以很容易地找到它的相邻点信息。有序点云在某些处理上还是很便利的，但是很多情况下是无法获取有序点云的。无序点云：无序点云就是坐标系中的点的集合，点排列之间没有任何顺序，点的顺序交换后没有任何影响，是比较普遍的点云形式，有序点云也可看为无序点云来处理。

点云数据采集的基本原理是通过激光扫描仪、结构光相机等设备，获取物体表面的三维坐标信息。这些设备会发射出激光或光线，碰到物体表面后反射回来，通过测量反射回来的光线与发射光线之间的夹角和距离，计算出物体表面的三维坐标。将这些坐标信息记录下来，就形成了点云数据。点云数据采集是计算机视觉领域的一个重要应用，点云数据可以用于三维重建、物体识别、场景理解等任务。

点云数据采集的重要手段是运用三维扫描技术。三维扫描技术可以获取真实物体的三维模型，是计算机视觉、机器人学、计算机图形学等领域的一个重要研究课题，在计算机图形应用、计算机辅助设计和数字化模拟等方面都有广泛的应用。长期以来，由于受到科学技术发展水平的限制，我们所能够得到并能对之进行有效处理及分析的绝大多数数据是二维数据，如目前应用最广的照相机、录像机、CCD 及图像采集卡、平面扫描仪等获取的数据。然而，随着现代信息技术的飞速发展以及图形图像应用领域的扩大，现实世界的立体信息已经能够快速地转换为计算机可以处理的数据。三维扫描设备就是针对三维信息领域的发展而研制出来的前端设备。使用者通过三维扫描设备扫描实物模型得到实物表面精确的三维点云（point cloud）数据，这些点插补成物体的表面形状，越密集的点云可以创建越精确的模型，这个过程称作三维重建。三维重建不仅可以快速生成实物的数字模型，而且精度很高，几乎可以完美地复制现实世界的任何物体，以数字化的形式逼真地重现现实世界。

三维扫描设备的分类：三维扫描设备按照信息获取方式的不同可分为接触式和非接触式两大类。其中非接触式三维扫描仪又分为光栅三维扫描仪（也称拍照式三维扫描仪）和激光扫描仪。光栅三维扫描仪有白光扫描或蓝光扫描等,激光扫描仪又有点激光、线激光、面激光的区别。

① 非接触式三维扫描仪:非接触式测量是以光电、电磁等技术为基础,在不接触被测物体表面的情况下,得到物体表面参数信息的测量方法。非接触式三维信息获取技术大多基于计算机视觉原理,需要结合摄像机拍摄的图像和目标与摄像头的位置关系。非接触式三维扫描仪的优点在于扫描速度快,适于软组织物体表面形态的研究,主要缺点在于受物体表面反射特性的影响,存在遮挡现象。

② 接触式三维扫描仪:接触式三维信息获取的基本原理是使用连接在测量装置上的测头(探针)直接接触被测物体的测量点,根据测量装置的空间几何结构得到测头的坐标。典型的接触式三维扫描设备包括三坐标测量机和随动式三维扫描仪。其中三坐标测量机具有可做三个方向移动的探测器,探测器在三个相互垂直的导轨上移动并传递信号,三个轴的位移测量系统(如光栅尺)经数据处理器或计算机等计算出工件的各点坐标。随动式三维扫描仪应用传感器技术,由测量者牵引装有探针的机械臂在物体表面进行滑动扫描。机械臂的关节上装有角度传感器,可以实时测量关节的转动角度,根据臂长和各关节的转动角度计算出探针的三维坐标。

常用三维扫描设备如下。

① 拍照式三维扫描仪:拍照式三维扫描仪的工作过程类似于拍照过程,工作时一次性扫描一个测量面,扫描速度快、精度高,可按照要求调整测量范围,从小型零件到车身整体测量均能完美胜任,目前已广泛应用于工业涉及行业中。

拍照式三维扫描仪的原理:拍照式的原理如图 7-2 所示,扫描仪对被测物体测量时,使用数字光栅投影装置向被测物体投射一系列编码光栅条纹图像并由单个或多个高分辨率的 CCD 相机同步采集经物体表面调制而变形的光栅干涉条纹图像,然后用计算机软件对采集得到的光栅图像进行相位计算和三维重构等处理,可在极短时间内获得复杂工件表面完整的三维点云数据。

 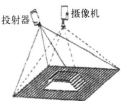

图 7-2　拍照式三维扫描仪的工作原理

拍照式三维扫描仪的特点及应用:扫描仪扫描期间,物体运动会使数据模糊不清,从而降低测量精度。为了实现所需的 3D 精度等级,物体运动得越快,就必须越快速地执行一个完整扫描。越快的扫描需要更快速的空间光调制器和帧捕捉速率更高的摄像头,而亮度更高的图形照明也会对快速扫描有所帮助。拍照式三维扫描仪扫描速度极快,数秒内可得到 100 多万点,精度也很高,单面精度达微米级别,可以广泛应用于逆向工程、生产线质量控制和产品元件的形状检测以及文物的录入等领域。

② 手持式三维扫描仪:手持式激光扫描系统即采用激光三角法测量的原理对物理模型的表面进行数据采集。手持式激光三维扫描仪是继三坐标测量机激光扫描系统、柔性测量关节臂的激光扫描系统之后的"第三代"三维激光扫描系统。扫描仪无需任何关节臂的支持,只需通过数据线与普通计算机或者笔记本计算机相连接,就可以手持该扫描仪自由度地对待测零件、文物、汽车内饰件、鞋模、玩具等进行扫描,从而快速、准确并且无损地获得物体的整体三维数据模型,达到质量检测、现场测绘与逆向 CAD 造型、模拟仿真和有限元分析的目的。

手持式三维扫描仪的工作原理：如图 7-3 所示，手持式三维扫描仪工作时将激光线照射到物体上，扫描仪可以使用两个相机来捕捉这一瞬间的三维扫描数据，由于物体表面的曲率不同，光线照射在物体上会发生反射和折射，然后这些信息会通过第三方软件转换为 3D 图像。扫描仪工作时使用反光型焦点标志贴，与扫描软件配合使用，操作员可以根据其需要的任何方式移动物体。在扫描仪移动的过程中，光线会不断变化，而软件会及时识别这些变化并加以处理，而且光线投射到扫描对象上的频率极高，哪怕扫描时动作很快，也同样可以获得很好的扫描效果。

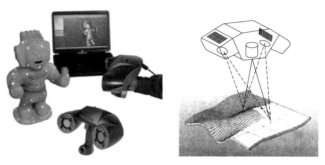

图 7-3　手持式三维扫描仪工作原理

手持式三维扫描仪的特点及应用：手持式三维扫描仪不仅能够检测每个细节并提供极高的分辨率，而且可以提供无可比拟的高精度，生成精密的 3D 物体图像。手持式三维扫描仪不需要额外跟踪或定位设备，定位目标点技术可以使用户根据其需要以任何方式、角度移动被测物体。便携式手持三维扫描仪可以装入手提箱携带到作业现场，在工厂间转移也十分方便。扫描仪搜集到的数据常被用来进行三维重建计算，在虚拟世界中创建实际物体的数字模型。这些模型具有相当广泛的用途，在工业设计、瑕疵检测、逆向工程、机器人导引、地貌测量、医学信息、生物信息、刑事鉴定、数字文物典藏、电影制片、游戏创作素材等领域都有所应用。

③ 三坐标测量机如图 7-4 所示，三坐标测量机（coordinate measure machine，CMM）是一种接触式三维信息获取设备。三坐标测量机是在三个相互垂直的方向上有导向机构、测长元件、数显装置，有一个能够放置工件的工作台，测头可以手动或机动方式轻快地移动到被测点上，由读数设备和数显装置把被测点的坐标值显示出来的一种测量设备。有了测量机的这些基本结构，测量的容积里任意一点的坐标值都可通过读数装置和数显装置显示出来。

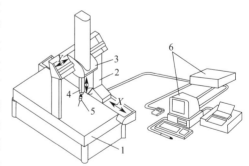

图 7-4　三坐标测量机的组成
1—工作台；2—移动桥架；3—中央滑架；
4—Z 轴；5—探头；6—电子系统

测量机的采点发信号装置是测头，在沿 X、Y、Z 三个轴的方向装有光栅尺和读数头。其测量过程：当测头接触工件并发出采点信号时，由控制系统去采集当前机床三轴坐标相对于机床原点的坐标值，再由计算机系统对数据进行处理。

在测头内部有一个闭合的有源电路，该电路与一个特殊的触发机构相连接，只要触发机构产生触发动作，就会引起电路状态变化并发出声光信号，指示测头的工作状态；触发机构产生触发动作的唯一条件是测头的探针产生微小的摆动或向测头内部移动,当测头连接在机床主轴上并随主轴移动时,只要探针上的触头在任意方向与工件(任何固体材料)表面接触,使探针产生微小的摆动或移动,都会立即使测头产生声光信号,指明其工作状态。三坐标测量机上的探针在伺服装置的驱动下,可以沿上下、左右、前后三个方向移动,当探针接触被测点时,分别测量其在三个方向的位移,就可以测得这一点的三维坐标。控制探针在物体表面移动、触碰,可以完成整个表面的三维测量。优点:提高测量效率,三坐标测量机采用计算机辅助技术,可以自动计算出被测量的数值,大大提高了测量效率;降低误差率,三坐标测量机的测量精度非常高,可以有效地降低误差率,提高测量的准确性;适用于各种复杂形状的测量,三坐标测量机可以测量各种复杂形状的零件,如曲面、曲线等,具有很强的适应性;易于实现自动化,三坐标测量机可以与机器人等自动化设备配合使用,实现自动化测量和检测。缺点:设备成本和维护费用较高;操作要求非常严格,需要专业的技术人员进行操作和维护;速度较慢;无法得到色彩信息。这种装置虽然也是通过探针在物体表面扫描来工作,但更适作纯粹的测量仪器。三坐标测量机的测量结果评判指标包括尺寸精度、定位精度、几何精度及轮廓精度等。

7.2.2 点云数据处理

Geomagic Studio 逆向工程软件介绍。Geomagic Studio 是美国 Raindrop(雨滴)公司创造的一款逆向工程软件,Geomagic Studio 11 的启动界面如图 7-5 所示。它能够根据三维扫描仪扫描物体所得的点云数据创建出良好的多边形模型和网格模型,并将网格化的模型转换为 NURBS 曲面。Geomagic Studio 软件是目前处理三维点云数据功能强大的软件之一。相较于其他同类软件,Geomagic Studio 对点云数据操作时进行图形拓扑运算速度快、显示快,可以简化三维点云数据处理的过程。目前 Geomagic Studio 广泛应用于汽车、航空、医疗、艺术和考古领域。

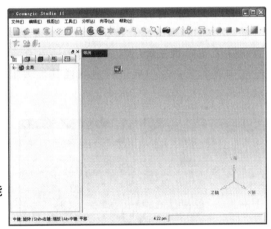

图 7-5 Geomagic Studio 11 的启动界面

(1) Geomagic Studio 软件的主要功能

作为目前应用最广泛的逆向工程软件,Geomagic Studio 提供以下主要功能。

① 处理扫描数据:采集点云数据或多边形网格数据并采用降噪、采样和补洞等方式优化扫描数据。

② 编辑点和多边形网格:根据点云数据创建准确的多边形网格,采用自动检测并纠正误差、新的"修补"命令和自动曲率填孔等方式编辑多边形网格。

③ 曲面建模:根据多边形模型自动创建 NURBS 曲面,根据公差自适应拟合曲面。

④ 输出三维格式:将模型输出成与 CAD/CAM/CAE 匹配的三维格式(包括 IGS、STL、STEP、DXF 等)。

⑤ 支持多种 CAD 的参数化建模:将模型输出为 CAD 软件包,包括 Pro/E、NX、SolidWorks、Autodesk 和 Inventor 等。

(2) Geomagic Studio 软件的工作流程

Geomagic Studio 软件的作用是将扫描到的散乱的三维点云数据,经过一系列处理,转化为三维多边形网格数字模型,并以 STL 文件格式输出,其大致的工作流程如下。

① 从点云数据中重建出三角网格曲面。

② 对三角网格曲面编辑处理。

③ 模型分割,参数化分片处理。

④ 栅格化并将 NURBS 拟合成 CAD 模型。

(3) Geomagic Studio 软件点云数据后处理

① 点处理阶段:逆向工程中的点云是由三维扫描系统采集的,由可表达出模型形状的大量的点组成。由于扫描仪的扫描技术的限制以及扫描环境的影响,不可避免地带来多余的点云或噪点,可以采用以下方式删除或编辑这些点云。Geomagic Studio 的点处理如图 7-6 所示。

a. 断开连接:在非连接选项对话框中,"分隔"选择"低",用 Delete 键删除选中的非连接点云。断开组件连接命令可以自动探测所有非连接点云,使结果更加准确。

b. 手动删除杂点:选择不需要的点云按 Delete 键手动删除。

c. 体外孤点命令:使用该命令删除超出指定移动限制范围的三维点云。体外孤点功能非常保守,可以重复使用三次达到最佳效果。

d. 减少噪音:在扫描过程中,由于扫描设备轻微振动、扫描仪量规不准确、物体表面较差和光线变化等原因而产生的噪音点,会导致三维点云数据不精确。减少噪音操作将自动发现并删除无联系点或体外孤点等扫描中的噪音点。

e. 使用封装或合并命令将点云转换为三角网格,进入多边形处理阶段。

② 多边形处理阶段:点云经过三角化处理进入多边形阶段,此阶段的模型由大量点与点之间拼接而成的三角形组成。由于通常会存在多余的、错误的或表达不准确的点,因此由这些点构成的三角形也要进行删除或其他编辑处理。Geomagic Studio 的多边形处理如图 7-7 所示。

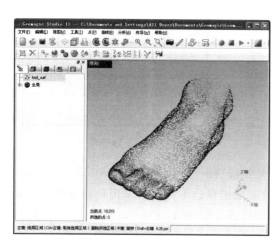

图 7-6 Geomagic Studio 的点处理

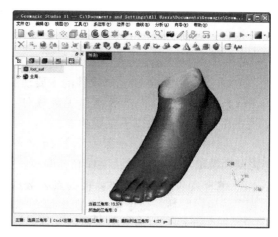

图 7-7 Geomagic Studio 的多边形处理

a. 简化三角网格:由于三维扫描会产生大量的空间点云数据,点云生成的三角网格的数量会非常庞大,为了精简数据量,需要简化模型三维点云数据。

b. 松弛:如果三角网格化模型表面粗糙,所生成的模型表面质量就会差,需要对模型进行松弛处理。

c. 填充孔:对于曲率变化较小的孔,通过"填充孔"命令进行曲率填充,从而得到较好的完整表面。

　　d. 锐化向导：在扫描仪的系统中往往将两个邻边的连接自动处理为圆角，要将圆角处理为直角，可选择需要锐化的边执行"锐化向导"命令对其进行锐化。

　　e. 消除特征：对于流线型、弧形等曲率要求较高的三维模型，错误的点云数据可能导致模型表面有凸起等特征，可用选择工具进行选择然后执行"消除特征"进行消除。

　　f. 编辑边界：对于不整齐的边界，可以执行"编辑边界"命令，减少控制点的数目使边界变得整齐。

　　g. 提取特征曲线为曲线实体：可以通过两种方法提取特征曲线为曲线实体。一种是使用"创建截面曲线"命令，另一种是软件将边界自动转换为曲线。特征曲线可以保存为 IGS 格式，在三维 CAD 软件中直接调用。

　　h. 使用"对齐到全局坐标系"命令：该命令可以重新调整系统坐标系的方向和位置，这需要事先建立基准或特征。多边形阶段编辑的好坏很大程度上决定了最终曲面质量的好坏。

（4）创建 NURBS 曲面

NURBS 曲面的创建有形状模块和制作模块两个模块可选。形状模块有两种方法：一种从执行命令"探测轮廓线"开始；另一种从执行命令"探测曲率"开始。制作模块即进入了 Geomagic Studio 软件的 Fashion 模块。

　　① 从"探测轮廓线"进入形状模块。从"探测轮廓线"进入形状模块到最终得到 CAD 模型的基本操作过程如下。

　　a. 进入形状模块后，执行"探测轮廓线"命令，对模型曲面进行轮廓探测以获得模型的轮廓线。

　　b. 执行"编辑轮廓线"命令，使用"绘制""松弛""收缩"等命令对轮廓线进行编辑使其到达准确位置，并保持轮廓线的平顺。

　　c. 执行"细分/延伸轮廓线"命令，延伸线根据轮廓线生成，形成完整的曲面形状。执行"编辑延伸"命令，可对延伸线进行编辑。

　　d. 执行"构造曲面片"命令，将各面板铺设曲面片，曲面片数目可以通过软件自动估计，也可以指定数目。

　　e. 执行"移动面板"命令，对所有面板进行定义，即指定所有的面板类型，对面板进行编辑。由于在定义面板时，可选的有格栅、条、圆、椭圆、套环以及自动探测，为了更准确地表达曲面，在构造曲面片时尽量使面板的定义在前五种定义范围之内。

　　f. 执行"构造格栅"命令，将曲面格栅化，并拟合 NURBS 曲面，最终得到 CAD 模型。

　　② 从"探测曲率"进入形状模块。对于轮廓比较明显的模型，可以使用 Geomagic Studio 软件对轮廓线进行探测，但是对于轮廓不太明显的模型，比如工艺品，就无法使用上述方法。对于这种模型，使用另一种建模方法，即从"探测曲率"开始的方法。从"探测曲率"进入形状模块到最终得到 CAD 模型的基本操作过程如下。

　　a. 执行"探测曲率"命令。由于软件自动生成的轮廓线并不完全是我们所需要的轮廓线，可以通过执行"升级/约束"命令，将曲率线升级成轮廓线，或者将轮廓线降级为曲率线，从而获得理想的轮廓线。

　　b. 执行"构造曲面片"命令，在轮廓线内构造曲面片网格。

　　c. 执行"移动面板"命令，使曲面片网格变得均匀整齐。

d. 执行"构造格栅"命令以及拟合 NURBS 曲面,得到 CAD 模型。

比较两种进入形状模块的方法可以看出:对于外形较规则的机械零件模型采用第一种方法,效率和精度都较高,而对于外形复杂不规则的或者第一种方法无法处理的模型,如工艺品模型等,适合选择第二种方法进行处理。

③ 制作模块。制作模块拟合 NURBS 曲面的工作过程如下。

a. 进入制作模块,执行"探测轮廓线"命令,对模型表面进行轮廓线探测,也可在软件自动探测的基础上手动进行修改完善,抽取轮廓线。

b. 执行"编辑轮廓线"命令,对抽取的轮廓线进行修改,使编辑后的轮廓线准确表达表面轮廓,轮廓线的生成和编辑与形状模块的操作相同。

c. 执行"延伸轮廓线-自适应"命令,自适应延伸根据生成的轮廓线以及曲面表面的曲率变化进行延伸,因此可得到较好的曲面连接效果。

d. 执行"编辑延伸"命令,编辑延伸的轮廓线,使其光顺、拐角合理,并检查没有问题。

e. 执行"创建修剪曲面"命令,将拟合的初级曲面和连接曲面缝合成一个整体 CAD 模型。

(5)创建 Geomagic Studio 曲面形状阶段

创建 Geomagic Studio 曲面形状阶段即精确曲面构造是对模型进行探测轮廓线、编辑轮廓线、构造曲面片、构造网格等处理,主要通过调整网格节点来改变曲面片形状,最后重构出比较理想的 NURBS 曲面。参数曲面阶段是对模型进行探测区域、编辑轮廓线、拟合初级曲面和拟合过渡,最后裁剪并缝合使模型成为完整模型,主要是通过调整和修改后获得的较理想的轮廓线,来分类并定义表面区域类型,又称为参数曲面建模。

创建 Geomagic Studio 曲面过程如下。

a. 进入参数曲面阶段,单击"参数曲面"命令,点击"开始"模块中的"参数曲面",单击"确定"按钮进入参数曲面。

b. 探测轮廓线。对模型曲面进行轮廓探测以获得该模型的轮廓线,首先探测到模型曲率变化较大的区域,通过对该区域中心线的抽取,得到模型的轮廓线,同时轮廓线将模型表面划分为多块面板。单击"区域"模块中的"探测区域"命令,模型管理器中会显示出"探测区域"对话框,软件自动显示"曲率敏感度"为"70.0","分隔符敏感度"为"60.0",使用默认参数,单击"计算区域"命令,软件根据模型表面曲率变化生成轮廓区域,可在自动生成的轮廓区域的基础上进行增加、去除或者修复等编辑操作,同时勾选"曲率图"复选框,作为手动编辑的参考。单击"抽取"后单击"确定"命令,完成探测轮廓线的操作。

c. 编辑轮廓线。软件自动生成的轮廓线往往难以达到要求,需要操作人员对轮廓线进行手动编辑,使轮廓线能够准确、完整地表达模型轮廓。单击"区域"模块中的"编辑轮廓线"命令,模型管理器中会显示"编辑轮廓线"对话框,设置"段长度"。"操作"一栏出现七个命令:绘制、抽取、松弛、分裂/合并、细分、收缩、修改分隔符。绘制是手动绘制轮廓线,抽取是根据分隔符生成轮廓线,松弛是重新获取轮廓线,可重复单击获取理想轮廓线,为了避免产生错误,在增加或者去除轮廓线时,必须修改分隔符。在以上命令操作的同时,可以勾选"分隔符""曲率图"和"共轴轮廓线"复选框进行参考,编辑轮廓线时,需要单击"检查问题"命令,对出现的问题及时解决,直至出现的问题数为零后单击"确定"命令,完成修改轮廓线操作。

d. 拟合曲面。拟合曲面是对分类并定义后的初级曲面进行拟合。单击"主曲面"模块中的"拟合曲面"命令，可以发现，软件已经对模型的不同区域通过颜色进行了自动划分，但是有的区域由于比较复杂，软件会出现划分错误，这时需要操作人员根据原始模型的表面特征对曲面片进行人为的区域分类。区域分类包含：自由形态、平面、圆柱体、圆锥体、球体。还可以指定分类方式为自由分类。区域分类过程中通过鼠标左键选中区域，按住 Shift 键的同时单击鼠标左键可选中多个区域。对不同区域分类，一般绿色表示平面，红色表示自由平面等，分类完成后，"全选"所有区域，在模型管理器中单击"应用"命令，软件自动拟合各个区域。拟合后软件用橙色区域表示拟合结果存在偏差，但是偏差在可接受范围之内（软件用红色表示偏差较大，需要重新编辑轮廓线）。

e. 拟合连接。拟合连接是对分类并定义后的各初级曲面之间的连接部分（即延伸线所占区域）进行拟合。单击"连接"模块中的"拟合连接"命令，通过鼠标左键选中连接部分，对连接部分进行分类，单击"分类连接"下拉菜单，其中包含：自动分类、自由形态、恒定半径、尖角。当连接部分被分类为自由形态的时候，软件会自动根据初级曲面之间的连接关系进行自由拟合；当连接部分被分类为恒定半径的时候，可自定义半径值或软件自动设置。按住 Shift 键的同时单击鼠标左键可以选中多个具有相同属性的连接部分。分类完成后，"全选"所有初级曲面之间的连接，在模型管理器中可以设置"控制点"和"张力"，单击"应用"后软件自动拟合出各个连接部分。拟合连接完成。

f. 裁剪并缝合。单击"输出"模块中的"裁剪并缝合"，模型管理器中会显示"裁剪并缝合"对话框，默认"生成对象"为"缝合对象"，最大三角形计数设为"200000"，单击"应用""裁剪并缝合"后，完成裁剪并缝合。

g. 输出。保存曲面文件，在模型管理器中选择"已缝合的模型"，点击"保存"按钮选择相应的文件格式，IGS/IGES、STP/STEP 为国际通用格式，曲面文件可保存为这些可被其他 CAD 软件接受的格式。

h. 参数化。Geomagic Studio 参数化阶段将在参数曲面模块下拟合的初级曲面通过数据传输通道导入参数化 CAD 软件中进行编辑。同时启动 Geomagic Studio 和参数化 CAD 软件，进行"参数转换"操作，将各曲面文件导入参数化 CAD 软件中，余下的编辑操作全部在参数化 CAD 软件中进行。

7.3 产品造型设计与建模

7.3.1 常见三维设计软件简介

（1）UG NX10.0 软件功能简介

UG NX10.0 是 Siemens 公司推出的一款先进的 CAD/CAM/CAE 软件，广泛应用于航空、汽车、模具、机械等领域。该软件提供了丰富的功能和工具，帮助用户进行产品的设计、模拟、制造和加工等。它为用户提供了一个集成的、全面的解决方案，涵盖了从产品设计、制造到仿真的整个产品生命周期。该软件功能强大，可以轻松实现各种复杂实体及造型的建构，为产品设计和加工过程提供了数字化造型和验证手段。

（2）UG NX10.0 软件主要功能

① 曲面建模：UG NX10.0 提供了强大的曲面建模功能，可以创建各种复杂的曲面和实体模型，可以通过拉伸、旋转、扫掠等操作来构建模型，也可以使用现有的草图或实体进行

建模。

② 实体建模：UG NX10.0 支持实体建模，可以创建各种复杂的实体模型，可以使用布尔运算、扫掠、旋转等操作来构建模型，也可以使用现有的曲面或实体进行建模。

③ 参数化建模：UG NX10.0 支持参数化建模，可以根据设定的参数创建相应的模型，这使得用户可以在设计过程中更加灵活地调整模型尺寸和形状，提高设计效率。

④ 装配设计：UG NX10.0 提供了强大的装配设计功能，可以创建各种复杂的装配体，可以通过拖拽、旋转、平移等操作将零部件添加到装配体中，并进行约束和定位。

⑤ 工程图：UG NX10.0 支持工程图的创建和标注，可以根据装配图或零件图生成相应的工程图，可以在工程图中添加尺寸、公差、材料等信息，方便后续的制造和加工。

⑥ 数控加工：UG NX10.0 提供了数控加工功能，可以进行 2.5 轴、3 轴、4 轴和 5 轴的数控加工，可以通过设定加工参数、选择刀具和路径来进行数控加工，提高制造效率和质量。

⑦ 运动仿真：UG NX10.0 支持运动仿真功能，可以对装配体进行运动模拟和分析。可以通过设定运动参数、选择运动副和约束来进行运动仿真、检查装配体的运动性能和干涉情况。

⑧ 有限元分析：UG NX10.0 提供了有限元分析功能，可以对装配体或零件进行应力分析、变形分析等。可以通过设定分析参数、选择材料属性和边界条件来进行有限元分析，优化产品设计。

⑨ 模具设计：UG NX10.0 支持模具设计功能，可以进行模具的快速设计和制造，可以通过拉伸、旋转等操作来构建模具结构，也可以使用现有的曲面或实体进行模具设计。

⑩ 管道设计：UG NX10.0 支持管道设计功能，可以进行管道的快速设计和制造，可以通过选择管道材料、设定管道参数来进行管道设计，也可以使用现有的曲面或实体进行管道设计。

（3）UG NX10.0 软件其他功能

① 数据接口：UG NX10.0 支持多种数据接口，如 IGES、STEP 等，可以方便地进行数据的导入和导出。

② 插件开发：UG NX10.0 支持插件开发功能，用户可以根据自身需求开发插件，扩展软件功能。

③ 多语言支持：UG NX10.0 支持多种语言，如中文、英文等，方便不同国家和地区的用户使用。

④ 云端协作：UG NX10.0 支持云端协作功能，可以实现多人同时在线编辑和共享文档，提高工作效率和质量。

（4）UG NX10.0 软件工作环境

① 标题：标题用来显示软件版本，以及当前的模块和文件名等信息。

② 菜单：菜单包含本软件的主要功能，系统的所有命令及设置选项都归属到不同的菜单下，分别是文件（F）、编辑（E）、视图（V）、插入（S）、格式（R）、工具（T）、装配（A）、信息（I）、分析（L）、首选项（P）、窗口（O）、GC 工具箱和帮助（H）等菜单。当单击菜单时，在下拉菜单中就会显示所有与该功能有关的命令选项。图 7-8 为工具下拉菜单的命令选项，有以下特点。

a. 快捷字母：例如，"文件（F）"中的"F"是系统默认快捷字母命令键，按下"Alt＋F"快捷键即可调用该命令选项。例如，要调用"文件"→"打开"命令，按"Alt＋F"

快捷键后再按"O"键即可调出该命令。

b. 快捷键：命令右方的按钮组合键即是该命令的快捷键，在工作过程中直接按快捷键即可自动执行该命令。

c. 提示箭头：是指菜单命令中右方的三角箭头，表示该命令含有子菜单。

d. 功能命令：是实现软件各个功能所要执行的各个命令，单击它会调出相应功能。

③ 选项卡：选项卡的命令以图形的方式在各个组和库中表示命令功能，如图 7-9 所示。所有选项卡的图形命令都可以在菜单中找到相应的命令，这样可以使用户避免在菜单中查找命令的烦琐，以方便操作。

④ 工作区：工作区是绘图的主区域。

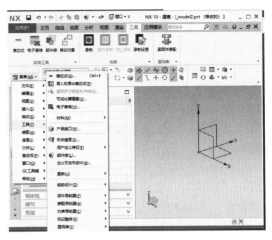

图 7-8　工具下拉菜单

图 7-9　选项卡

⑤ 坐标系：UG NX10.0 中的坐标系分为工作坐标系（WCS）和绝对坐标系（ACS），其中工作坐标系是用户在建模时直接应用的坐标系。

⑥ 快速访问工具条：快速访问工具条在工作区中单击右键即可打开，其中含有一些常用命令及视图控制命令，以方便绘图工作。

图 7-10　配置浏览器主页

⑦ 资源工具条：资源工具条中包括装配导航器、约束导航器、部件导航器、重用库、Web 浏览器、历史记录等，单击"导航器"或"Web 浏览器"命令会弹出一个页面显示窗口，单击"资源条"命令，在打开的快捷单中选择"销住"命令，可以切换页面的固定和滑移状态。单击"Web 浏览器"命令，可以显示 UG NX 的在线帮助、CAST、e-vis、iMan 或其他任何网站和网页。也可选择"菜单"→"首选项"→"用户界面"命令来配置浏览器主页，如图 7-10 所示。单击"历史记录"命令，可以访问打开过的零件列表、预览零件及其他相关信息。

⑧ 提示行：提示行用来提示用户如何操作。执行每个命令时，系统都会在提示栏中显示用户必须执行的下一步操作。对于用户不熟悉的命令，利用提示行帮助，一般都可以顺利完成操作。

⑨ 状态行：状态行主要用于显示系统或图元的状态，例如显示是否选中图元等信息。

（5）UG NX10.0 选项卡定制

UG NX10.0 中提供的选项卡可以为用户工作提供方便，但是进入应用模块之后，UG NX10.0 只会显示默认的选项卡按钮设置，用户可以根据自己的习惯定制独特风格的选项卡。选择"菜单"→"工具"→"定制"命令或者在选项卡空白处的任意位置右击，从打开的菜单中选择"定制"命令就可以打开"定制"对话框。在对话框中有 4 个功能选项卡：命令、选项卡/条、快捷方式、按钮/工具提示。单击相应的选项卡后，对话框会随之显示对应的选项卡内容，即可进行选项卡的定制，完成后单击对话框下方的"关闭"按钮即可关闭对话框。

① "命令"选项卡用于显示或隐藏选项卡中的某命令按钮，如图 7-11 所示，具体操作为在"类别"列表框中找到需要添加命令的选项卡，然后在"选项卡"栏下找到待添加的命令，将该命令拖曳至工作窗口的相应选项卡中即可。对于选项卡上不需要的命令按钮可直接拖出，然后释放鼠标即可。用同样方法也可以将命令按钮拖曳至菜单栏的下拉菜单中。

② 选项卡/条："选项卡/条"选项卡如图 7-12 所示，用于显示或隐藏某些选项卡、新建选项卡、装载定义好的选项卡文件（以.tbr 为后缀名），也可以利用"重置"命令来恢复软件默认的选项卡设置。

图 7-11 "命令"选项卡

图 7-12 "选项卡/条"选项卡

③ 快捷方式："快捷方式"选项卡，如图 7-13 所示，用于定制快捷工具条和快捷圆盘工具条等。

④ 图标/工具提示："图标/工具提示"选项卡，如图 7-14 所示，用于设置在功能区和菜单上是否显示工具提示、在对话框选项上是否显示工具提示，以及设置功能区、菜单和对话框等图标大小。

7.3.2 三维设计软件的操作

三维建模实例：带有 LNPU 标志的钥匙扣，如图 7-15 所示。

（1）新建文件

通过桌面快捷方式或 Windows 程序中的执行文件启动 UG NX10.0，启动后的界面如图 7-16 所示。单击"新建"按钮或选择"菜单"→"文件"→"新建"命令，系统打开"新建"对话框，如图 7-17 所示。在该对话框中可以实现以下功能。

图 7-13 "快捷方式"选项卡

图 7-14 "图标/工具提示"选项卡

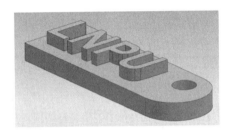
图 7-15 LNPU 钥匙扣

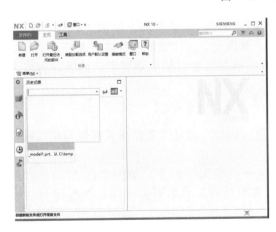
图 7-16 UG NX10.0 界面

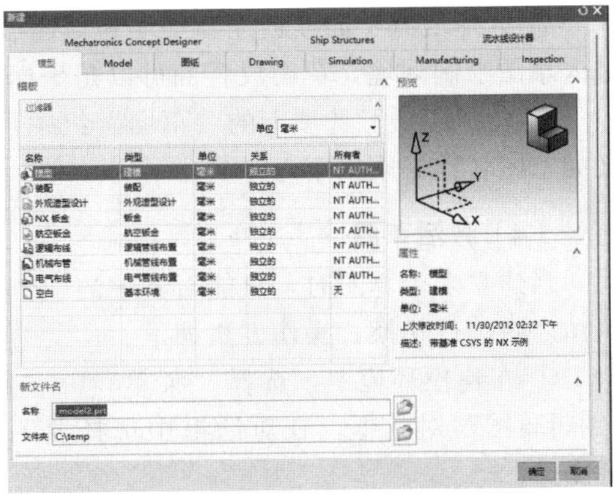

图 7-17 "新建"对话框

① 名称：文件名最多可以包含 128 个字符，文件名称：LNPU。

② 文件夹：确定新建文件的保存路径，保存至桌面。最后单击"确定"按钮可建立新文件。

（2）打开文件

单击"打开"按钮或选择"菜单"→"文件"→"打开"命令，系统打开"打开"对话框，如图 7-18 所示。在该对话框中可以打开已经存在的 UG 部件文件或者 UG 支持的其他格式的文件。

打开文件的操作方法如下。

① 在列表框中选择要打开的文件，系统在列表框右侧给出所选文件的预览图，然后单

击"OK"按钮打开所选的文件。

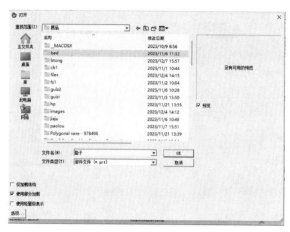

图 7-18 "打开"对话框

② 在"文件名"文本框中直接输入存在的 UG 部件文件名，然后单击"OK"按钮或直接按 Enter 键打开文件。UG 支持的其他格式可在图 7-18 所示的"文件类型"下拉列表中找到。

（3）建立草图

建立草图的操作步骤如下。

① 单击"在任务环境中绘制草图"按钮或选择"菜单"→"插入"→"在任务环境中绘制草图"命令，系统打开图 7-19 所示的"创建草图"对话框。

② 选择现有平面或创建新平面为草图放置平面，选择 XOY 平面，单击"确定"按钮，进入草图绘制环境。草图放置面可以是坐标平面、基准面、实体表面和片体表面等。

③ 在"主页"选项卡的"草图"组中可以修改草图名称或接受系统默认的名称，自定义的草图名称必须以字母开头。

（4）激活草图

当建立多个草图时，只能对其中的一个草图进行编辑，因此需要选择要编辑的草图或在草图之间进行切换，操作方法如下。

① 在建模环境中，选择"菜单"→"编辑"→"草图"命令，如图 7-20 所示，打开"编辑草图"对话框，在对话框中选择要编辑的草图名称，然后单击"确定"按钮打开该草图。

② 在建模环境中，选择"菜单"→"插入"→"在任务环境中绘制草图"命令，打开"创建草图"对话框，单击"确定"按钮，进入草图绘制环境，打开"主页"选项卡"草图"组后，在"草图名"下拉列表中直接选择要编辑的草图。

③ 在建模环境中，在部件导航器中右击要编辑的草图，然后在打开的快捷菜单中选择"编辑"命令；或者在部件导航器中选择要编辑的草图后，单击"在任务环境中绘制草图"按钮进入该草图。

④ 在建模环境中，在图形界面中选择草图中的对象，然后单击"在任务环境中绘制草图"进入该草图。

⑤ 在草图环境中，在列表中选择要编辑的草图，可以在草图之间进行切换。

⑥ 在草图环境中，选择"任务"→"打开草图"命令，系统打开"打开草图"对话框，在该对话框中选择要编辑的草图名称，也可以完成在草图之间的切换。

 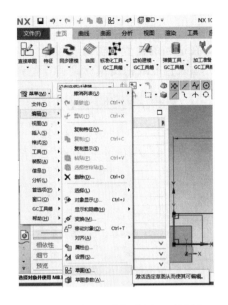

图 7-19 "创建草图"对话框　　　　　图 7-20 打开"编辑草图"对话框

（5）绘制矩形

使用"矩形"命令可通过 3 种方法来创建矩形。单击"矩形"按钮或选择"菜单"→"插入"→"曲线"→"矩形"命令，打开"矩形"对话框。在该对话框中有 3 种不同的绘制矩形方法。绘制 32mm×16mm 矩形，如图 7-21 所示。

① 按 2 点：根据对角点上的两点创建矩形。建议选择此方法绘制矩形。

② 按 3 点：用于创建和 XC 轴、YC 轴成角度的矩形。前两个选择的点显示宽度和矩形的角度，第 3 个点指示高度。

③ 从中心：从中心点、决定角度和宽度的第 2 点以及决定高度的第 3 点来创建矩形。

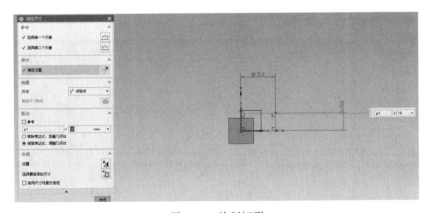

图 7-21 绘制矩形

（6）绘制与矩形相切的圆

单击"圆"按钮或选择"菜单"→"插入"→"曲线"→"圆"命令，打开"圆"对话框。在该对话框中有两种不同的绘制方法。绘制 φ16mm 的圆，如图 7-22 所示。

① 圆心和直径定圆：单击"圆心和直径定圆"按钮，通过圆心和直径定圆方法绘制圆。

② 三点定圆：单击"三点定圆"按钮，通过三点定圆方法绘制圆。

绘制圆的具体操作步骤如下。

a. 执行上述操作，打开"圆"对话框。

b. 在适当的位置单击或直接输入坐标确定圆心。

c. 输入直径或拖曳鼠标到适当位置单击确定直径。

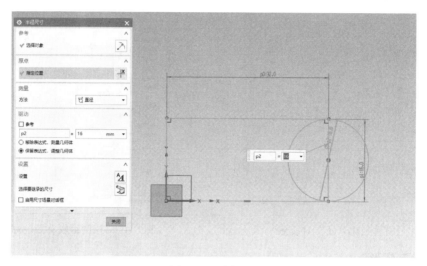

图 7-22　绘制圆

（7）快速修剪

使用"快速修剪"命令可以将曲线修剪至任何方向最近的实际交点或虚拟交点。单击"快速修剪"按钮或选择"菜单"→"编辑"→"曲线"→"快速修剪"命令，快速修剪至图 7-23 所示图形。快速修剪的具体操作步骤如下。

① 执行上述操作，打开"快速修剪"对话框。

② 在单条曲线上修剪多余部分，或拖曳光标画过曲线，画过的曲线都被修剪。

③ 单击"关闭"按钮，结束修剪。

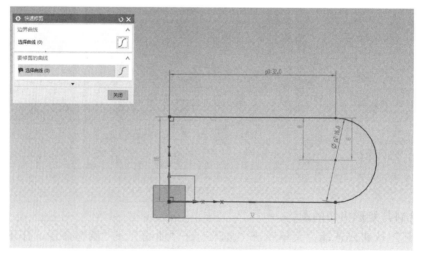

图 7-23　快速修剪

(8)绘制同心圆

与绘制圆的命令相同,绘制与圆弧同心的 φ6mm 同心圆,如图 7-24 所示。

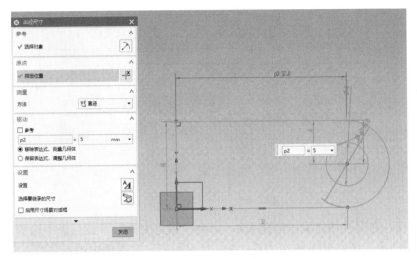

图 7-24 绘制同心圆

(9)拉伸基础台体

完成草图后,对草图进行拉伸。

单击"拉伸"按钮或选择"菜单"→"插入"→"设计特征"→"拉伸"命令,打开"拉伸"对话框,在部件导航器中选择草图1,在"指定矢量"下拉列表中选择"ZC 轴"选项,在"开始距离"文本框中输入"0",在"结束距离"文本框中输入"3",在"布尔"下拉列表中选择"自动判断"选项,单击"确定"按钮,完成拉伸操作,如图 7-25 所示。

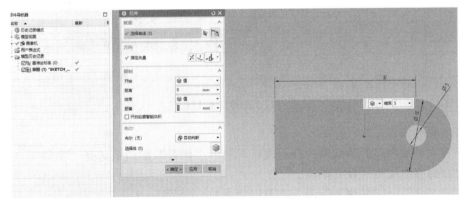

图 7-25 拉伸后实体图

(10)文本编辑

单击"曲线"按钮选择"文本"命令,打开"文本"对话框,在"类型"中选择"平面的"→"文本属性"对话框输入"LNPU"→"线形"中选择"等线""字型"中选择"粗体"→"锚点位置"选择"左下",单击"确定"按钮,完成加入文本操作,如图 7-26 所示。

(11)文本拉伸

单击"拉伸"按钮或选择"菜单"→"插入"→"设计特征"→"拉伸"命令,打开

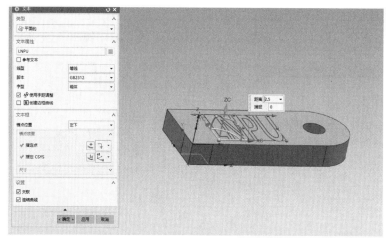

图 7-26 加入文本 LNPU

"拉伸"对话框,在部件导航器中选择文本 3,在"指定矢量"下拉列表中选择"ZC 轴"选项,在"开始距离"文本框中输入"0",在"结束距离"文本框中输入"2",在"布尔"下拉列表中选择"自动判断"选项,单击"确定"按钮,完成拉伸操作,如图 7-27 所示。

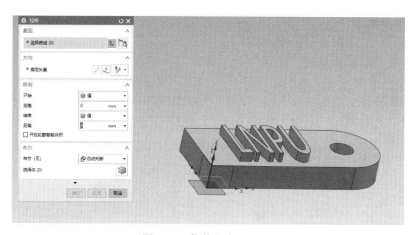

图 7-27 拉伸文本 LNPU

(12)保存文件

对新建文件或者打开的文件进行修改后,单击"保存"按钮或选择"文件"→"保存"命令,可以保存对文件所做的修改。

选择"文件"→"另存为"命令,可以为当前文件设定新的文件名和地址并进行保存。

实训中设计带有辽宁石油化工大学标志"LN-PU"钥匙扣三维建模完成。

7.3.3 实训作品创新设计

三维建模创新作品:五角星,如图 7-28 所示。

① 新建文件:通过桌面快捷方式或 Windows 程序中的执行文件启动 UG NX10.0。单击"新建"按钮或选择"菜单"→"文件"→"新建"命令,

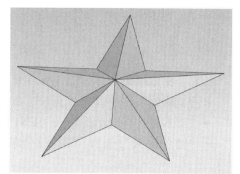

图 7-28 五角星

系统打开"新建"对话框。文件名称：五角星。保存文件于桌面即可。

② 建立草图：单击"草图"按钮，选择 XOY 面，进入草图，视图将会自动摆正，进入绘制草图界面。

③ 绘制五边形：点击"多边形"按钮，"指定点"选择坐标原点→"边数"输入"5"→"内切圆半径"输入"60mm"→点击"确定"按钮，绘制如图 7-29 所示。

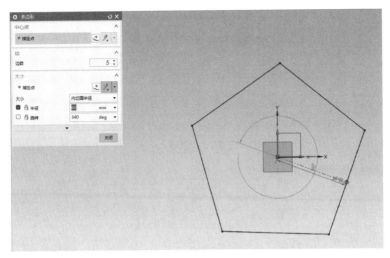

图 7-29 五边形

④ 绘制五角星：选择"直线"按钮，分别将多边形的五个顶点相连接，如图 7-30 所示，然后点击"完成草图"按钮。

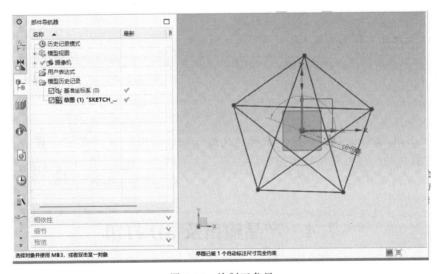

图 7-30 绘制五角星

⑤ 创建点：在"基准平面"中选择"点"按钮，建立一个以 Z 轴为基准的 15mm 的点（自选长度）。点击建立三维界面，如图 7-31 所示。

⑥ 完成五角星：点击"菜单"→"插入"→"网格曲面"→"直纹"命令。选取刚刚建立的基点。将曲线规则定义为"单条曲线"，将五角星的五条边分别选择，完成五角星的绘制，如图 7-32 所示。

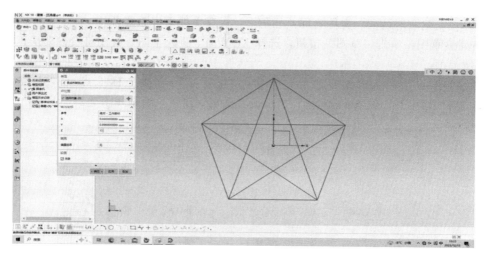

图 7-31　创建点

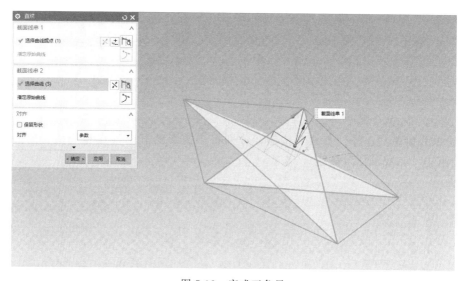

图 7-32　完成五角星

⑦ 导出 STL 文件：在菜单栏中选择"文件"→"导出"→"STL"，导出 STL 文件。三维建模创新作品——五角星建模完成。

7.4　产品输出及 3D 打印

7.4.1　3D 打印技术概述

（1）3D 打印技术简介

3D 打印（3 dimensional printing）技术作为快速成型领域的一项新兴技术，目前已成为一种迅猛发展的潮流。3D 打印技术是一种以计算机辅助设计模型（CAD）为基础，采用离散材料（液体、粉末、丝等），通过逐层打印的方式来构造物体的技术。与传统的去除材料加工技术不同，因而又称为增材制造（additive manufacturing，AM）。3D 打印技术逐步成熟、精确，将多维制造变为简单的由下至上的二维叠加，从而成型出传统制造方法难以或无法加工的任意复杂结构，且耗材少、加工成本低、生产周期短，支持多种材料类型，不仅在机械制造、国防军工、建筑等领域得到广泛应用，也逐渐进入了公众视野，走进学校、家庭、医院等大众熟悉的场所，在教育、生物医疗、玩具等行业也得到了广泛关注及应用。3D打印综合了数字建模技术、机电控制技术、信息技术、材料科学与化学等诸多方面的前沿技术知识，具有很高的科技含量。英国《经济学人》杂志在《第三次工业革命》一文中，认为3D打印技术与其他数字化生产模式一起推动新的工业革命，将3D打印技术作为第三次工业革命的重要标志之一。

3D打印是一门涉及材料、机械、计算机、控制等多学科、多领域的技术。与传统制造中通过模具铸造、机加工精细处理来获得最终成品的方式不同，3D打印直接将虚拟的数字化实体模型转变为产品，极大地简化了生产的流程，降低了材料的生产成本，缩短了产品的设计与开发周期。3D打印使得任意复杂结构零部件的生产成为可能，也是实现材料微观组织结构和性能可设计的重要技术手段。

① 3D打印的优点。快速制造：3D打印技术可以快速制造出复杂的形状和结构，大大缩短了制造时间，提高了生产效率。降低成本：通过减少材料浪费和优化设计，3D打印可以降低制造成本，提高产品的竞争力。定制化：3D打印技术可以根据客户需求定制产品，满足个性化需求，提高市场竞争力。创新设计：3D打印技术可以制造出传统制造方法无法实现的设计，推动产品创新。

② 3D打印的缺点。技术限制：目前的3D打印技术还无法制造出所有的产品，有些产品仍然需要传统方法制造。材料限制：目前的3D打印材料种类有限，对于一些特殊的应用领域还存在局限性。版权问题：在3D打印技术的使用中，版权问题是一个需要关注的问题，因为任何人只要有3D打印机和设计图纸就可以制造出几乎任何物品。技能要求：3D打印技术需要专业的技能和知识，对于普通用户来说可能存在一定的难度。

（2）3D打印系统的构成

3D打印系统主要由硬件部分和软件部分组成，软件部分的作用是对数据模型进行前处理以及驱动控制硬件系统操作；硬件部分则由数控软件控制，实现材料分层堆积过程，形成最终产品。

3D打印系统所用的软件包含的功能有：与建模软件或扫描设备的通信、模型数据位置调整、数据分层切片、生成控制指令、打印过程监控。3D打印系统配套软件工作流程：与建模软件或扫描硬件通信，获得模型数据，对模型进行调整至合适大小、位置，分层切片，得到层轮廓，之后计算生成数控代码，控制硬件工作，同时监控硬件运行状态，如图7-33所示。

（3）3D打印的基本原理

3D打印技术的基本原理是应用离散、堆积的过程完成加工。3D打印的成型过程是：首先将工件的复杂三维形体用计算机软件辅助设计（CAD）技术完成一系列数字切片处理，将三维实体模型分层切片，转化为各层截面简单的二维图形轮廓。然后将切片得到的二维轮廓信息传送到3D打印机中，由计算机根据这些二维轮廓信息控制喷嘴（或激光器）选择性地喷射热熔材料（或固化液态光敏树脂，或烧结热熔材料，或切割片状材料），从而形成一系列具有微小厚度的片状实体，再采用粘结、聚合、熔结、焊接或化学反应等手段使其逐层堆积叠加成为一体，制造出需要成型的零件。3D打印离散和堆积的过程如图7-34所示。

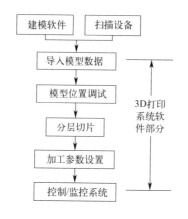
图 7-33 3D 打印技术软件系统

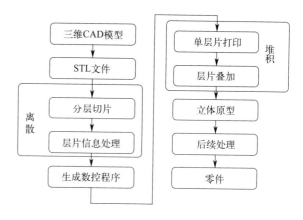
图 7-34 3D 打印的离散和堆积过程

（4）常用 3D 打印技术简介

在众多的 3D 打印（快速原型）制造工艺中，具有代表性的工艺是熔融沉积制造工艺、立体光刻工艺、选择性激光烧结工艺、分层实体制造工艺、粉末粘结工艺等。在实训中，熔融沉积制造工艺使用较广泛。

① 熔融沉积成型（fused deposition modeling，FDM），又称熔丝沉积成型，是一种快速成型技术。FDM 技术精度较高，价格较低，对设备、材料和环境要求都不高，是目前市面上比较常见而且广泛采用的 3D 打印技术。采用 FDM 技术的 3D 打印机尺寸多样、维护轻松、简单易学、使用门槛低，可以根据用户需要定制，价格从几千元到几万元不等，选择性较大。

a. 熔融沉积成型（FDM）技术的工作原理：FDM 打印工艺利用成型和支撑材料的热熔性、粘结性，在计算机控制下进行层层堆积成型。FDM 系统主要由喷头、送丝机构、运动机构、加热系统和工作台五个部分组成。如图 7-35 所示，加热喷头在计算机控制下，可以做 X-Y 平面和 Z 方向的移动。送丝机构平稳、可靠地为喷头输送材料，然后材料在喷头中被加热熔化。喷头底部喷嘴挤出熔融材料，与前一层粘结并在空气中迅速固化。一层成型后，工作台下降一层高度，再进行下一层粘结，如此反复进行，最终形成成型产品。在制造悬臂件时，为了避免悬臂部分变形，需要添加支撑部分。支撑可以用同一种材料建造，此时只需要一个喷头，但现在一般采用两个喷头独立加热，一个用来喷模型材料，另一个用来喷不同材料的支撑，制作完毕后更容易去除支撑。

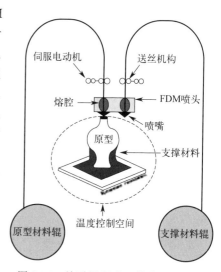
图 7-35 熔融沉积成型技术工作原理

b. 熔融沉积成型（FDM）技术的工艺过程。FDM 工艺过程一般分为前期数据准备（包括三维 CAD 模型的设计和近似处理、摆放方位的确定和对 STL 文件的分层处理）、成型加工和后处理三个阶段。

前期数据准备：首先，建立和近似处理三维 CAD 模型。由于三维 CAD 模型数据是 3D 打印系统的输入信息，所以在加工之前要先利用计算机软件建立成型件的三维 CAD 模型。

设计人员可以根据产品的要求,利用 Pro/E, NX 等计算机辅助设计软件设计三维 CAD 模型,也可以采用逆向工程方法获得三维模型。由于要成型的零件通常都具有比较复杂的曲面,为了便于后续的数据处理,所以需要对三维 CAD 模型进行近似处理。我们采用 STL 格式文件对模型进行近似处理,它的原理是用很多的小三角形平面来代替原来的面,相当于将原来的所有面进行量化处理,而后用三角形的法矢量以及它的三个顶点坐标对每个三角形进行唯一标识,可以通过控制和选择小三角形的尺寸来达到所需要的精度要求。由于生成 STL 格式文件方便、快捷,且数据存储方便,目前这种文件格式已经在快速成型制造过程中得到了广泛的应用。

然后,确定打印件的摆放方位。将 STL 文件导入 3D 打印机的数据处理系统后,需要确定原型的摆放方位。摆放的处理不仅影响制件的时间和效率,还会影响后续支撑的施加和原型的表面质量。一般情况下,为了减少成型时间,应选择尺寸小的方向作为叠层方向。考虑到原型的表面质量,应该将对表面质量要求高的部分置于上平面或者水平面。

最后,对三维 CAD 模型数据做切片处理。CAD 模型转化成面模型后,接下来就要将三维模型进行切片,提取出每层的界面信息,生成数据文件,再将数据文件导入 3D 打印机中。在进行切片处理之前,需要选用 STL 文件格式确定分层,对产品的精度要求越高,分层的层数也越多,这样可以提高成型制件的精度。但是层数的增加会增加产品的制作周期,因此会增加相应的成本,降低生产效率,增加废品率。因此,应该在试验的基础上,选择相对合理的分层层数,来达到最合理的工艺流程。

c. 成型加工。FDM 成型加工分为制作支撑结构和制作实体两个阶段。由于 FDM 的工艺特点,通常需要设置支撑。否则,在分层制造过程中,当前截面大于下层截面时,将会出现悬空部分,从而使截面部分发生塌陷或变形,影响零件的成型精度,甚至使产品不能成型。为了在打印完成后,工件的下表面与基板容易分离,不损伤工件表面,需要在下部首先制作一定厚度的支撑垫。对于工件的悬臂部分,特别是孤立、细长的悬臂部分,往往也需要在其下表面设置支撑。在支撑的基础上进行实体的成型,自下而上层层补加形成三维实体,这样可以保证实体造型的精度和品质。

d. 后处理。FDM 工艺的后处理主要是对原型进行表面处理。去除实体的支撑部分,对部分实体表面进行处理,提高原型精度和表面光洁度。但是,原型的部分复杂和细微结构的支撑很难去除,在处理过程中会出现损坏原型表面的情况,从而影响原型的表面品质。1999 年 Stratasys 公司开发出水溶性支撑材料,有效地解决了这个难题。目前,我国自行研发的 FDM 工艺还无法做到这一点,原型的后处理仍然是一个需要改善的过程。

与其他 3D 打印工艺相比,FDM 工艺具有以下优势。

a. 不使用激光,维护成本低。多用于概念设计的 FDM 成型机对原型精度和物理化学特性要求不高,价格低廉是其得以推广的决定性因素。

b. 成型材料广泛,热塑性丝材均可应用。塑料丝材更加清洁,易于更换、保存。材料性能一直是 FDM 工艺的主要优点,其 ABS 原型强度可以达到注塑零件的三分之一。近年来又发展出 PC、PC/ABS 和 PPSF 等材料,强度已经接近或超过普通注塑零件,可在某些特定场合(试用、维修、暂时替换等)下直接使用。

c. 制件过程中无化学变化,也不会产生颗粒状粉尘,不污染环境。与其他使用粉末和液态材料的工艺相比,FDM 使用的塑料丝材不会在设备中或附近形成粉末或液体污染。而且废旧材料可进行回收再加工,并实现循环使用,原材料利用率高。

d. 后处理简单。仅需要几分钟到十几分钟的时间剥离支撑后,即可使用原型。而现在应用比较多的 SLS、3DP 等工艺都需要经过残余液体和粉末的清理以及后固化处理步骤,需要额外的辅助设备。这些后处理工艺既造成液体或粉末污染，又增加了几个小时的工作时间，原型不能在成型完成后立刻使用。

② 立体光刻工艺：立体光刻工艺是一种先进的制造技术，广泛应用于电子行业。它利用光刻技术将设计好的图案通过光的作用在材料表面或内部进行复制，制造出复杂的微结构。立体光刻工艺以其高精度、高效率、高灵活性的特点，在半导体制造、微纳加工、生物医学等领域发挥着重要作用。立体光刻工艺使用计算机传输来的实体数据，经机器的软件分层处理后，驱动一个扫描振镜，控制紫外激光按零件的层片形状进行扫描填充。液态紫外光敏树脂表层受激光束照射的区域发生聚合反应，分子量急剧增大变成固态，形成零件的一个薄层。每一层的扫描完成之后，工作台下降一个层厚的距离，树脂涂覆系统在已固化零件表面涂覆上一层新的树脂，然后进行下一层的扫描，新固化的一层牢固地粘结在前一层上，由此层层叠加，成为一个三维实体，如图7-36所示。立体光刻工艺需要使用不同类型的光源，如紫外光源、深紫外光源、X射线光源等。不同类型的光源具有不同的波长和能量，适用于不同的制造需求。例如，深紫外光源具有较高的能量和较短的波长，适用于制造更小的微结构。

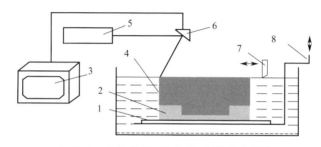

图7-36 立体光刻（SL）技术原理示意图
1—加工平台；2—支撑；3—PC机；4—成型零件；5—激光器；6—振镜；7—刮板；8—升降台

立体光刻工艺需要精确控制多个步骤和参数，任何误差都可能导致制造失败。误差源可能包括设备误差、材料误差、环境误差等。为了提高制造精度和效率，需要对这些误差源进行分析和控制。

立体光刻工艺面临许多挑战，如提高分辨率、降低成本、提高生产效率等。未来的发展趋势包括开发更先进的立体光刻技术、优化现有设备性能、采用人工智能技术实现智能化生产等。同时，随着5G、物联网、人工智能等新兴技术的快速发展，立体光刻工艺在电子行业的应用前景将更加广阔。

③ 选择性激光烧结工艺：选择性激光烧结（SLS）是一种快速原型制造技术，其原理为利用高功率激光束对材料进行选择性烧结，实现复杂三维形状的快速成型。选择性激光烧结采用激光束对预热到稍低于其熔点温度的粉末状成型材料进行分层扫描，受到激光束照射的粉末被烧结（熔化后再固化）。当一层材料被扫描烧结完毕后，工作台下降一个层的厚度。敷料装置在上面敷上一层均匀密实的粉末，直至完成整个造型，再将多余的粉末材料去除。如图7-37所示。该技术广泛应用于航空航天、汽车、医疗、教育、文化创意等领域，为个性化定制提供了高效、精准的制造手段。

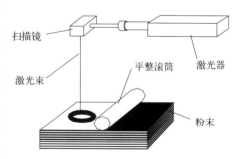

图7-37 选择性激光烧结工艺

a. 激光器选择与参数设置：在选择性激光烧结过程中，激光器是核心设备。常用的激光器类型包括 CO₂ 激光器、光纤激光器等。选择合适的激光器需要考虑功率密度、波长、光束质量等因素。同时，根据材料特性和加工需求，需要合理设置激光功率密度、扫描速度、扫描间距等参数。

b. 烧结材料及其性能特点：选择性激光烧结可使用的材料种类繁多，包括金属粉末、塑料粉末、陶瓷粉末等。其中，金属粉末具有良好的导电性和导热性，适用于制造具有复杂结构的金属零件；塑料粉末具有成本低、加工速度快等优点，适用于制作原型和快速模具；陶瓷粉末则具有高强度、高硬度等特点，适用于制造高精度的陶瓷零部件。

c. 工艺流程与操作注意事项：选择性激光烧结工艺流程包括前处理、烧结成型和后处理三个阶段。在前处理阶段，需对材料进行预处理，如干燥、筛分等；在烧结成型阶段，需精确控制激光功率密度、扫描速度等参数；在后处理阶段，需对烧结件进行清理、打磨等处理。在操作过程中，需注意保护眼睛免受激光辐射伤害，同时保持工作区域整洁，避免粉尘污染。

d. 设备维护和管理方法：为了确保选择性激光烧结设备的正常运行和使用寿命，需定期对设备进行维护和保养，具体包括清洁设备表面、检查激光器工作状态、更换磨损部件等。同时，需建立设备使用档案，记录设备运行状况和维修记录，以便及时发现问题并采取相应措施。

e. 行业发展趋势和市场需求分析：随着科技的不断发展，选择性激光烧结技术将不断进步和完善。未来，该技术将更加注重环保和可持续发展，采用更加高效、环保的激光器和材料；同时，随着个性化定制需求的不断增加，选择性激光烧结技术将更加注重个性化制造和定制化服务。在市场需求方面，航空航天、汽车等高端制造业将成为选择性激光烧结技术的主要应用领域；同时，随着 3D 打印技术的普及和发展，选择性激光烧结技术的市场潜力将进一步得到释放。

④ 分层实体制造工艺（laminated object manufacturing, LOM）：是一种增材制造（additive manufacturing, AM）技术，它将薄层材料逐层堆叠，以构建出具有复杂形状的三维实体。

a. 分层实体制造工艺技术的基本原理。将 CAD 设计模型分解为一系列的二维层面，然后根据这些层面逐层堆叠材料，最终形成三维实体。工作原理是，将特殊的箔材或纸一层一层地堆叠起来，激光束只需扫描和切割每一层的边沿。箔材从一个供料卷筒拉出，胶面朝下平整地经过加工平台，由位于另一方的收料卷筒收卷起来。每敷覆一层纸，就由一个热压辊压过纸的背面，将其粘合在加工平台或前一层纸上。经准确聚焦的激光束开始沿着当前层的轮廓进行切割，使之刚好能切穿一层纸的厚度。一个薄层完成后，工作平台下降一个层的厚度，箔材已切割的四周剩余部分被收料卷筒卷起，拉动连续的箔材进行下一个层的敷覆，如此周而复始，直至整个模型完成，如图 7-38 所示。

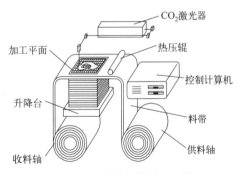

图 7-38 分层实体制造工艺

b. 分层实体制造工艺过程。材料准备：选择适合分层实体制造的材料，如纸张、塑料薄膜、金属箔等，这些材料应具有良好的层黏附性。CAD 设计：利用 CAD 软件进行三维模型设计，并进行必要的分解和切片操作，以适应分层实体制造的要求。材料切割和粘合：使用激光切割或机械切割设备，按照 CAD 设计的形状和尺寸对材料进行切割，然后使用胶水或热压等方法将材料层层粘合。层堆叠和组装：将切割和粘合后的材料按照 CAD 设计的顺序和方向进行堆叠和组装，以形成三维实体。去除支撑：对于需要悬空的结构，需要在适当的位置添加支撑结构，以防止层间分离。在完成堆叠和组装后，需要去除支撑结构。针对不同的材料，分层实体制造的处理策略也不同。对于纸张、塑料薄膜等软材料，通常使用胶水进行粘合；对于金属箔等硬材料，通常使用热压或焊接进行粘合。在处理不同材料时，应根据材料的性质和用途选择合适的处理方法。

c. 设备与工具的选择和使用：分层实体制造的主要设备包括激光切割机、机械切割机、胶水涂布装置等。在选择和使用这些设备时，应根据制造的具体要求和条件进行选择。此外，为了提高制造效率和精度，通常需要使用一些辅助工具，如定位装置、夹具等。

d. 质量控制和检测标准：在分层实体制造过程中，质量控制和检测标准是至关重要的。质量控制应包括材料质量、设备精度、工艺参数等多个方面。检测标准应包括尺寸精度、形状精度、层间粘合质量等多个方面。在制造过程中，应定期对设备和材料进行检查和维护，以确保制造质量和精度。

e. 工艺发展趋势和未来展望：随着科技的不断发展，分层实体制造技术也在不断进步和完善。未来，该技术的发展趋势包括：更广泛的应用领域、更高的制造精度和效率、更环保的材料和工艺等。同时，该技术还将不断优化和发展与其他增材制造技术的结合使用，以更好地满足不同领域的需求。

⑤ 粉末粘结工艺：粉末粘结工艺是一种通过将两种或多种粉末状材料混合在一起，然后加热至熔融状态并均匀搅拌，最后冷却固化形成具有特定物理和化学性能的复合材料的方法。

a. 粉末粘结工艺原理：利用粘结剂将粉末材料逐层按轮廓轨迹粘结，得到三维物理实体。如图 7-39 所示。

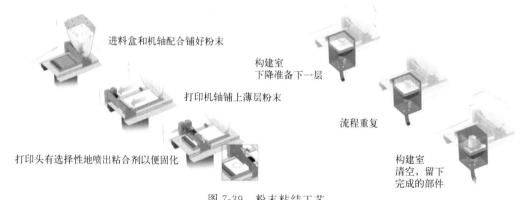

图 7-39 粉末粘结工艺

b. 粉末粘结工艺操作流程与方法如下。

准备原材料：根据生产计划准备所需的各种粉末状材料。

混合：将各种粉末状材料按照一定比例混合在一起，确保混合均匀。

加热：将混合后的材料放入加热设备中，加热至熔融状态。加热温度和时间根据原材料的特性和产品要求而定。

搅拌：在熔融状态下，对材料进行充分搅拌，确保成分均匀分布。

冷却：将搅拌后的材料迅速冷却，使其固化。

切割：将固化后的材料按照所需尺寸进行切割。

包装：将产品进行包装，以便运输和储存。

c. 粉末粘结工艺特点。可定制性强：粉末粘结工艺可以根据不同的需求，通过调整粉末配方、加热温度和时间等参数，生产出具有不同性能的复合材料。生产效率高：粉末粘结工艺采用连续生产方式，可以大规模、快速地生产复合材料，提高了生产效率。节能环保：该工艺在生产过程中产生的废料较少，且废料可以回收再利用，符合节能环保的要求。

d. 常见问题及解决方案。在粉末粘结工艺中，可能会遇到一些常见问题，如混合不均匀、加热温度不稳定、冷却速度过快等。针对这些问题，可以采取以下解决方案。混合不均匀：可以通过延长混合时间或增加混合设备的搅拌速度来解决，同时，要确保原材料的粒度均匀，以避免因粒度差异导致混合不均匀。加热温度不稳定：可以调整加热设备的温度控制系统，确保温度稳定控制在设定范围内，同时，要定期检查加热设备的热电偶是否正常工作，以确保温度测量的准确性。冷却速度过快：可以通过调整冷却设备的冷却速度来解决问题；要确保冷却设备的温度均匀分布，以避免局部冷却过快导致产品质量下降。

7.4.2 切片软件操作及 STL 数据编辑与修复

（1）切片软件操作

切片是 3D 打印专属名词。桌面级 3D 打印机按照模型每一层的预定轨迹，以一定速率层层叠加沉积实现模型的堆积成型，这里的每一层就是横切面的概念，可以形象地将其比作用刀切成的薄片。切片处理是将模型转化为一系列由横切面组合而成的 G 代码，即每一层的预定轨迹。

FlashPrint 切片软件是一款专门用于 3D 打印的切片软件，是专为 Dreamer 系列开发的 3D 切片软件，具有很好的稳定性和易用性，能打印所有 3D 模型格式，如 FPP、STL、OBJ 和 GX 格式，它可以将 3D 模型转换为 G 代码文件，3D 打印机能够按照指令进行打印。

① FlashPrint 切片软件功能如下。

a. 屏幕缩略图预览：生成的 GX 格式文件，可在液晶屏上直接查看模型预览。

b. 智能树状/线状支撑：不同模型使用不同支撑方式，可降低打印成本，加快打印速度，提升打印成功率，并让打印成品表面更光洁。并且可以手动增减支撑，更有效保证成功率，并提升打印效率。

c. 二维转三维和多种造型：将照片拖入软件可自动生成三维浮雕图像，浮雕可自动生成为印章、灯罩或圆柱等多种造型。

d. 智能风格：可切割过大或摆放角度不利于打印的 STL 格式模型，实现最经济的打印形式；智能外径补偿，根据耗材的收缩及线径粗细情况设置不同的内外径补偿参数，使打印精度得到校准，实现高精度打印。

e. 通用性：可在 MAC OS/Windows/Linux 等系统平台通用。有中文主界面和多国语言包，液晶屏及 PC 端均有中文界面，并配有多国语言包，包含多个国家语言。可实现随时切换。

f. 基本模式和专家模式：基本模式为初学者设计，默认参数及简单设置可快速展开打印工作；专家模式可自定义多种参数。

② FlashPrint 切片软件界面如图 7-40 所示。

a. 主界面。软件主界面分为四个主要区域：模型导入区、模型调整区、切片参数区和输出设置区。

b. 菜单栏：包括文件、编辑、查看、设置等常用菜单项。

c. 工具栏：提供常用工具按钮，如导入模型、导出切片、设置参数等。

③ FlashPrint 切片软件基本操作流程如下。

a. 导入模型：点击菜单栏中的"文件"→"导入"选项，选择要导入的模型 STL 文件，点击"OK"即可将模型导入软件，如图 7-41 所示，若发现模型存在错误，将提示"修复模型"，按"修复模型"按钮，如图 7-42 所示，在导入模型后，FlashPrint 切片软件可以自动检测并修复模型的缺陷，如断线、破面等，实现自动修复。

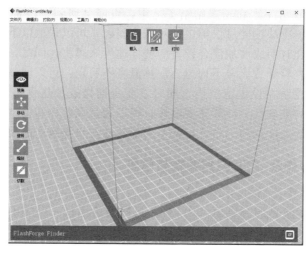

图 7-40　FlashPrint 切片软件界面

图 7-41　载入 STL 文件

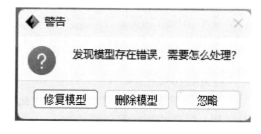

图 7-42　修复模型

b. 调整模型：在调整模型时，可以使用软件提供的测量工具对模型进行测量，以便更好地了解模型的尺寸和比例。在模型调整区，可以对模型进行旋转、缩放、平移和切割等操作，以便更好地观察和打印，如图 7-43 所示。

c. 设置切片参数：在切片参数区，可以设置层高、填充密度、支撑结构等参数，以满足打印需求，如图 7-44 所示。

d. 导出 GX 文件：点击菜单栏中的"文件"→"导出"选项，选择导出格式为 GX，点击"保存"即可将切片文件保存为 GX 格式文件，如图 7-45 所示。FlashPrint 切片软件还支持导出多种其他格式，如 STL、OBJ 等，以满足不同需求。

e. 连接打印机并加载 GX 文件：将 3D 打印机连接到计算机，通过控制面板加载已保存的 GX 格式文件，即可开始打印。对于多个模型需要打印的情况，可以使用 FlashPrint 切片软件的批量打印功能，一次性选择多个模型并导出 GX 文件进行批量打印。在使用过程中，如果突然断电等情况导致打印中断，可以使用 FlashPrint 切片软件的断电续打功能继续打印剩下的部分，实现断电续打。

④ FlashPrint 切片软件使用注意事项如下。

a. 在使用 FlashPrint 切片软件进行打印前，请确保已经了解打印机的各项参数和设置，并正确连接打印机。

b. 在设置切片参数时，应根据打印机的实际能力和材料类型选择合适的参数设置，以

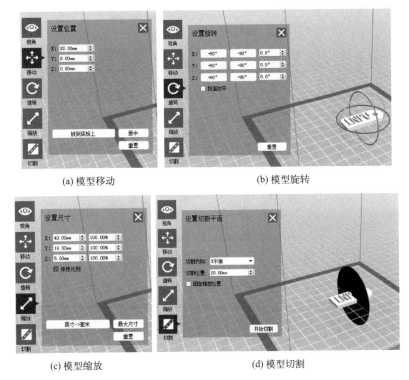

图 7-43　修复模型

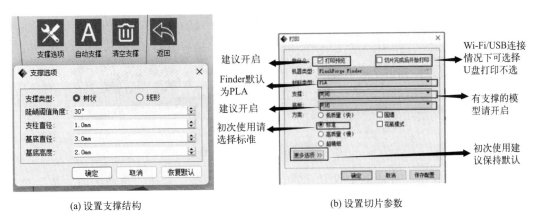

图 7-44　设置切片

避免打印过程中出现问题。

c. 在打印过程中，应密切关注打印机的状态和进度，及时处理可能出现的问题。

d. 在使用 FlashPrint 切片软件时，应保持软件的正常运行和更新状态，以避免因软件问题导致的打印错误或失败。

（2）STL 数据编辑与修复

STL 是一种用于快速原型制造（RPM）的 3D 打印文件格式。STL 文件由多个三角形面片的定义组成，每个三角形面片的定义包括三角形各个定点的三维坐标及三角形面片的法矢量，使得 3D 打印机可以逐层堆叠材料来构建实体模型。STL 文件格式被广泛应用于各种 3D 打印设备，包括工业级和专业级设备。

① STL 文件编辑过程如下。

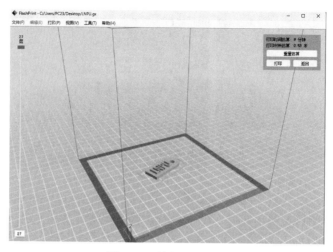

图 7-45　导出 GX 文件

a. 打开 UG NX10.0 软件，并打开想要导出的 3D 模型，文件名：LNPU。

b. 在菜单栏中选择"文件"→"导出"→"STL"，如图 7-46 所示，然后在弹出的"导出 STL"对话框中，选择想要导出的对象。

图 7-46　导出 STL 格式文件

c. 在"快速成型"对话框中设置三角公差、相邻公差，选择"自动法向生成"命令，单击"确定"按钮，如图 7-47 所示。若在"快速成型"对话框中将三角公差和相邻公差均设置为"0"，系统将按照最小公差导出。

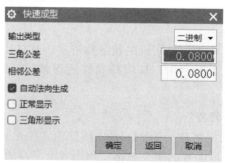

图 7-47　快速成型设置

d. 选择导出文件的保存位置，输入要导出的 STL 文件名称：LNPU，如图 7-48 所示。

图 7-48 保存 STL 文件

e. 选择要导出的模型，单击"全选"按钮，等待导出过程完成。导出的 STL 文件将包含 3D 模型的三角网格数据。若在导出模型中提示"不连续"，则点击"不连续"命令，也可以成功导出 STL 文件。如图 7-49 所示。

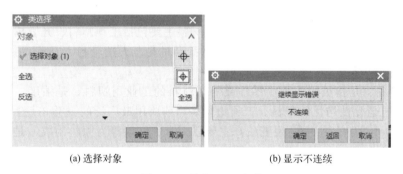

(a) 选择对象　　　　　　　　　(b) 显示不连续

图 7-49 导出 STL 文件

② STL 文件易出现问题如下。

a. 精度问题：在导出和编辑 STL 文件时，需要注意精度问题。过低的精度可能导致打印出的模型表面不平整或出现翘曲现象。

b. 法线方向：在 3D 打印中，法线方向非常重要。如果模型的法线方向不正确，可能会导致打印失败或打印出的模型表面不平整。因此，在编辑 STL 文件时，需要确保法线方向正确。

c. 文件大小：STL 文件通常较小，但如果需要编辑的模型非常复杂或细节非常精细，文件可能会变得很大。在这种情况下，可能需要考虑使用专门的 CAD 软件或专门的 STL 编辑器来处理大文件。

③ STL 文件修复：STL 文件包含数以万计的小三角形面片的定义。根据设计的不同，这些三角形面片可能会以多种不同的方式被歪曲，这时需要修复。常见的问题及修复如下。

a. 逆向法矢量错误。是由于三角形面片记录顺序错误导致。修复方法包括以下步骤：首先找到逆向法矢量的三角形面片，确定其记录顺序错误的位置；再重新计算该三角形面片的法矢量，确保其与文件中的法矢量一致，调整该三角形面片的记录顺序，使其符合正确的顺序；最后更新与该三角形面片相邻的其他三角形面片，确保它们与新的法矢量一致。

b. 孔洞错误修复方法。孔洞错误是由丢失三角形面片导致的。修复方法包括以下步骤：找到孔洞的位置，确定丢失的三角形面片；重新生成丢失的三角形面片，确保其与周围的三角形面片连接紧密；更新与该三角形面片相邻的其他三角形面片，确保它们与新的三角形面片连接紧密。

c. 裂缝错误修复方法。裂缝错误是由数据不准确或取舍误差导致的。修复方法包括以下步骤：找到裂缝的位置，确定其产生的原因；重新计算该位置的顶点坐标，确保其与周围的三角形面片连接紧密；更新与该顶点相邻的其他三角形面片，确保它们与新的顶点坐标一致。

d. 面片重叠错误修复方法。面片重叠错误是由四舍五入误差导致的。修复方法包括以下步骤：找到面片重叠的位置，确定其产生的原因；重新计算该位置的顶点坐标，确保其与周围的三角形面片不重叠；更新与该顶点相邻的其他三角形面片，确保它们与新的顶点坐标一致。

e. 多边共线错误修复方法。多边共线错误是由不合理的三角化算法导致的。修复方法包括以下步骤：找到多边共线错误的位置，确定其产生的原因；重新生成该位置的三角形面片，确保其与其他三角形面片不共线；更新与该三角形面片相邻的其他三角形面片，确保它们与新的三角形面片连接紧密。

7.4.3　3D 打印材料与打印机操作

（1）3D 打印材料

3D 打印材料是 3D 打印技术发展的重要物质基础，在某种程度上，材料的发展决定着 3D 打印能否有更广泛的应用。目前，3D 打印材料主要包括工程塑料、光敏树脂、橡胶类材料、金属材料和陶瓷材料等，除此之外，彩色石膏材料、人造骨粉、细胞生物原料也在 3D 打印领域得到广泛应用。

① 工程塑料：是指被用作工业零件或外壳材料的工业用塑料，是强度、耐冲击性、耐热性、硬度及抗老化性均优的塑料。工程塑料是当前应用最广泛的一类 3D 打印材料。

a. PLA（poly lactice acid，聚乳酸）主要以玉米、红薯等为原料制成，是公认的绿色环保材料。PLA 耗材的熔化温度比 ABS 低，加热到 190℃ 左右就可以从喷嘴中顺畅挤出，拥有良好的流动性。与 ABS 耗材相比，PLA 的收缩性极低，能够避免边缘固化慢造成的翘边、脱离现象，这意味 PLA 可以在打印平台不具有加热功能的情况下打印模型。但是 PLA 耗材冷却较缓慢，为防止打印过程中打印层凹陷，可以在喷嘴旁边安装小风扇对热熔丝进行辅助冷却。但是此材料长期暴露在潮湿或者太阳直晒环境下，会导致材料失效。将耗材存放在含有干燥剂的密封袋内，置于阴凉干燥处是最好的选择。

b. ABS 树脂是 FDM 工艺常用的热塑性工程塑料。此材料具有强度高、韧性好、耐冲击等优点，正常变形温度超过 90℃，但是 ABS 熔化温度为 230~250℃，可进行机械加工（钻孔、攻螺纹）、喷漆及电镀。ABS 材料的颜色种类很多，如象牙白、白色、黑色、深灰色、红色、蓝色、玫瑰红色等，在汽车、家电、电子消费品领域有广泛的应用。

(a) PLA材料　　(b) ABS材料

图 7-50　3D 打印材料

现在 ABS 和 PLA 是桌面级 3D 打印机使用最多的两类工程塑料，它们有各自的打印特点。PLA 材料如图 7-50(a) 所示，ABS 材料如图 7-50(b) 所示。

c. PC（聚碳酸酯）材料是真正的热塑性材料，具备工程塑料的所有特性：高强度、耐高温、抗冲击、抗弯曲。可以作为最终零部件材料使用。使用 PC 材料制作的样件，可以直接装配使用，应用于交通工具及家电行业。PC 材料的颜色比较单一，只有白色，但其强度比 ABS 材料高出 60% 左右，具备超强的工程材料属性，广泛应用于电子消费品、家电、汽车制造、航空航天、医疗器械等领域。

d. 玻璃纤维增强尼龙是一种白色的粉末，与普通塑料相比，其拉伸强度、弯曲强度有所增强，热变形温度以及材料的模量有所提高，材料的收缩率减小，但表面变粗糙，抗冲击强度降低。材料热变形温度为 110℃，主要应用于汽车、家电、电子消费品领域。

e. 聚砜树脂（polysulfone，PSU）类材料是一种琥珀色的材料，热变形温度为 189℃，是所有热塑性材料里面强度最高、耐热性最好、抗腐蚀性最优的材料，通常作为最终零部件材料使用，广泛用于航空航天、交通工具及医疗行业。PSU 类材料能带来直接数字化制造体验，性能非常稳定，通过与 RORTUS 设备的配合使用，可以达到令人惊叹的效果。

② 光敏树脂材料。即 ultraviolet rays（UV）树脂，由聚合物单体与预聚体组成，其中加有光（紫外光）引发剂（或称为光敏剂）。在一定波长的紫外光照射下能立刻引起聚合反应完成固化。光敏树脂一般为液态，可用于制作高强度、耐高温、防水材料。目前，研究光敏材料 3D 打印技术的主要有美国 3DSystem 公司和以色列 Object 公司。常见的光敏树脂有 Somos NeXt 材料、树脂 somos11122 材料、somos19120 材料和环氧树脂。

③ 橡胶类材料。橡胶类材料具备多种级别弹性材料的特征，这些材料所具备的硬度、断裂伸长率、抗撕裂强度和拉伸强度，使其非常适合于要求防滑或柔软表面的应用领域。3D 打印的橡胶类产品主要有消费类电子产品、医疗设备以及汽车内饰、轮胎、垫片等。

④ 金属材料。近年来，3D 打印技术逐渐应用于实际产品的制造，其中，金属材料的 3D 打印技术发展尤其迅速。在国防领域，欧美发达国家非常重视 3D 打印技术的发展，不惜投入巨资加以研究，而 3D 打印金属零部件一直是研究和应用的重点。3D 打印所使用的金属粉末一般要求纯净度高、球形度好、粒径分布窄、氧含量低。目前，应用于 3D 打印的金属粉末材料主要有钛合金、钴铬合金、不锈钢和铝合金材料等，此外还有用于打印首饰用的金、银等贵金属粉末材料。

a. 钛是一种重要的结构金属，钛合金因具有强度高、耐蚀性好、耐热性高等特点而被广泛用于制作飞机发动机压气机部件，以及火箭、导弹和飞机的各种结构件。钴铬合金是一种以钴和铬为主要成分的高温合金，它的抗腐蚀性能和力学性能都非常优异，用其制作的零部件强度高、耐高温。采用 3D 打印技术制造的钛合金和钴铬合金零部件，强度非常高，尺寸精确，能制作的最小尺寸可达 1mm，而且其零部件力学性能优于锻造工艺。

b. 不锈钢以其耐空气、蒸汽、水等弱腐蚀介质和酸、碱、盐等化学浸蚀性介质腐蚀而得到广泛应用。不锈钢粉末是金属 3D 打印经常使用的一类性价比较高的金属粉末材料。3D 打印的不锈钢模型具有较高的强度，而且适合打印尺寸较大的物品。

⑤ 陶瓷材料。陶瓷材料具有高强度、高硬度、耐高温、低密度、化学稳定性好、耐腐蚀等优异特性，在航空航天、汽车、生物等行业有着广泛的应用。但由于陶瓷材料硬而脆的特点使其加工成型尤其困难，特别是复杂陶瓷件需通过模具来成型。模具加工成本高、开发周期长，难以满足产品不断更新的需求。

⑥ 其他 3D 打印材料。除了上面介绍的 3D 打印材料外，目前用到的还有彩色石膏材料、人造骨粉、细胞生物原料以及砂糖等材料。

彩色石膏材料是一种全彩色的 3D 打印材料，是基于石膏的、易碎、坚固且色彩清晰的材料。基于在粉末介质上逐层打印的成型原理，3D 打印成品在处理完毕后，表面可能出现细微的颗粒效果，外观很像岩石，在曲面表面可能出现细微的年轮状纹理，因此，多应用于动漫玩偶制作等领域。

（2） 3D打印机操作

3D打印机技术即将三维模型转化成实物的技术。最常见的3D打印技术被称为FFF（fused filament fabrication），即熔丝制造技术，Finder（发现者）3D打印机的应用技术即FFF。其工作方式是通过高温熔化丝状耗材，耗材降温后固化，通过耗材逐层叠加形成立体物品。

3D打印机操作流程如下。

① 准备开机：将电源线连接电源适配器。然后电源适配器连接机器上的插口，电源线的另一端连接插座。并将主板电源开关打开，即"I"往下按，如图7-51(a)所示。按图7-51(b)箭头所示按下设备开关，启动设备。

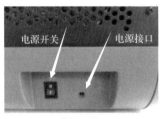 

(a) 电源开关　　　　　　　　　　　　　(b) 打印机开关

图7-51　开关

② 进丝操作：为了能够使进丝顺畅，避免打印过程中绕丝、断丝并保护设备的外观不受磨损，在进丝之前需要安装导丝管，取出导丝管，将丝盘盒引出的耗材穿过导丝管的一端。在触摸屏主面板上点击"工具"→"换丝"→"进丝"，按照屏幕提示操作。开始进丝，请将丝料垂直插入喷头进丝口，同时按下进丝压板，调整丝料角度，待丝料进入并自动往下送丝后，松开进丝压板，看到喷头稳定出丝，点击"完成"。如图7-52所示。

(a) 换丝　　　　　　　　　　　　　(b) 进丝

图7-52　进丝操作

③ 调平操作：点击触摸屏上"工具"→"调平"图标，待喷头和打印平台完成初始化运动后，按照触摸屏提示进行调平操作。喷头开始移向第一个点，打印平台上下移动来验证喷嘴与平台之间的距离。随后显示屏会提示距离过大，根据指示顺时针调节平台下对应的螺母直至听到持续稳定的声音。随后点击"验证"按钮检查此时喷嘴与平台间的距离是否合适。若距离过小，请逆时针调节平台下方对应的螺母直到听见持续稳定的提示声并再次出现"验证"按钮。点击此按钮检查此时喷嘴与平台间的距离是否合适。若距离已合适，请点击"确认"按钮开始下一个点的调平，若仍不合适，请按照提示继续调节螺母直到看见"确认"按钮。调平完成后点击"完成"按钮退出即可。如图7-53所示。

(a) 调平命令　　　　　　　　(b) 调平完成

图 7-53　调平操作

④ 在打印机右下方 USB 接口位置插入 U 盘，在触摸屏主面板上点击"打印"按钮，选择文件名：LNPU，如图 7-54 所示。再点击"打印"按钮，文件传输完成后，设备在喷头预热后开始打印，主面板上显示文件名、喷头温度、剩余打印时间和打印进度。如图 7-54 所示。

(a) 选择文件　　　　　　　　(b) 打印进程

图 7-54　文件打印

⑤ 暂停打印：通过此按钮，可以在打印中途暂停打印，然后从暂停处继续打印。如果打印中途更改耗材的颜色或者出现乱丝，可以使用暂停功能。

⑥ 文件打印结束后，有音乐提示打印结束，取出打印平台，轻轻铲下作品。注意不要损坏打印平台。3D 打印作品如图 7-55 所示。

图 7-55　实训作品

逆向工程实训授课视频

中国 3D 打印之父——卢秉恒

第 8 章

工业机器人实训

8.1 工业机器人概述

(1) 工业机器人定义

工业机器人是用于工业领域的多关节机械手或多自由度的机器装置,具有一定的自动性,可依靠自身的动力能源和控制能力实现各种功能。

(2) 工业机器人特点

① 多功能性。工业机器人具有多种多样的功能,可以被广泛用于各个领域,满足不同工作环境的需求。以汽车生产为例,机器人可以完成车身焊接、切割、涂装、组装等一系列的工序,从而提高工厂整体的生产效率和稳定性。

② 精度高、稳定性好。工业机器人在复杂环境下仍能保持高精度和稳定性。这得益于其采用了高精度传感器和控制系统,能够精确识别并处理复杂的物体信息,控制运动的速度、精度等参数。

③ 灵活性与重复性。工业机器人在工作中不仅能够完成复杂的运动路径,还能够集成各种程序和算法,灵活应对不同的生产需求。而在生产中,机器人能够运用成熟的控制算法,保持重复运行时的稳定性,提高生产效率。

④ 安全可靠。工业机器人在实现高效生产的同时,为员工提供了一定的安全保障。多数工业机器人采用了多级安全措施,如手动控制、传感器、光电传感器、断电保护等,可以保证要加工的产品和人所处的环境安全。

⑤ 易于维护。工业机器人在出现故障时,能够快速诊断并定位问题所在,通过在线服务或技术支持解决问题。同时,大多数容易损坏的部件都采用了模块化的设计,方便更换和维护,这也使得机器人的运行成本大幅降低。

(3) 工业机器人组成

一般来说,工业机器人由三大部分六个子系统组成。三大部分是机械部分、传感部分和控制部分。六个子系统分别如下。

① 机械结构系统。从机械结构来看,工业机器人总体上分为串联机器人和并联机器人。串联机器人的特点是一个轴的运动会改变另一个轴的坐标原点,而并联机器人一个轴运动不会改变另一个轴的坐标原点。

② 驱动系统。驱动系统是向机械结构系统提供动力的装置。根据动力源不同,驱动系统的传动方式分为液压式、气压式、电气式和机械式 4 种。

③ 感知系统。机器人感知系统把机器人各种内部状态信息和环境信息从信号转变为机

器人自身或者机器人之间能够理解和应用的数据和信息，感知与自身工作状态相关的机械量，如位移、速度和力等，视觉感知技术是工业机器人感知的一个重要方面。视觉伺服系统将视觉信息作为反馈信号，用于控制调整机器人的位置和姿态。

④ 机器人-环境交互系统。机器人-环境交互系统是实现机器人与外部环境中的设备相互联系和协调的系统。机器人可与外部设备集成为一个功能单元，如加工制造单元、焊接单元、装配单元等。

⑤ 人机交互系统。人机交互系统是人与机器人进行联系和参与机器人控制的装置。例如：计算机的标准终端、指令控制台、信息显示板、危险信号报警器等。

⑥ 控制系统。控制系统的任务是根据机器人的作业指令以及从传感器反馈回来的信号，支配机器人的执行机构去完成规定的运动和功能。

（4）工业机器人分类

工业机器人的分类方法较多，通常按照以下方式进行分类。

① 按照运动学结构分类：可分为关节机器人和平面机器人。

② 按照机械结构自由度分类：可分为低自由度机器人和高自由度机器人。

③ 按照控制集成程度分类：可分为离线机器人和在线机器人。

④ 按照控制方式分类：可分为基于位置的控制机器人和基于力的控制机器人。

⑤ 按照控制系统分类：可分为基于传统控制系统的机器人和基于智能控制系统的机器人。

⑥ 按照加工工艺分类：可分为焊接机器人、组装机器人、搬运机器人、检测机器人等。

⑦ 按照应用领域分类：可分为工厂自动化机器人、医疗机器人、服务业机器人等。

⑧ 按照安装方式分类：可分为固定式机器人和移动式机器人。

⑨ 按照工作环境分类：可分为室内机器人、室外机器人、水下机器人、真空机器人等。

（5）工业机器人应用

工业机器人可以代替或协助人类完成一些重复性、危险性或高精度的生产任务。工业机器人的应用范围非常广泛，涵盖了众多制造业和服务业的领域。工业机器人在工业领域的应用主要有以下几个方面。

① 机械制造业：工业机器人与机床集成，可以提高加工效率、精度和安全性，解决企业用人问题。尤其是在汽车制造业中，工业机器人可用于汽车零部件的焊接、装配、喷涂等工序，提高生产质量和效率。

② 电子电气行业：工业机器人主要用于电子元器件的贴装、检测、分拣等工序，提高生产精度和速度。

③ 橡胶塑料工业：工业机器人主要用于塑料原材料的注塑、搬运、码垛等工序，提高生产灵活性和稳定性。

④ 食品行业：工业机器人主要用于食品的包装、拣选、码垛等工序，提高生产卫生质量和效益。

除此之外，工业机器人还应用于化工、玻璃、家用电器、烟草等领域，完成了多种复杂的生产任务。工业机器人的应用范围还在不断扩大，随着技术的进步和成本的降低，工业机器人将在更多的领域发挥重要的作用。

8.2 工业机器人基本操作

8.2.1 工业机器人示教器操作

示教器是工业机器人操作、编程和控制的核心,也是高价值的物品。因此,我们在使用时必须要小心谨慎,避免跌落、进水、砸伤或刻划屏幕。示教器的握持方法如图 8-1 所示,左手穿过示教器背后的尼龙绑带,小臂承托示教器使之固定;右手操作按钮和摇杆,当需要在示教器的屏幕上操作时应使用触控笔。

图 8-1 示教器的握持方法

8.2.2 工业机器人单轴运动操作

工业机器人是一种采用最简单的机械结构,却配套有最复杂的电气控制和计算机算法,从而实现预定机械运动的自动化机器。一般的工业机器人设计有 6 个转动副的开放式连杆机构,这 6 个转动副形成了工业机器人的 6 个运动轴,如图 8-2 所示。

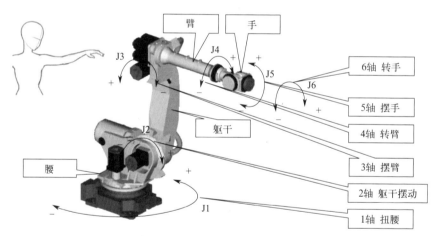

图 8-2 工业机器人的 6 个运动轴

依次对这 6 个运动轴的运动进行控制的方法,称为单轴运动操作。它可以在示教器上进行操作,如图 8-3 所示。

按照图 8-3 所示调整好运动模式后,就可以控制机器人单轴运动了。方法是:左手指按下"使能"键,右手扳动摇杆,其控制方向如图 8-4 所示。

需要知道的是,除了"快慢速切换"键可以调整运动速度之外,拨动摇杆的幅度也与运动速度成正比。

8.2.3 工业机器人线性运动操作

一个单轴运动往往会使得空间 3 个坐标都发生变化。在需要让工业机器人准确运动到空间某一个点时,采用线性运动操作模式是比较方便的,因为线性运动操作模式可以使机器人

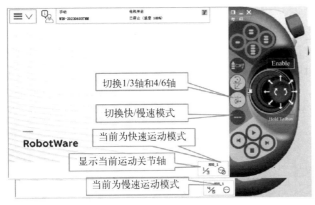

图 8-3　工业机器人单轴运动模式调整　　　　图 8-4　工业机器人单轴运动操作

沿着空间坐标系 X、Y、Z 坐标中一个轴运动,能够快速、精确地定位。在实际操作中,手动调整机器人位置,经常采用的都是线性运动操作模式。为了满足机器人准确地沿空间坐标轴运动,6 个单轴运动就要随时发生相应的变化,其背后需要强大的计算机算法作为支撑,这正是工业机器人的制造难点和奥秘所在。

线性运动模式的调整方法,如图 8-5 所示。

工业机器人线性运动操作方法如图 8-6 所示。其空间直角坐标系采用右手笛卡儿坐标系,如图 8-6(a) 所示。Z 轴运动时,其旋转摇杆的旋向可以采用右手螺旋法则判断,即当需要机器人 Z 轴正方向运动时,应逆时针旋转摇杆,如图 8-6(b)、(c) 所示,反之则应顺时针旋转摇杆。X、Y 方向的运动操作如图 8-6(c) 所示。

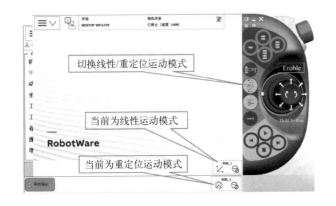
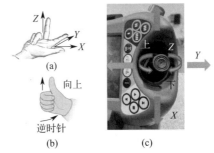

图 8-5　工业机器人线性运动模式调整　　　　图 8-6　工业机器人线性运动操作

8.2.4　工业机器人重定位

工业机器人重定位是指机器人在工作过程中,既可以按照程序完成任务,又可以在必要时自行调整姿态和位置,具备自主灵活操作的能力。这相当于人类工人在处理物品时也会不断调整自己的位置和姿态以方便操作。

例如,焊接机器人会根据焊缝的空间位置不同,来调整焊枪的姿态,但焊缝却是要求连续的,这就要求工业机器人具备重定位功能。

手动切换至重定位运动模式的方法,如图 8-5 所示。

8.2.5 工业机器人 I/O 控制单元操作

工业机器人工作时离不开与周边配套设备的通信，以实现自动化、连续生产。数字输入输出信号是它们之间沟通的桥梁。在示教器上，可以进行 I/O 控制单元的基本操作。点击示教器"主菜单"，选取"输入输出"，如图 8-7 所示，在随后出现的窗口中，点击右下角"视图"，在上拉列表中选取"数字输出"，在中间框格中就会显示全部数字输出信号。例如，选中"DO0"，点击下方一行的"1"，就会实时地为数字输出信号 DO0 赋值"1"。如图 8-8 所示。

图 8-7　点击"主菜单"→"输入输出"　　　　图 8-8　选择信号类型并修改

8.3　工业机器人编程指令与方法

8.3.1　工业机器人程序数据

（1）程序数据的概念

程序数据是在程序模块或系统模块中设定的值和定义的一些环境数据。创建的程序数据由同一个模块或其他模块中的指令进行引用。如图 8-9 所示，虚线框中是一条常用的机器人关节运动的指令（MoveJ），它调用了 4 个程序数据。

这 4 个程序数据的具体说明，见表 8-1。

表 8-1　MoveJ 指令中程序数据的说明

程序数据	数据类型	说明
p10	robtarget	机器人运动目标数据
v1000	speeddata	机器人运动速度数据
z50	zonedata	机器人运动转弯数据
tool0	tooldata	机器人工具数据 TCP

（2）程序数据的类型

ABB 工业机器人的程序数据共有 103 个类型，并且可以根据实际情况进行数据的创建，为 ABB 机器人的程序设计带来极大方便。我们可以通过点击图 8-7 所示的示教器的"主菜单"中的"程序数据"来打开程序数据窗口，如图 8-10 所示。该窗口显示的是全部程序数据类型。常用程序数据类型名称，见表 8-2。我们可以点击右下角"视图"命令来选择程序数据的范围；也可以先在框格中选中某一程序数据类型，再点击下方的"显示数据"来显示和编辑该类型已经使用的全部数据参数。

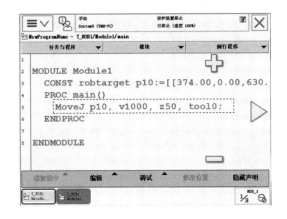

图 8-9　MoveJ 指令中调用的程序数据

图 8-10　程序数据窗口

表 8-2　常用程序数据类型名称

程序数据	说明	程序数据	说明
bool	布尔量	pos	位置数据（只有 X、Y 和 Z）
byte	整数数据 0～255	pose	坐标转换
clock	计时数据	robjoint	机器人轴角度数据
dionum	数字输入/输出信号	robtarget	机器人与外轴的位置数据
extjoint	外轴位置数据	speeddata	机器人与外轴的速度数据
intnum	中断标识符	string	字符串
jointtarget	关节位置数据	tooldata	工具数据
loaddata	负荷数据	trapdata	中断数据
mecunit	机械装置数据	wobjdata	工件数据
num	数据数值	zonedata	TCP 转弯半径数据
orient	姿态数据		

（3）程序数据的建立与编辑

程序数据的建立一般可以分为两种形式：一种点击图 8-10 所示的"显示数据"命令，在随后出现的窗口中，通过点击"新建…"命令来建立程序数据，如图 8-11 所示；另一种是在建立程序指令时，同时自动生成对应的程序数据。

在图 8-11 所示的窗口中，我们也可以选中其中的某一个数据来对它进行删除、更改值等编辑操作。

（4）程序数据的声明设置

每新建或更改一个程序数据，都要对其声明进行设定，操作界面如图 8-12 所示。

程序数据声明参数的含义见表 8-3。

表 8-3　程序数据声明参数的含义

数据设定参数	说明	数据设定参数	说明
名称	设定数据的名称	模块	设定数据所在的模块
范围	设定数据可使用的范围	例行程序	设定数据所在的例行程序
存储类型	设定数据的可存储类型，有变量、可变量和常量三种可选	维数	设定数据的维数
		初始值	设定数据的初始值
任务	设定数据所在的任务		

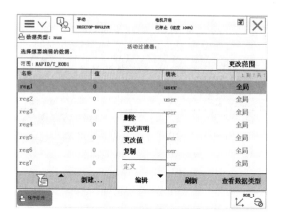

图 8-11　程序数据编辑窗口

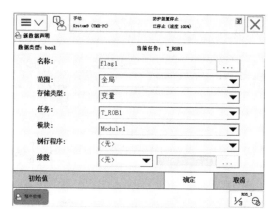

图 8-12　程序数据声明设定窗口

8.3.2　工业机器人模块程序结构

工业机器人的编程采取模块化结构设计。即每一项工作任务，都要先设计一个模块，在该模块中建立一个或者多个例行程序。一台机器人不论建立有多少个模块，在一个模块内有且只能有一个主程序，程序名必须为"main"。主程序可以调用其他例行程序，总体控制机器人工作。

例如，在 wxm06 模块中建立有 4 个例行程序，如图 8-13 所示。其中 main( ) 为主程序。

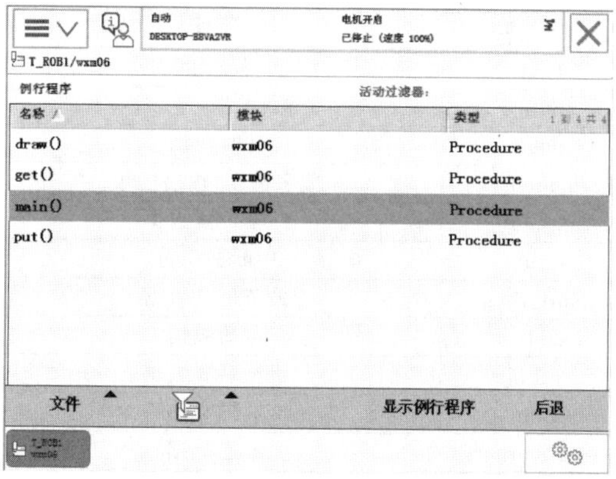

8.3.3　工业机器人运动控制指令

工业机器人运动类指令是控制机器人按照一定的轨迹、速度和目标点运动的指令。包括：MoveAbsJ、MoveJ、MoveL 和 MoveC 四个指令。运动类指令的一般格式为（以 MoveL 为例）：

图 8-13　wxm06 模块的例行程序窗口

MoveL topoint,speed,zone,tool;

其中：

topoint：运动目标点，默认为"*"。可以对其修改名称和坐标值（或单轴角度值），如图 8-14(a) 所示。

speed：运动速度数据，单位"mm/s"。实训时建议速度为：快速移动 v100、工具升降 v50、描绘轨迹 v20。

zone：与下一运动之间的转弯半径值，单位"mm"。该设计可以缓和运动转换时的冲击，如图 8-14(b) 所示，若不设转弯半径值，该处应选"fine"。

tool：当前工具坐标系。例如，tool0 是工业机器人原始的工具坐标系，即以安装工具的法兰盘中心为原点。若工具发生变化，可以修改此处以改变工具坐标系。图 8-14(c) 所示为焊枪工具坐标系。

① 绝对位置运动指令（MoveAbsJ）：机器人以单轴运动的方式运动至示教目标点。常用于机器人回机械原点或将某些关节轴调整至需要的角度。

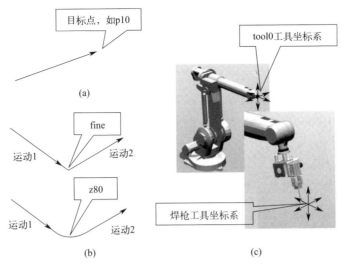

图 8-14 运动类指令参数释义

格式：如 MoveAbsJ * \NoEOffs,v100,z80,tool0;

*：各关节轴目标点角度值，单位"°"。例如，可以将 * 展开后，修改为"[[0,0,0,0,90,90],[9E+9,9E+9,9E+9,9E+9,9E+9,9E+9]]"，其中第一个方括号内的数据为第一轴至第六轴的方位角，第二个方括号内的数据为姿态值（一般不需调整）。

NoEOffs：外轴偏差开关，无外轴不必调整。

v100：运动速度为 100mm/s。

z80：与下一运动之间的转弯半径为 80mm。

tool0：当前工具坐标系为 tool0。

② 关节运动指令（MoveJ）：通过控制机器人的关节运动实现机器人的精确定位，运行轨迹不一定是直线，运动一般不会出现奇异点。常用于机器人快速运动到示教目标点。

格式：如 MoveJ *,v100,z50,tool0;

其中的"*"为目标点。我们可以通过双击该处，对其修改变量名和修改位置。

③ 直线运动指令（MoveL）：控制工业机器人通过直线路径运动到示教目标点。机器人完全按照直线方式运动，因此可能会出现奇异点，引起机器人报警。常用于机器人直线移动或描绘直线。

格式：如 MoveL p10,v20,fine,tool0;

为保证直线运动或描绘的准确性，一般不设运动转弯半径。

④ 圆弧运动指令（MoveC）：控制工业机器人通过圆弧路径运动至示教目标点。圆弧路径由起始点（当前点）、过渡点与结束点三点决定。机器人运动状态可控，运动路径保持唯一，因此可能会出现奇异点。常用于机器人圆弧移动或描绘圆弧。

格式：如 MoveC p20,p30,v20,fine,tool0;

其中，p20 为过渡点，p30 为结束点。需要知道的是，形成圆弧的 3 点中，其相邻两点之间的夹角必须小于 120°，所以描绘整圆时要两个 MoveC 才能完成，即当前点为 c1 时，第一个圆弧用 c1、c2、c3，第二个圆弧用 c3、c4、c1，如图 8-15 所示。程序指

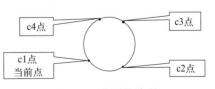

图 8-15 整圆的编程

令为：

```
MoveC c2, c3, v20, fine, tool0;
MoveC c4, c1, v20, fine, tool0;
```

8.3.4 工业机器人辅助控制指令

① 复位指令（Reset）：将某一数字输出信号置为"0"。用于机器人辅助设备的控制。

格式：如 Reset DO0；

即令数字输出信号 DO0=0。

② 置位指令（Set）：将某一数字输出信号置为"1"。用于机器人辅助设备的控制。

格式：如 Set DO0；

即令数字输出信号 DO0=1。

③ 等待指令（WaitTime）：暂停。一般用于机器人各个工作环节之间的配合等待。

格式： WaitTime 1；

即令机器人暂停 1s 后，再继续向下运行。

例如，DO0 为控制夹爪放松动作的数字输出信号，DO1 为控制夹爪夹紧动作的数字输出信号。机器人夹爪的工作需要该两组信号相互配合，见表 8-4。数字输出信号是一个瞬间的脉冲电流，为使夹爪松开或夹紧这样的机械物理过程能彻底到位，需要加入一个延时指令。

表 8-4 机器人夹爪动作与输出控制信号对照表

夹爪工作状态	DO0 放松信号	DO1 夹紧信号	对应程序指令
放松	1	0	Reset DO1； Set DO0； WaitTime 1；
夹紧	0	1	Reset DO0； Set DO1； WaitTime 1；

8.3.5 工业机器人示教编程方法

工业机器人采用示教编程的方法。它通过在机器人或其模拟环境中手动引导机器人，将一系列操作和运动指令记录下来，然后将这些指令存储在机器人的计算机中，以便以后自动执行。示教编程的优点如下。

① 直观性强：示教编程让操作员能够直接在机器人上定义动作和行为，因此非常直观，不需要深入的编程知识。

② 适应性强：示教编程可以适应各种不同的应用场景和机器人类型，只需稍做调整。

③ 安全性高：由于示教编程过程中，机器人是在人类的直接监控下进行操作的，因此可以大大降低意外和错误的风险。

④ 效率高：示教编程可以在短时间内定义复杂的动作序列，大大提高了编程效率。

工业机器人示教编程可以采取编写一步调试一步的方法，如本章后面介绍的机器人轨迹描绘实训；也可以先把一个例行程序全部录入，然后再去工作站上进行示教点位校核，如本章后面介绍的机器人码垛实训。

8.4 工业机器人轨迹描绘实训

8.4.1 实训目的与要求

工业机器人轨迹描绘实训是编程控制工业机器人通过拾取工具 get()、描绘轨迹 draw() 和放回工具 put() 3 个例行程序的顺序执行来完成全部工作的。而这些工作又由主程序 main() 来进行总体调度。其程序流程如图 8-16 所示。

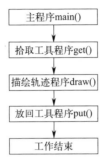

图 8-16 工业机器人轨迹描绘程序框图

程序清单如下：

```
PROC get()                                      ! 拾取工具例行程序
    Reset DO1;                                  ! 夹爪夹紧数字输出信号置 0
    Set DO0;                                    ! 夹爪松开数字输出信号置 1
    WaitTime 1;                                 ! 延时 1s,确保夹爪完全松开
    MoveAbsJ [[0,0,0,0,90,90],[9E+9,9E+9,9E+9,9E+9,9E+9,9E+9]]\NoEOffs,
v100, z50, tool0;                               ! 夹爪旋转至工作姿态
    MoveJ p20, v100, z50, tool0;                ! 快速移至拾取工具点上方
    MoveL p10, v50, fine, tool0;                ! 慢速垂直下降至拾取工具点
    Reset DO0;                                  ! 夹爪松开数字输出信号置 0
    Set DO1;                                    ! 夹爪夹紧数字输出信号置 1
    WaitTime 1;                                 ! 延时 1s,确保夹爪完全夹紧
    MoveL p20, v50, z50, tool0;                 ! 慢速垂直上升至拾取工具点上方
    MoveJ p30, v100, z50, tool0;                ! 快速移至描绘板附近临时安全点
ENDPROC                                         ! 拾取工具例行程序结束
PROC draw()                                     ! 描绘轨迹例行程序
    MoveJ c0, v100, z50, tool0;                 ! 快速移至圆周起点 c1 上方 c0
    MoveL c1, v50, fine, tool0;                 ! 慢速垂直下降至圆周起点 c1
    MoveC c2, c3, v20, fine, tool0;             ! 描绘圆弧 c1-c2-c3
    MoveC c4, c1, v20, fine, tool0;             ! 描绘圆弧 c3-c4-c1
    MoveL c0, v50, z50, tool0;                  ! 慢速垂直上升至圆周起点 c1 上方 c0
    MoveJ p30, v100, z50, tool0;                ! 快速移至描绘板附近临时安全点
ENDPROC                                         ! 描绘轨迹例行程序结束
PROC put()                                      ! 放回工具例行程序
```

```
        MoveJ p20, v100, z50, tool0;         ! 快速移至拾取(放回)工具点上方
        MoveL p10, v50, fine, tool0;         ! 慢速垂直下降至拾取(放回)工具点
        Reset DO1;                           ! 夹爪夹紧数字输出信号置 0
        Set DO0;                             ! 夹爪松开数字输出信号置 1
        WaitTime 1;                          ! 延时 1s,确保夹爪完全松开
        MoveL p20, v50, z50, tool0;          ! 慢速垂直上升至拾取工具点(放回)上方
        MoveAbsJ [[0,0,0,0,0,0],[9E+9,9E+9,9E+9,9E+9,9E+9,9E+9]]\NoEOffs, v100, z50, tool0;
                                             ! 机器人返回机械原点
    ENDPROC                                  ! 放回工具例行程序结束
    PROC main()                              ! 主程序
        get;                                 ! 调用拾取工具例行程序
        draw;                                ! 描绘轨迹例行程序
        put;                                 ! 放回工具例行程序
    ENDPROC                                  ! 主程序结束
```

8.4.2 实训操作步骤

（1）建立模块程序结构

① 软件启动及初始状态设置。按照电脑桌面上的文字提示，进入 RobotStudio6.08 工业机器人仿真软件。待窗口右下角控制器状态栏呈绿色后，点击"控制器工具"选项卡，点击"示教器"调出示教器界面，如图 8-17 所示。

图 8-17　启动示教器

点击图 8-18 所示的运动控制摇杆左侧的白色小方块，将工业机器人工作状态设为"手动"；点击运动控制摇杆上方的"Enable"，使"使能"键成为绿色开启状态。

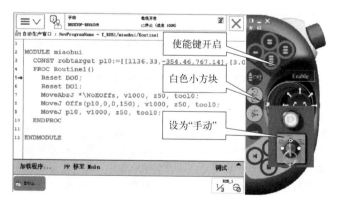

图 8-18　设为"手动"和按下"使能"键

为防止以后调试过程中出现混乱，点击右下方"增量"按钮，选择"运行模式"按钮，设置为"单周"。如图 8-19 所示。

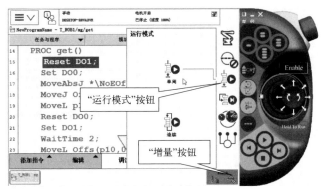

图 8-19　设为单周调试模式

② 建立模块。点击左上角下拉箭头,调出主菜单。如图 8-20 所示。

点击"程序编辑器",在出现的提示窗口上点击"取消"。如图 8-21 所示。

图 8-20　调出主菜单

图 8-21　点击"取消"

点击左下角"文件"菜单,选中"新建模块…",如图 8-22(a) 所示。在接下来出现的提示窗口中,点击按钮"是",如图 8-22(b) 所示。

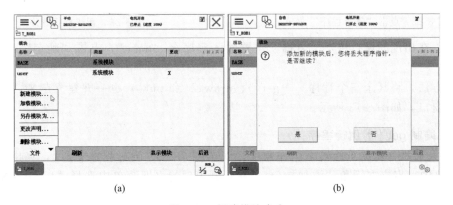

图 8-22　新建模块命令

在出现的界面上为新建的模块命名。不能使用汉字,这里输入的是"wxm06"(王小明,06 号)。输入名称后,单击"确定"。如图 8-23 所示。

③ 建立例行程序。在自己刚刚建立的程序模块(如图 8-24 所示的 wxm06 程序模块)

名字上双击，如图 8-24 所示。

图 8-23　命名新模块

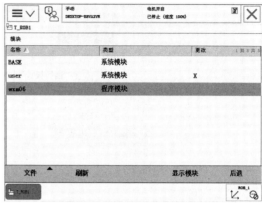

图 8-24　双击程序模块名字

在随后出现的窗口中点击"例行程序"菜单，如图 8-25 所示。

在接下来出现的界面内，点击左下角"文件"菜单，选"新建例行程序…"，如图 8-26 所示。

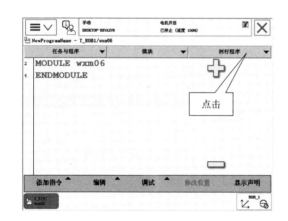

图 8-25　点击"例行程序"菜单

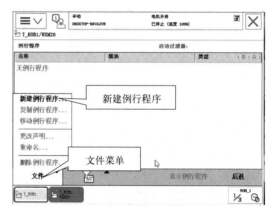

图 8-26　新建例行程序

然后，在出现的窗口中，"名称"位置输入程序名"main"，点击"确定"。如图 8-27 所示。

同样方法，将其余三个程序——get( )、draw( ) 和 put( ) 也一并建立起来，程序建立好以后的窗口，如图 8-13 所示。

（2）编制 get( ) 例行程序

① 松开夹爪并将夹爪旋转至工作角度。双击图 8-13 中例行程序 get( )，在出现 PROC get( ) 窗口中，点击左下角"添加指令"，在右侧出现的立即菜单内选择"Reset"指令。如图 8-28 所示。

在出现的窗口中，选中"DO1"，并点击"确定"按钮。如图 8-29 所示。

再次点击"添加指令"，选中"Set"指令。在出现的窗口中，点击"下方"。将该条指令放到前面指令的下方。如图 8-30 所示。

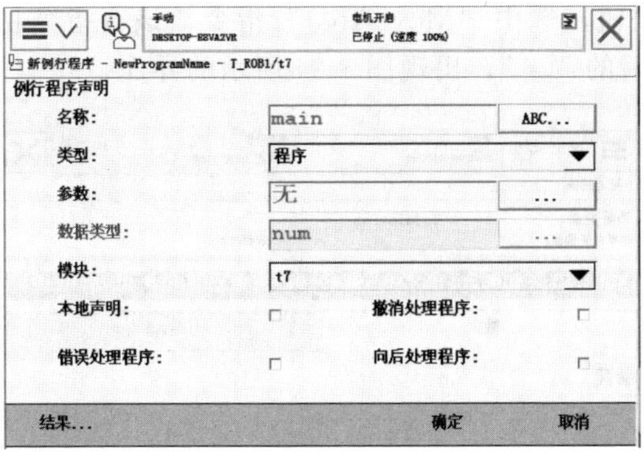

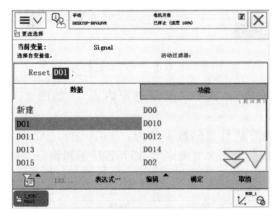

图 8-27 命名新的例行程序

图 8-28 点击"添加指令"命令

图 8-30 点击"下方"

图 8-29 选中"DO1"输出信号

此时，程序窗口出现的指令是"Set DO1"。我们只要双击其中的"DO1"，即可在出现的窗口中选择"DO0"并确定来修改。修改后的程序如图 8-31 所示。

点击"添加指令"命令后，点击立即菜单右下角的"下一个"按钮，在指令区选中"WaitTime"指令。如图 8-32 所示。

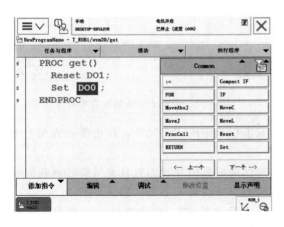

图 8-31 把"Set DO1"改为"Set DO0"

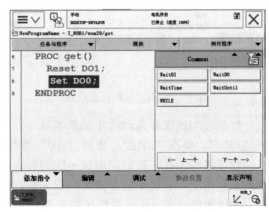

图 8-32 选中"WaitTime"指令

在随后的窗口中，点击左下角的"123…"来设置等待时间。如图 8-33 所示。点击"确定"后完成等待指令输入。

点击"添加指令"立即菜单的"上一个"按钮，选中"MoveAbsJ"指令，该行指令将会出现在程序窗口内。双击"MoveAbsJ"指令后的"*"，出现图 8-34 所示的界面。

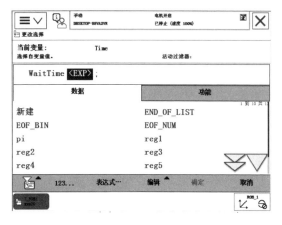

图 8-33　设置等待时间

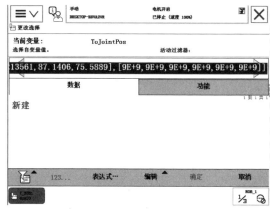

图 8-34　双击"*"后进行编辑

在该界面上点击"表达式…"，再点击"编辑"，选中"仅限选定内容"。如图 8-35 所示。

在接下来出现的界面上方输入框中，把左侧方括号里的数字改为：[0,0,0,0,90,90]（注意，此时的","应为英文字符的逗号）。依次点击三次"确定"，回到程序编辑窗口。如图 8-36 所示。

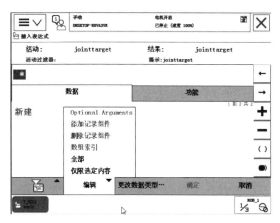

图 8-35　点击"仅限选定内容"

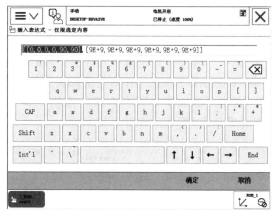

图 8-36　设置 6 个单轴的姿态角度

修改运动速度和运动转角圆弧半径，方法是双击指令中的"v1000"，在出现的界面上选中"v100"，单击"确定"；保留"z50"参数不改。

程序编写至此，我们应调试一次例行程序，确保夹爪是松开状态并且夹爪旋转到我们需要的工作角度，以便于接下来的编程工作。调试后的工业机器人姿态，如图 8-37 所示。

调试程序的方法是：在程序编辑器中，点击下方的"调试"，在出现的立即菜单中选取"PP 移至例行程序…"，在接下来出现的界面中选择需要调试的例行程序 [此时选取 get()]，单击"确定"。在示教器右下角按"连续调试"按钮即可在屏幕上观察机器人执行该段程序的效果。操作步骤如图 8-38 所示。

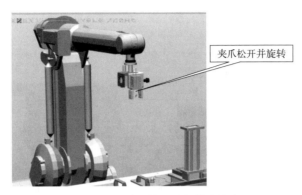

图 8-37　调试后的工业机器人姿态

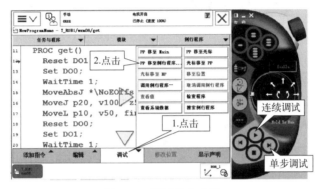

图 8-38　调试操作方法

② 夹爪移至取放工具点 p10。点击软件左上部的"基本"选项卡。在右侧点选"手动线性"图标；在"工具"下拉列表中选择夹爪，即"Gripper"。鼠标点击工业机器人的夹爪，此时即可在夹爪中心显示工具坐标系框架。如图 8-39 所示。

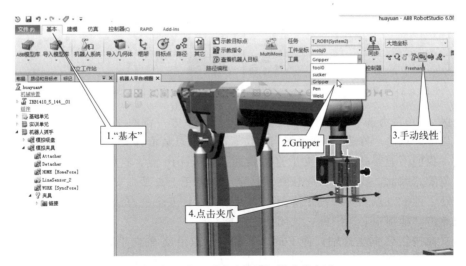

图 8-39　进入"手动线性"模式的方法

点选机器人上方一行的"捕捉中心"图标，用鼠标拖动工具坐标系框架，把夹爪移动到 Pen 工具的上表面中心处，并将此处定义为 p10 点，即拾取工具点。本次实训的拾取工具点和放回工具点是同一点。如图 8-40 所示。

图 8-40　捕捉工具中心 p10

在示教器中，点击左下角"添加指令"命令，在右侧立即菜单中点击"MoveJ"。在程序编辑窗口中添加一条 MoveJ 指令。双击 MoveJ 后的"＊"，在后续出现的窗口中，单击"新建"，如图 8-41 所示；在接下来出现的窗口的"名称"栏中输入"p10"，如图 8-42 所示；依次单击两次"确定"，即将该点命名为"p10"，如图 8-43 所示。

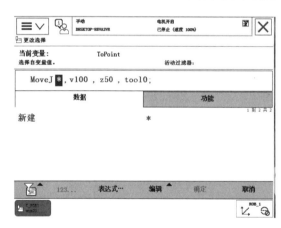

图 8-41　点击"新建"

图 8-42　把该位置命名为 p10

在确保"p10"为选中状态下，点击图 8-43 所示下方一行的"修改位置"命令，在出现的确认窗口中，点击"修改"。即可把当前位置的坐标点数值存储记录在"p10"点内。

不过，我们不能够就这样让夹爪直接快速运动至 p10 点，这样会造成夹爪与工具的碰撞，产生危险。因此，我们应首先让夹爪移至 p10 点正上方某一安全距离（该距离暂不做精确要求）处，即 p20 点，再缓慢下降至 p10 点才能保证安全。方法如下。

再次点击"捕捉中心"图标，关闭捕捉功能。

使用鼠标按住 Z 向坐标轴，使 Pen 工具和夹爪只沿 Z 轴向上移动一段合适的距离（本次实训中该距离不做精确要求），并将此处定义为"工具安全点"（p20）。如图 8-44 所示。

在刚才录入的 MoveJ 指令上，双击后面的"p10"，如图 8-43 所示。在随后出现的界面上点击"新建"，将"名称"栏内的名称修改为"p20"，确定后，再执行一次"修改位置"，即可将当前距离 p10 点安全高度的坐标点存入 p20。此时的程序编辑窗口如图 8-45 所示。

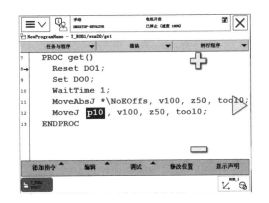
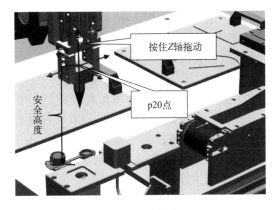

图 8-43　选中"p10"　　　　　　　　　图 8-44　向正上方移至 p20

接下来编制由 p20 点慢速下降至 p10 点程序。在程序窗口点击"添加指令"命令，点选"MoveL"指令。在程序窗口中刚添加的 MoveL 指令后面的"p30"（也可能是其他名称）上双击，在随后出现的窗口中选择已经存在的 p10 点，并确定。同样，在该行指令的"v100"上双击，修改为"v50"（慢速下降）；在"z50"上双击，修改为"fine"（特别注意：此处必须为 fine，否则工具将夹不起来）。此时程序窗口如图 8-46 所示。

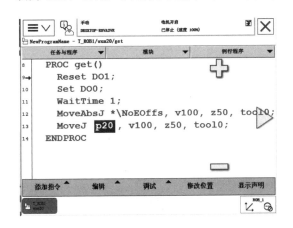
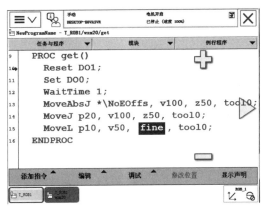

图 8-45　修改后的 MoveJ 指令　　　　　图 8-46　添加 MoveL 指令后

再次调试例行程序 get()，看一看夹爪是不是真的下降到了拾取工具点 p10。

③夹紧工具并提升至安全高度点 p20。通过"添加指令"命令，利用前面所讲的方法，录入下面的程序。

Reset DO0;	! 夹爪松开数字输出信号置 0
Set DO1;	! 夹爪夹紧数字输出信号置 1
WaitTime 1;	! 延时 1s，确保夹爪完全夹紧
MoveL p20, v50, z50, tool0;	! 慢速垂直上升至拾取工具点上方

再次调试例行程序 get()，看一看工具是不是被夹起并提升到了 p20。

④将工具移动至临时安全点 p30。用鼠标分别拖动工具坐标系的三个坐标轴，将工具放置在轨迹描绘实训板左、前、上方的一个相对安全、方便的位置，作为临时安全点 p30。如图 8-47 所示。

点击程序编辑窗口的"添加指令"命令,添加"MoveJ"指令,此时要将指令后的位置参数名称"p50"(也可能是其他名称)改为"p30",并执行一次"修改位置";双击"v50",修改为"v100";双击"fine",修改为"z50"。

注意:因为程序开头即是松开夹爪,若此时从头调试该例行程序,将会出现 Pen 工具脱离夹爪,悬浮于空中的情况。解决方法是:鼠标选中 Pen 工具,点击鼠标右键,在出现的立即菜单里选择"位置",再点选"设定位置"。在左侧出现的位置对话框中,把所有的数值均改为"0",点击"应用"并关闭。这样 Pen 工具就会回到它原来的支座上了。如图 8-48 所示。

图 8-47 鼠标拖动坐标系至 p30

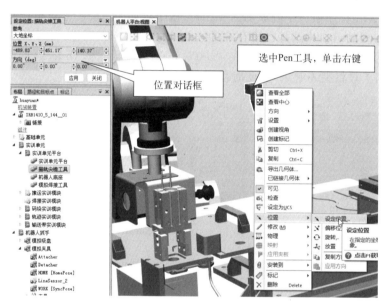

图 8-48 使悬浮的 Pen 工具复位

重新调试该例行程序,查看是否存在错误。至此,get() 例行程序编制完毕。

(3) 编制 draw() 例行程序

① 将 Pen 工具移至描绘起始点 c1。在程序编辑器中,点击"例行程序"菜单,如图 8-49(a) 所示;在出现的界面中双击"draw()",如图 8-49(b) 所示,即可打开 draw() 例行程序编辑窗口。

在软件上方工具栏内,将"工具"选为"Pen",单击夹爪将显示 Pen 工具坐标系框架。选中"手动线性"图标,再选中"捕捉边缘"图标。用鼠标拖动工具坐标系框架,将手形指针移至描绘板整圆图形的圆内。将 Pen 工具尖端放置于需要描绘的整圆边缘的任一点,并将该点定义为描绘开始点 c1。如图 8-50 所示。

在程序编辑器中,利用"添加指令"命令,添加下面一条指令,并对 c1 点执行一次"修改位置":

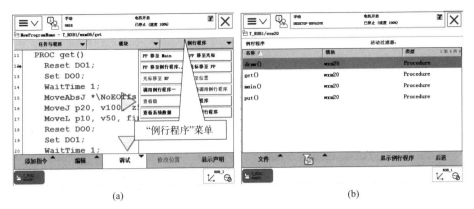

(a)　　　　　　　　　　　　　　　(b)

图 8-49　打开 draw() 例行程序编辑窗口

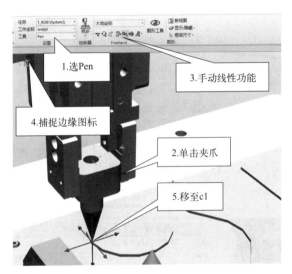

图 8-50　手动线性将 Pen 工具移至 c1

MoveJ c1, v100, z50, tool0;

同样道理，我们不能直接把工具快速移至描绘开始点 c1，而是要先移至 c1 点正上方的 c0 处，再缓慢下降至 c1 点，这样才能保证安全。具体操作方法是：再次点击"捕捉边缘"图标，关闭该捕捉功能；用鼠标左键按住 Z 坐标轴，向上移动一个安全距离（该距离暂不做精确要求），该点即为描绘安全点 c0，如图 8-51 所示。

在刚才录入的指令上，双击"c1"，在随后出现的界面上选"新建"，将名称修改为"c0"，确定后，执行一次"修改位置"。

接下来，添加下面的直线运动指令，使工具缓慢下降至描绘开始点 c1：

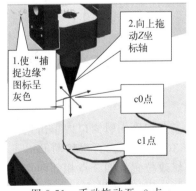

图 8-51　手动拖动至 c0 点

MoveL c1, v50, fine, tool0;

调试一次例行程序 draw()，使 Pen 工具移至 c1 点。

② 描绘整圆图形轨迹。在程序编辑器中，利用"添加指令"命令，连续添加两次 MoveC 绘制圆弧指令，如图 8-52(a) 所示。

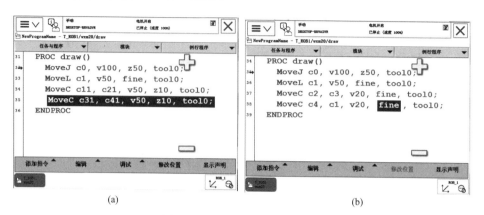

图 8-52　添加两个 MoveC 指令

双击"c11"，在随后出现的窗口中点击"新建"，将其重命名为"c2"；用同样方法将"c21"重命名为"c3"、"c31"重命名为"c4"。双击"c41"，在接下来出现的窗口中选中"c1"并确定。把运动速度修改为"v20"，运动转角半径设为"fine"。修改后的程序窗口如图 8-52(b) 所示。

再次单击点亮"捕捉边缘"功能图标，用鼠标拖动工具坐标系框架，使 Pen 工具移动至所描绘的整圆图形上距 c1 点大约 90°的另一个边缘点（即 c2 点），如图 8-53(a) 所示。

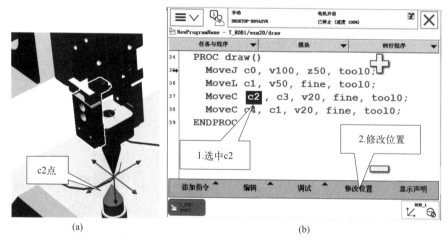

图 8-53　c2 点的捕捉与修改位置

在程序编辑窗口内单击选中"c2"，再单击"修改位置"，这样 c2 点就设置好了，如图 8-53(b) 所示。再次移动 Pen 工具位置，依次将剩余的"c3"和"c4"分别设置好（注意及时修改位置；四个点相邻两点夹角不能≥120°）。

使用"添加指令"命令，添加下面的 MoveL 指令，使 Pen 工具抬升至描绘安全高度点 c0：

MoveL c0, v50, z50, tool0;

调试一下程序，看看编制的描绘轨迹程序是否正确。

程序编制到此时，同学们应该根据老师的课堂要求，按照上述步骤接着编制描绘其他图形轨迹的程序。这里不再赘述。

③ 将 Pen 工具快速移至临时安全点 p30。添加下面的 MoveJ 指令。双击其后的位置参数"c20"（也可能是其他名称），在随后出现的窗口中选中"p30"。将速度修改为"v100"，运动转角修改为"z50"。

MoveJ p30, v100, z50, tool0;

该例行程序编制完毕，再次调试一下，检查其正确性。

（4）编制 put（ ）例行程序

① 放回 Pen 工具。put（ ）例行程序的功能是把 Pen 工具放回。其过程与拾取 Pen 工具极为相似，因此我们可以直接去 get（ ）例行程序复制一段程序并粘贴回来，再把夹紧程序改为放松程序即可。操作过程如下。

在程序编辑窗口，点击右上角"例行程序"。在出现的界面中双击"get（ ）"，打开get（ ）例行程序编辑窗口，如图 8-54 所示。

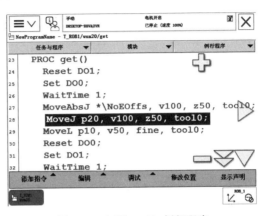

图 8-54 打开 get（ ）例行程序

在 get（ ）例行程序编辑窗口中，首先选中上方的指令行"MoveJ p20, v100, z50, tool0;"，如图 8-54 所示。点击窗口下方"编辑"命令，在右侧出现的立即菜单中单击"编辑"，如图 8-55(a) 所示。

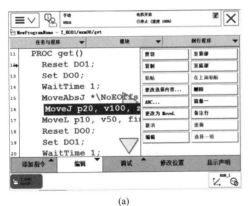
(a)

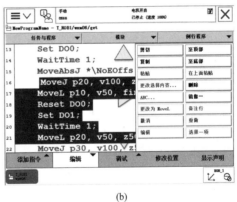
(b)

图 8-55 一次复制多条程序指令

鼠标单击程序窗口中下方的指令行"MoveL p20, v50, z50, tool0;"，此时就把上述两个指令行及其中间的所有程序全部选中了，如图 8-55(b) 所示。在右侧立即菜单中，单击"复制"。

单击窗口右上角"例行程序"，选中并打开 put（ ）例行程序。在右侧立即菜单中，单击"粘贴"。该段程序便复制到 put（ ）例行程序里面了。双击其中的"DO0"，将其修改为"DO1"；双击下一行的"DO1"，将其修改为"DO0"。修改后的 put（ ）程序如图 8-56 所示。

② 工业机器人回机械原点。将光标移至程序最后一行。单击"添加指令"命令，在右侧立即菜单中点击"MoveAbsJ"，添加一条 MoveAbsJ 指令程序；双击"MoveAbsJ"后的"*"，按前述方法依次点击"表达式…""编辑""仅限选定内容"，在出现的界面上方输入框中，把左侧方括号里的数字改为"[0,0,0,0,0,0]"（此时 6 个轴的姿态角度均为 0。注

意,此时的","应为英文字符的逗号)。依次点击三次"确定",回到程序编辑窗口。修改运动速度为"v100";修改运动转角为"z50"。

该程序编制完成,可以调试一次,检查其正确性。

(5) 编制 main ( ) (主程序)例行程序

点击"例行程序"命令,在随后出现的界面上选中"main()",打开 main () 例行程序编辑窗口。点击"添加指令"命令,在右侧立即菜单上选中"ProcCall"(调用例行程序功能)指令,依次调取前面编制的三个例行程序,此时程序窗口如图 8-57 所示。

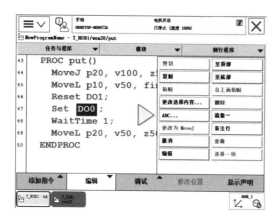
图 8-56 粘贴并修改输出信号

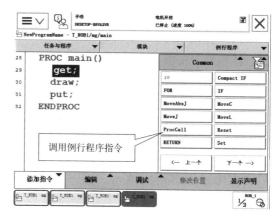
图 8-57 主程序中调用其他例行程序

点击"调试",在随后出现的立即菜单中选择"PP 移至 Main",点击"连续调试"按钮,就可以运行整个模块程序,并进行检查。

(6) 打包

所有规定的工作完成后,就可以打包了,具体步骤如下。

点击软件左上角的"文件"菜单,在下方单击"共享",在右侧单击"打包",如图 8-58 所示。

在其后出现的提示窗口中,单击"浏览…"按钮,即可在随后出现的窗口中修改保存位置和保存的文件名。最后单击"保存"按钮,即可完成打包工作。

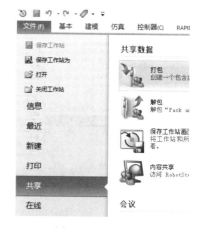
图 8-58 打包命令

8.5 工业机器人物料码垛实训

8.5.1 实训目的与要求

(1) 实训目的与程序设计思路

码垛实训是要求编制程序控制工业机器人,按照一定的码垛顺序和物料排列要求,自动化地进行物料搬运工作。码垛是工业机器人的主要应用之一。本次实训的程序设计框图,如图 8-59 所示。

程序以参数 cixu(次序)为循环变量,cixu 每发生一次变化,都要通过计算程序产生一个新的 jswz 值(计算物料码放位置),并以该 jswz 值指导搬运程序码放物料。

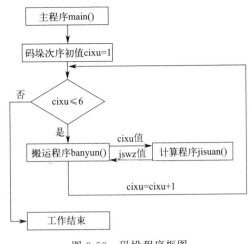

图 8-59 码垛程序框图

(2)需要补充的指令

码垛实训中,我们还要知道以下几个指令的功能。

① 赋值指令(:=)。功能是给某个程序数据分配一个数值。

程序示例 1:

reg1 := 5;

将 reg1 指定为值 5。

程序示例 2:

reg1 := reg2 - reg3;

将 reg1 的值指定为 reg2 - reg3 的计算结果。

程序示例 3:

counter := counter + 1;

将 counter 的数值增加 1。

② 数字输入信号判断指令(WaitDI)。WaitDI 数字输入信号判断指令用于判断数字输入信号的值是否与目标一致。

程序示例:

WaitDI DI1,1;

程序执行此指令时,会等待 DI1 的返回值。如果 DI1 为 1,则程序继续往下执行;如果到达最大等待时间 300s(此时间可根据实际进行设定)以后,DI1 的值还不为 1,则机器人报警或进入出错处理程序。

③ 重复执行判断(循环)指令(FOR)。FOR 重复执行判断指令用于一个或多个指令需要重复执行数次的情况。

程序示例:

FOR i FROM 1 TO 10 DO
Routine1;
ENDFOR

指令解析:循环体的名称为 i;使例行程序 Routine1 重复执行 10 次。

④ 检测(多条件判断)指令(TEST)。检测指令,用于多种情况下检测相应变量的数值,再执行相应变量下的程序。

程序示例:

```
TEST reg1
CASE 1:
num1:=2;
CASE 2:
 num1:=4;
ENDTEST
```

指令解析：检测（数字）变量 reg1 的值，当数字变量 reg1 的值为 1 时，把 num1 赋值为 2；当数字变量 reg1 的值为 2 时，把 num1 赋值为 4。

⑤ 工件坐标系下点位偏移功能（Offs）。该功能常在某个运动类指令中使用。以选定目标点为基准，沿着选定工件坐标系的 X、Y、Z 轴方向偏移一定的距离。

如：MoveL Offs(p10,100,50,0),v1000,z50,tool1;

Offs（p10,100,50,0）代表一个距离 p10 点 X 轴偏差量为 100mm、Y 轴偏差量为 50mm、Z 轴偏差量为 0 的点。函数 Offs() 的坐标方向与机器人工件坐标系一致。

⑥ 工具坐标系下点位偏移和旋转功能（RelTool）。该功能常在某个运动类指令中使用。以选定目标点为基准，沿着选定工具坐标系的 X、Y、Z 轴方向偏移一定的距离或旋转。

如：MoveJ RelTool(jswz,50,0,−30\Rx:=90),v100,z50,Weld;

RelTool（jswz,50,0,−30\Rx:=90）代表一个距离 jswz 点 X 轴偏差量为 50mm、Y 轴偏差量为 0、Z 轴偏差量为 −30mm，并且围绕 X 轴旋转 90°的点。注意，函数 RelTool() 的坐标方向与机器人工具坐标系一致。

（3）输入输出信号表

码垛实训需要用到的数字输入输出信号较多，具体见表 8-5。

表 8-5　码垛实训数字输入输出信号

信号名称	信号类型	说明
DO2	digital output（输出信号）	吸盘工作控制
DO8	digital output（输出信号）	推料气缸工作控制
DO9	digital output（输出信号）	输送带运行控制
DI8	digital input（输入信号）	推料气缸退回复位检测
DI9	digital input（输入信号）	推料气缸推出到位检测
DI10	digital input（输入信号）	料井有无物料检测
DI11	digital input（输入信号）	输送带到末端检测

（4）码垛物料位置坐标计算

本次实训：采用 6 个物料分 2 层码垛，同层物料之间保留 1mm 间隙。物料尺寸为 60mm×30mm×30mm。具体码垛次序如图 8-60(a) 所示。

由于第 3 和第 6 块物料需要旋转后码垛，必须使用 RelTool() 功能，而该功能需要在工具坐标系中判断坐标方向。在该工业机器人中，默认采用的工具坐标系如图 8-60(b) 所示，其铅锤坐标轴为 X 轴。

以第一块物料中心点的放置位置为基准点，在工件坐标系中分别计算第 2、4、5 块物料中心点的坐标值；在工具坐标系中分别计算第 3、6 块物料中心点的坐标值。如图 8-60(c) 所示。计算结果见表 8-6。

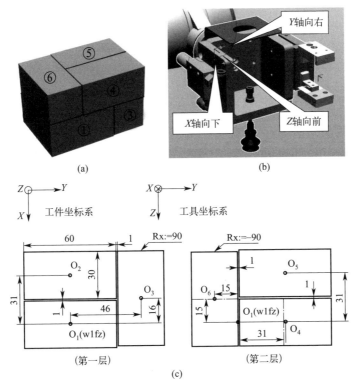

图 8-60 码垛物料位置坐标的计算

表 8-6 码垛后物料中心点坐标值

	X	Y	Z	Rx		X	Y	Z	Rx
第 1 块	0	0	0	—	第 4 块	0	31	30	—
第 2 块	−31	0	0	—	第 5 块	−31	31	30	—
第 3 块	0	46	−16	90	第 6 块	−30	−15	−15	−90

8.5.2 实训操作步骤

（1）建立模块程序结构

按照前述方法，在工业机器人示教器上根据自己的姓名及学号，建立码垛实训模块，如模块：wdm09（王大明 09 号）。

在该模块中，新建如下 3 个例行程序。

> main()——主程序。实现若干物料的码垛循环。
> banyun()——搬运程序。实现单次物料的出仓，输送带传送，吸盘拾取，机器人运输、定位及堆放。
> jisuan()——计算程序。实现每个物料堆放位置的计算与确定。

建立好的模块程序结构如图 8-61 所示。

（2）建立程序数据

根据码垛实训程序的要求，需要建立表 8-7 所示的 4 条程序数据。

表 8-7 码垛实训程序数据

名称	定义	数据类型	范围	存储类型
cixu	码垛循环的次序，即最后一个循环的次序等于物料数量	num	全局	变量
wlsq	在传送带上拾取出仓后的物料的位置点	robtarget	全局	常量
wlfz	在码垛场地放置第一个物料的位置点，即码垛工作的初始堆放位置	robtarget	全局	常量
jswz	通过计算后确定的每个物料的堆放位置	robtarget	全局	变量

操作方法如下。

点击示教器主菜单，选中"程序数据"，如图 8-62 所示。

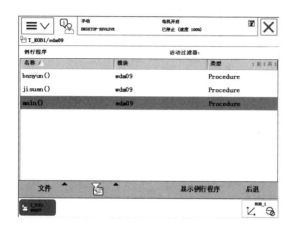

图 8-61　码垛实训模块程序结构

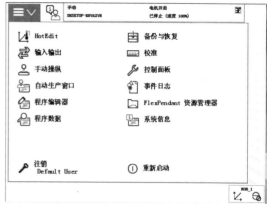

图 8-62　点击"程序数据"

在随后出现的程序数据窗口中，双击"num"（数值型），如图 8-63 所示。

在接下来出现的 num 程序数据窗口中，点击"新建…"，如图 8-64 所示。

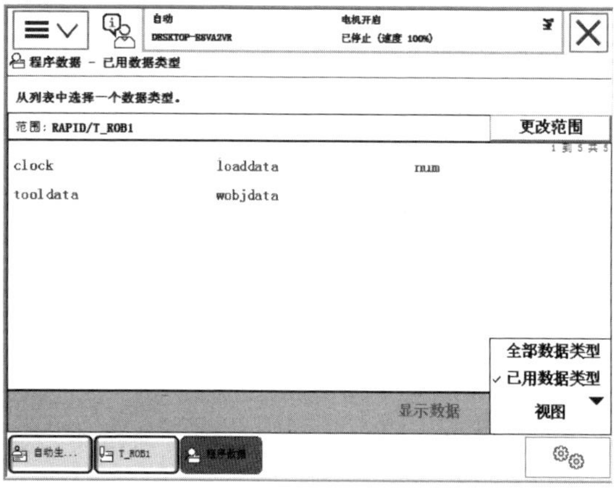

图 8-63　程序数据窗口

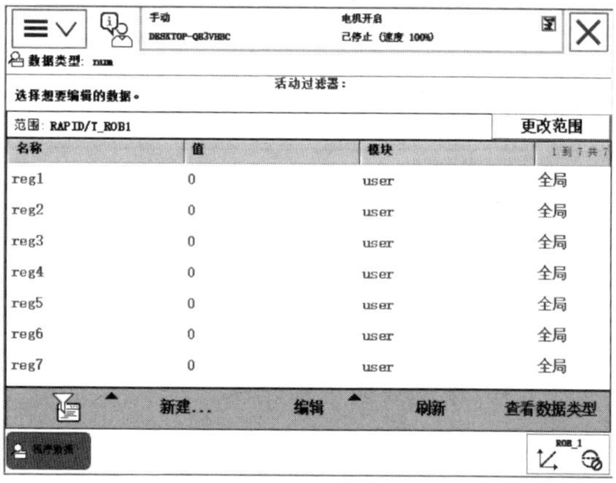

图 8-64　num 数据窗口

在新建 num 程序数据窗口中，输入新建 num 程序数据的名称、范围和存储类型。如图 8-65 所示。

点击图 8-63 所示的程序数据窗口中右下角的"视图"，在随后出现的上拉列表中选中"全部数据类型"。在界面中部的数据类型框中，点击向下的箭头，直至选中"robtarget"（位置数据类型），并点击下方的"显示数据"，如图 8-66 所示。

在接下来出现的 robtarget 程序数据窗口中，点击"新建…"，如图 8-67 所示。

在新建 robtarget 程序数据窗口中，输入新建 robtarget 程序数据的名称、范围和存储类型。如图 8-68 所示。

新建 robtarget 程序数据时，注意"wlsq"和"wlfz"的存储类型为"常量"，而"jswz"的存储类型为"变量"。建立后的 robtarget 程序数据窗口如图 8-69 所示。

第 8 章 工业机器人实训

图 8-65 新建 num 程序数据窗口　　　图 8-66 选取"robtarget"数据类型并点击"显示数据"

图 8-67 空的 robtarget 程序数据窗口　　　图 8-68 新建 robtarget 程序数据窗口

图 8-69 建立数据后的 robtarget 程序数据窗口

（3）同步工具数据

因为码垛工作需要用到吸盘 sucker 工具数据，所以需要将工作站对象与 RAPID 代码进行匹配。具体操作方法如下。

点击"基本"菜单，在界面上方的图标工具栏中，点击"同步"图标下面的小箭头，选中"同步到 RAPID..."，如图 8-70 所示。

图 8-70　点击同步图标

在接下来出现的"同步到 RAPID"对话框中，勾选全部工具数据，点击"确定"按钮。如图 8-71 所示。

图 8-71　"同步到 RAPID"对话框

此时，在示教器的程序编辑器中模块界面上，将会出现记录有工具数据的"CalibData"程序模块，如图 8-72 所示。

（4）建立手动仿真调试环境

因为码垛工作需要有推料机构、输送带等外部 Smart 组件的运动与之配合，所以调试和工作时要进入仿真环境状态。具体操作如下。

① 设置仿真路径进入点。将仿真进入点设为"Path_10"，以便于在示教器处于"手动"状态下可以随时对例行程序进行调试操作。

点击"基本"菜单，在下方左侧点击"路径和目标点"标签，点击"System2"，点击"T_ROB1"，点击"路径与步骤"，在"Path_10"上单击右键，在出现的立即菜单内，点击"设置为仿真进入点"。如图 8-73 所示。（如此处已经设置为 Path_10 为进入点，该步可省略。）

② 开启 Smart 组件仿真播放模式。在码垛编程的调试和运行时，都需要开启 Smart 组件仿真播放模式。方法是点击"仿真"菜单，在"仿真控制"命令区点击"播放"按钮。如图 8-74 所示。

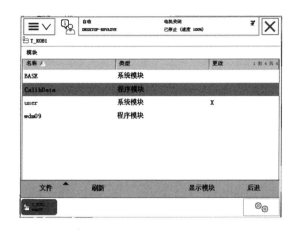

图 8-72　出现"CalibData"程序模块　　　图 8-73　设置仿真进入点为 Path_10

③ 将示教器设置为手动状态。每点击一次仿真的"播放"按钮,示教器都会回到"自动"状态。此时,应当点击示教器上的白色小方块,将其设置为"手动"状态,以便于后续的编程工作,如图 8-18 所示。

图 8-74　"仿真控制"命令区

(5) 编制主程序 main ( )

本次实训操作过程的特点是先把所有的程序输入完毕,再去机器人实训平台示教校核两个点位(即拾取物料点 wlsq 和放置物料点 wlfz),最后整体调试。

① 输入 main() 全部程序。点击示教器主菜单上的"程序编辑器",进入码垛实训模块,双击主程序 main (),在主程序编辑窗口,利用添加指令功能,一次性输入下面全部程序,无需调试。输入程序中的两个 MoveAbsJ 指令时,注意指令结尾工具坐标系的变化。

```
    PROC main()                                  ! 主程序开始
        Reset DO2;                               ! 吸盘释放
        Reset DO8;                               ! 推料气缸退回
        Reset DO9;                               ! 输送带停止
        cixu := 1;                               ! 设置码垛次序变量值为1
        MoveAbsJ [[0,0,0,0,0,0],[9E+9,9E+9,9E+9,9E+9,9E+9,9E+9]]\NoEOffs,v100,
z50,sucker;                                      ! 调整机器人姿态为吸盘工作
        FOR jsq FROM 1 TO 6 DO                   ! 码垛开始,循环6次,循环名称为jsq
            banyun;                              ! 调用 banyun 例行程序,搬运码放物料
            cixu := cixu + 1;                    ! 码垛次序变量值增加1
        ENDFOR                                   ! 码垛循环结束
        MoveAbsJ [[0,0,0,0,0,0],[9E+9,9E+9,9E+9,9E+9,9E+9,9E+9]]\NoEOffs,v100,
z50,tool0;                                       ! 工作结束,机器人回机械原点
    ENDPROC                                      ! 主程序结束
```

② "cixu：=1"指令的输入方法。点击程序编辑窗口左下角的"添加指令"命令,在图 8-75 所示的立即菜单中,选中第一个指令"：="。

在随后出现的窗口中，点击"<VAR>"，在下方框格中选择"cixu"，如图 8-76 所示。

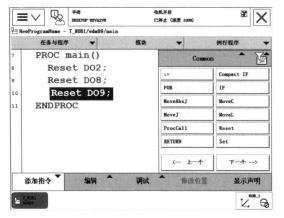

图 8-75　"：="指令、"FOR"指令和"下一个"按钮的位置

图 8-76　"<VAR>"选择"cixu"

再点击"<EXP>"，点击下方的"编辑"后点击"仅限选定内容"，如图 8-77 所示。在接下来的编辑窗口中，输入"1"。如图 8-78 所示。

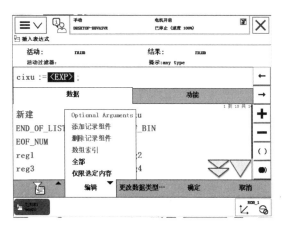

图 8-77　选中"<EXP>"

图 8-78　编辑"<EXP>"

连续点击两次"确定"，回到程序编辑窗口，该指令输入完毕。同样方法可以完成"cixu：=cixu+1"指令的输入。

③ "FOR"指令的输入方法。点击程序编辑窗口左下角的"添加指令"命令，在图 8-75 所示的立即菜单中，选中左侧第二个指令"FOR"。此时在程序编辑窗口中，添加了 FOR 指令结构，如图 8-79 所示。

双击"<ID>"，在随后出现的编辑窗口中输入"jsq"；双击"FROM"后的"<EXP>"，通过点击"编辑"→"仅限选定内容"，输入数值"1"；同样方法，双击"TO"后面的"<EXP>"，输入数值"6"。点击两次"确定"后，返回程序编辑器，如图 8-80 所示。

选中"<SMT>"，再通过点击"添加指令"，在右侧点击"ProcCall"指令，即可在 FOR 循环体中调用 banyun() 例行程序以及输入其他程序。

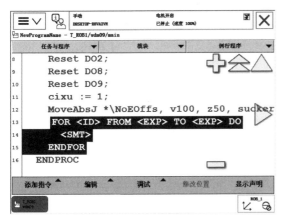
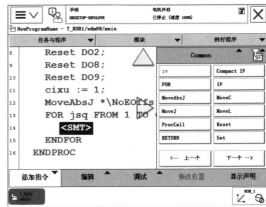

图 8-79 添加 FOR 指令结构　　　　　图 8-80 为 FOR 指令赋值

（6）编制搬运程序 banyun（ ）

① 输入 banyun() 全部程序。在示教器程序编辑器中，单击"例行程序"菜单，双击搬运程序"banyun()"。在搬运程序编辑窗口，利用添加指令功能，一次性输入下面全部程序，无需调试。

```
PROC banyun()                              ! 搬运例行程序开始
    WaitDI DI10,1;                         ! 检测物料井中有物料
    Set DO8;                               ! 推料气缸推出
    WaitDI DI9,1;                          ! 检测推料气缸推出到位,物料已被推出
    Reset DO8;                             ! 推料气缸退回
    WaitDI DI8,1;                          ! 检测推料气缸退回到位,气缸已经复位
    Set DO9;                               ! 输送带启动
    WaitDI DI11,1;                         ! 检测物料已经输送到位
    WaitTime 1;                            ! 延时1s,确保物料可靠定位
    Reset DO9;                             ! 输送带停止
    MoveJ Offs(wlsq,0,0,200),v100,z50,sucker;   ! 快速移动至拾取物料点正上方
    MoveL wlsq,v50,fine,sucker;            ! 慢速直线下降至拾取物料点
    Set DO2;                               ! 吸盘吸取
    WaitTime 1;                            ! 延时1s,确保吸取物料牢固、可靠
    MoveL Offs(wlsq,0,0,200),v50,z50,sucker;    ! 慢速垂直提起物料
    jisuan;                                ! 调用jisuan()例行程序,计算码放位置坐标
    MoveJ Offs(jswz,0,0,200),v100,z50,sucker;   ! 快速搬运物料至码放位置正上方
    MoveL jswz,v50,fine,sucker;            ! 慢速垂直下降,运送物料至码放位置
    Reset DO2;                             ! 吸盘释放,松开物料
    WaitTime 1;                            ! 延时1s,确保吸盘完全释放
    MoveL Offs(jswz,0,0,200),v50,fine,sucker;   ! 慢速提升至安全高度
ENDPROC                                    ! 搬运例行程序结束
```

② "WaitDI DI10，1"指令的输入。点击程序编辑窗口左下角的"添加指令"命令，在图 8-75 所示的立即菜单中，点击"下一个"，选中第一个指令"WaitDI"。如图 8-81 所示。

在接下来出现的窗口中，直接选中"DI10"，并点击"确定"即可完成指令输入。如图 8-82 所示。

③ "MoveJ Offs（wlsq，0，0，200），v100，z50，sucker"指令的输入。点击程序编辑窗口左下角的"添加指令"命令，在立即菜单中，选中"MoveJ"指令。双击指令程序中的"＊"，如图8-83所示。

在接下来出现的窗口中，点击"功能"选项卡，如图8-84所示。

在"功能"选项卡中，点击"Offs"。在接下来的编辑窗口中，选中第一个"＜EXP＞"，在下方框格中选"wlsq"，如图8-85所示。

选中第二个"＜EXP＞"后，点击下方的"编辑"→"仅限选定内容"，如图8-86所示。在随后出现的窗口中，输入数值"0"，并确定；同样方法，为第三个"＜EXP＞"输入"0"，为第四个"＜EXP＞"输入"200"。

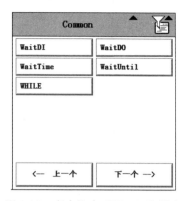

图8-81 点击选中"WaitDI"指令

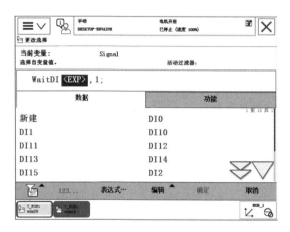

图8-82 选中"DI10"并确定

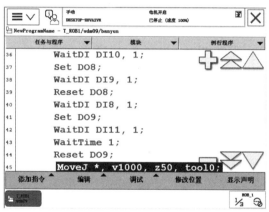

图8-83 双击MoveJ指令中的"＊"

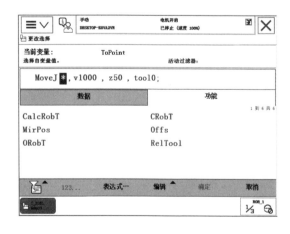

图8-84 点击"功能"选项卡

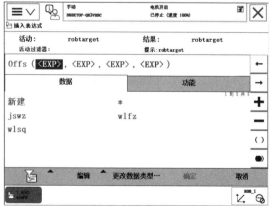

图8-85 第一个"＜EXP＞"输入"wlsq"

双击"v1000"，改为"v100"。该指令程序输入完成后，如图8-87所示。

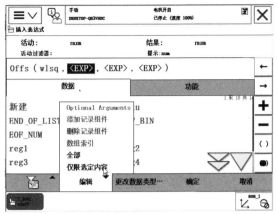
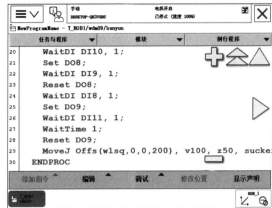

图 8-86　为第二个"<EXP>"输入数值　　图 8-87　"MoveJ Offs(wlsq,0,0,200),
　　　　　　　　　　　　　　　　　　　　　　　　v100,z50,sucker"输入完成

(7) 编制计算程序 jisuan( )

① 输入 jisuan() 全部程序。在示教器程序编辑器中，单击"例行程序"菜单，双击计算程序"jisuan()"。在计算程序编辑窗口，利用添加指令功能，一次性输入下面全部程序，无需调试。

```
PROC jisuan()                               ! 码放位置计算例行程序开始
    TEST cixu                               ! 根据码垛次序的数值进行多条件判断开始
    CASE 1:                                 ! 当码垛次序为 1 时
        jswz := wlfz;                       ! 码放位置计算式
    CASE 2:                                 ! 当码垛次序为 2 时
        jswz := Offs(wlfz,-31,0,0);         ! 码放位置计算式
    CASE 3:                                 ! 当码垛次序为 3 时
        jswz := RelTool(wlfz,0,46,-16\Rx:=90);   ! 码放位置计算式
    CASE 4:                                 ! 当码垛次序为 4 时
        jswz := Offs(wlfz,0,31,30);         ! 码放位置计算式
    CASE 5:                                 ! 当码垛次序为 5 时
        jswz := Offs(wlfz,-31,31,30);       ! 码放位置计算式
    CASE 6:                                 ! 当码垛次序为 6 时
        jswz := RelTool(wlfz,-30,-15,-15\Rx:=-90);   ! 码放位置计算式
    ENDTEST                                 ! 条件判断指令结束
ENDPROC                                     ! 码放位置计算例行程序结束
```

② TEST 指令框架及判断条件的输入。点击程序编辑窗口左下角的"添加指令"命令，在图 8-75 所示的立即菜单中，点击"Common"右侧箭头，展开下方的指令类别菜单，在菜单中选取"Prog.Flow"，如图 8-88 所示。

在接下来的立即菜单下方单击"下一个"，在指令框格中点击"TEST"指令。如图 8-89 所示。

此时，TEST 指令框架将会出现在程序编辑窗口中，如图 8-90 所示。

双击"TEST"后的"<EXP>"，在随之出现的窗口中选取"cixu"并确定。如图 8-91 所示。

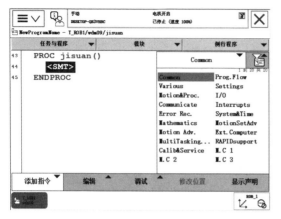
图 8-88 选取"Prog.Flow"指令

图 8-89 选取"TEST"指令

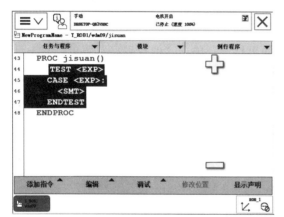
图 8-90 TEST 指令框架

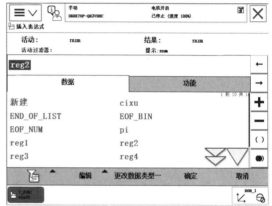
图 8-91 选取变量"cixu"

双击图 8-90 所示的 TEST 指令框架中的"CASE"字样,在随之出现的窗口下方点击 5 次"添加 CASE",点击"确定",如图 8-92 所示。加之原有的 1 个,总共形成 6 个 CASE 判断项,如图 8-93 所示。

图 8-92 添加 5 个 CASE

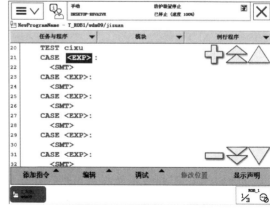
图 8-93 一共形成 6 个 CASE 判断项

双击第一个"CASE"后面的"<EXP>",在随后出现的窗口中,通过"编辑"→"仅限选定内容",为其输入数值"1";同样方法,为所有"CASE"后面的"<EXP>"都输入相应的数值,如图8-94所示。

③ "jswz:=wlfz"程序的输入。在程序编辑窗口中,选中"CASE 1"下方一行的"<SMT>"。单击图8-89所示立即菜单上方"Prog.Flow"右侧的箭头,在随后立即菜单框格中点击第一项"Common",恢复常用指令页。选取":="赋值指令,出现图8-95所示的窗口。

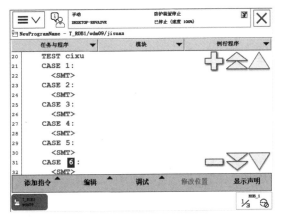

图8-94 添加"CASE"后的判断条件

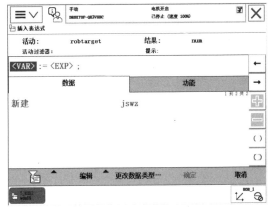

图8-95 为":="前后赋值

选中"<VAR>",在下方框格中选中"jswz"。若此时找不到"jswz",可以通过点击窗口下方的"更改数据类型…",选择"robtarget"数据类型,即可显示出来。选中"<EXP>",在下方框格中选中"wlfz",点击"确定"。

④ "jswz:=Offs(wlfz,-31,0,0)"程序的输入。在程序编辑窗口中,选中"CASE 2"下方一行的"<SMT>"。点击"添加指令"命令,在立即菜单中点击选取":="赋值指令。

同样,选中左侧的"<VAR>",在下方框格中点击"jswz"。选中右侧的"<EXP>",接着在下方框格中,点击右侧"功能"选项卡,如图8-96所示。

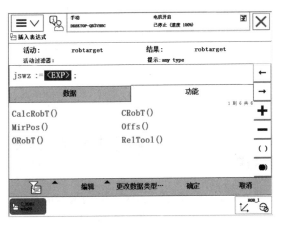

图8-96 赋值指令的"功能"选项卡

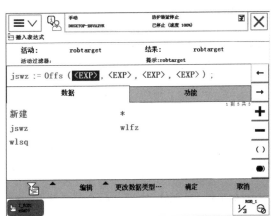

图8-97 Offs()参数设置

单击"Offs()",出现参数设置窗口,如图8-97所示。选中第一个"<EXP>",在下方框格中选中"wlfz";后3个"<EXP>"选中后,可以通过"编辑"→"仅限选定内容"的方法,为其分别赋值"-31""0"和"0"。

⑤"jswz:=RelTool(wlfz,0,46,-16\Rx:=90)"程序的输入。在程序编辑窗口中,选中"CASE 3"下方一行的"<SMT>"。点击"添加指令"命令,在立即菜单中点击选取":="赋值指令。

选中左侧的"<VAR>",在下方框格中点击"jswz"。选中右侧的"<EXP>",接着在下方框格中,点击右侧"功能"选项卡,选中其中的"RelTool()",如图8-98所示。

在图8-98上方一行点击"RelTool"字样,再点击下方的"编辑",在出现的上拉列表中点击"Optional Arguments",如图8-99所示。

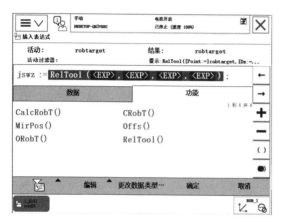

图 8-98 点击"RelTool()"

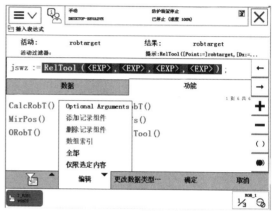

图 8-99 点击"Optional Arguments"选项

在接下来出现的窗口中,选中"[\RX]",点击"使用",再点击"关闭"。如图8-100所示。

此时,添加旋转轴参数的RelTool()参数设置窗口如图8-101所示。

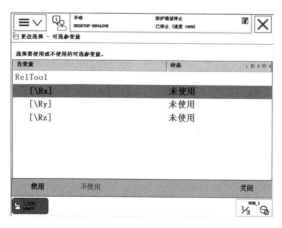

图 8-100 选中"[\RX]"旋转轴

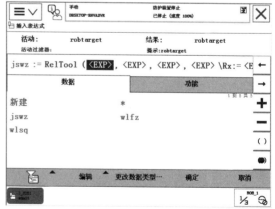

图 8-101 添加[\RX]旋转轴参数的 RelTool()参数设置窗口

为"RelTool"后的4个"<EXP>"分别赋值"wlfz""0""46""-16"。为"\Rx:="后的"<EXP>"赋值"90"。点击"确定",完成该程序的输入。

(8) 定位点程序数据的示教校准

在全部程序输入完毕之后,我们需要对其中的两个定位点,即在输送带末端拾取物料点(wlsq)和在码垛板上放置第一个物料的点(wlfz)进行程序数据示教校准。

① 拾取物料点 wlsq 的示教校准。在仿真"播放"环境下,将示教器设为"手动","Enable"("使能"键)为按下(绿色)状态。在示教器主菜单中选取"程序编辑器",点击"调试",调试模式为"PP 移至 Main"。多次点击"单步调试"按钮,直至物料移动至输送带末端并停止移动。

点击"基本"菜单,在工具列表中选择"sucker"(吸盘),点击"手动线性"图标和主窗口上方的"捕捉中心"图标。点击机器人上的吸盘工具,出现坐标系。用鼠标拖动坐标系,使吸盘中心对准物料中心。如图 8-102 所示。

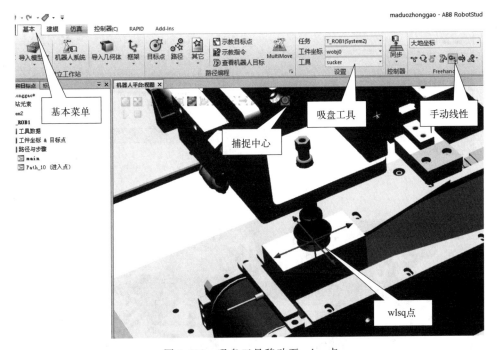

图 8-102　吸盘工具移动至 wlsq 点

点击示教器左上角"主菜单",单击"手动操纵",如图 8-103(a) 所示;在随后出现的窗口中单击"工具坐标",如图 8-103(b) 所示;在接下来的窗口中将工具选为"sucker"并点击"确定",如图 8-103(c) 所示。在示教器程序编辑器中,打开"banyun()"搬运例行程序,在其中点击选中任意一个"wlsq"程序数据,如图 8-103(d) 所示。点击"修改位置",将当前机器人坐标值录入"wlsq"程序数据。

② 放置物料点 wlfz 的校准设定。重新从头单步调试主程序 main(),直至吸盘提起物料,如图 8-104(a) 所示。点击关闭"捕捉中心"功能图标,拖动吸盘工具坐标系,将物料底面与码垛板左下方某一点对齐,作为码垛起始点(即 wlfz 点),如图 8-104(b) 所示。

在示教器程序编辑器中,打开"jisuan()"计算例行程序,在其中点击选中任意一个"wlfz"程序数据,如图 8-105 所示。点击"修改位置",将当前机器人坐标值录入"wlfz"程序数据。

(9) 码垛程序总体调试

点击"仿真"菜单,在"仿真控制"图标区,点击"停止"。选中吸盘下面已经使用的

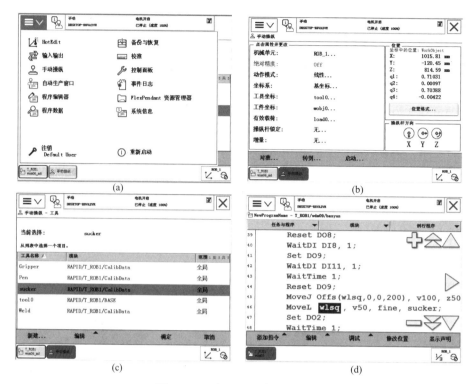

图 8-103 对 wlsq 程序数据修改

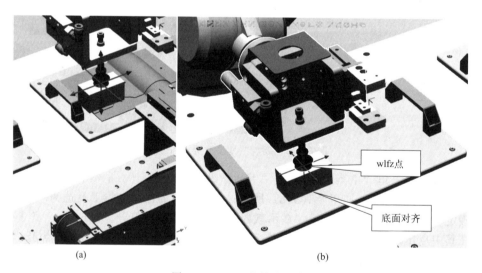

图 8-104 wlfz 的校准设定

物料,使其呈蓝色,点击鼠标右键,在立即菜单中选中"删除",即可将物料井外已经使用过的物料删除,净化机器人工作界面。如图 8-106 所示。

重新点击"仿真"菜单,在"仿真控制"图标区,点击"播放",设置好仿真操作环境。将示教器设为"手动","Enable"("使能"键)为按下(绿色)状态。在示教器主菜单中选取"程序编辑器",点击"调试",调试模式为"PP 移至 Main"。点击"连续调试"按钮,观察程序运行情况。

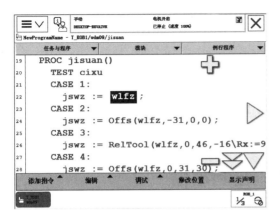 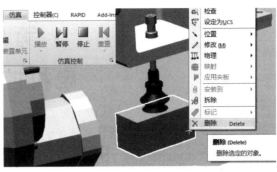

图 8-105　对 wlfz 程序数据修改位置　　　　图 8-106　删除已经使用的物料

合格后，可以按照规定的格式打包保存上交。

至此，工业机器人物料码垛实训操作完毕。

 工业机器人轨迹描绘操作视频

 工业机器人物料码垛操作视频

 中国机器人之父——蒋新松

第 9 章

电机控制实训

9.1 常用低压控制电器

9.1.1 刀开关

刀开关又称闸刀开关，一般用于不经常操作的低压电路中，用作接通或切断电源，或用来将电路与电源隔离，我们也称其为分合开关，有时也用来控制小容量电机做不频繁的直接启动与停机。

刀开关由闸刀、静插座、操作把柄和绝缘底板组成。图 9-1 为胶盒瓷底刀开关。为节省材料和安装方便，还可把刀开关与熔断器组合在一起，以便断路和短路时自动切断电路。

刀开关的种类很多，按极数（刀片数）分有单极、双极和三极三种；按用途分有单投和双投两种；按操作方法分有直接手柄操作式和远距离杠杆操作式两种；按灭弧装置分有带灭弧罩和无灭弧罩两种。

安装刀开关时，电源线应接在静触点上，负荷线接在和闸刀相连的端子上，若有熔断丝，负荷线应接在闸刀下侧熔断丝的另一端，

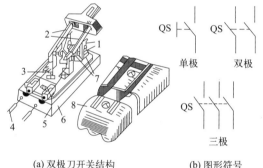

(a) 双极刀开关结构　　(b) 图形符号

图 9-1　刀开关的外形结构及符号

1—电源进线座；2—刀片；3—熔丝；4—电源出线；
5—负载接线座；6—瓷底座；7—静触点；8—胶盖

以保证刀开关切断电源后，闸刀和熔断丝不带电。在垂直安装时，操作把柄向上合为接通电源，向下拉为断开电源，不能反装，否则会因闸刀松动自然下落而误将电源接通。刀开关的额定电流应大于它所控制的最大负荷电流。一般都采用手动操作方式，文字符号为 QS。

刀开关的型号含义。刀开关有 HD（单投）系列和 HS（双投）系列，它们都适用于交流 50Hz、额定电压小于 500V、直流额定电压小于 440V、额定电流 1500A 以下的成套配电装置中，作为非频繁手动接通和分断电路使用，或作为隔离开关使用，其型号的含义及技术参数如图 9-2 所示。

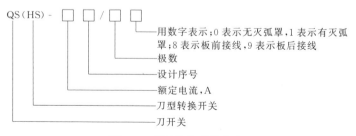

图 9-2　刀开关的型号含义

9.1.2 熔断器

日常见到的保险丝是最简单的熔断器，熔断器用以切断线路的过载和短路故障。它串联在被保护的线路中，正常运行时如同一根导线，起通路作用，当线路过载或短路时，大电流很快将熔断器熔断，起到保护电路上其他电器设备的作用。

对熔断器的基本要求如下。

① 可靠性：能迅速可靠切断短路和过载时的电流。
② 选择性：能有效地躲过启动电流。
③ 配合性：与各级熔断丝及自动开关配合。

熔断器主要由熔体（包括熔丝或熔片）、熔管和支持熔体的触点插座三部分组成。熔体受电流的热效应，起断开大电流的作用，熔管起限制电弧飞溅作用，装填料起辅助弧作用。

熔断器类型很多，可按结构、灭弧方式、制造方法、安装方法以及熔断速度分为多种。图 9-3 是常用的三种熔断器。

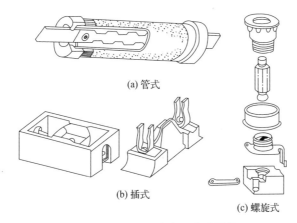

图 9-3 常见三种熔断器外形结构

熔断器的选用主要取决于选择的熔体额定电流，选用方法如下。

① 电灯支线的熔丝。熔丝额定电流≥支线上所有电灯的工作电流之和。
② 一台电机的熔丝。熔丝额定电流≥电动机的启动电流/2.5。
③ 频繁启动的电动机。则熔丝额定电流≥电动机的启动电流/（1.6～2）。

9.1.3 热继电器

热继电器是电动机常用的简单有效的保护器件，是利用感温元件受热而动作的一种继电器，它主要用来保护电动机或其他负载免于过载以及避免三相电动机的缺相运行。

① 外形结构及符号。热继电器的外形结构及符号如图 9-4 所示，其中文字符号为 FR。

(a) 热继电器外形结构　(b) 图形符号

图 9-4 热继电器外形及工作原理

热元件是一段电阻不大的电阻丝，接在电动机的主电路中。双金属片系由两种具有不同线膨胀系数的金属碾压而成。下层金属的膨胀系数大，上层的小。当主电路中电流超过容许值而使双金属片受热时，它便向上弯曲，因而脱扣，扣板在弹簧的拉力下将动断触点断开。触点是接在电动机的控制电路中的，控制电路断开而使接触器的线圈断电，从而断开电动机的主电路。热继电器触点动作切断电路后，电流为零，则电阻丝不再发热，双金属片冷却到一定值时恢复原状，于是动合和动断触点可以复位。另外，也可以通过调节螺钉，使触点在动作后不自动复位，而必须按动复位按钮才能使触点复位。这很适用于某些要求故障未排除而防止电动机再启动的场合。不能自动复位对检修时确定故障范围也是十分有利的。

由于热惯性，热继电器不能作短路保护。因为发生短路事故时，我们要求电路立即断开，而热继电器是不能立即动作的。但是这个热惯性也是合乎我们要求的，若电动机启动或短时过载，热继电器不会动作，这可避免电动机的不必要的停止。

热继电器有两个或三个加热元件，使用时分别串接在两根或三根电源线上，可直接反映三相电流的大小。

选用热继电器时，应根据负载（电动机）的额定电流来确定其型号和加热元件的电流等级。

② 动作原理。热继电器动作原理如图9-5所示。

③ 型号和含义。热继电器型号和含义如图9-6所示。

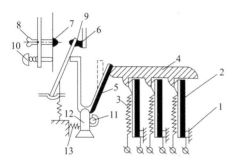

图9-5 热继电器动作原理示意图
1—固定柱；2—主双金属片；3—热元件；4—导板；
5—补偿双金属片；6—静触点(动断)；7—静触点(动合)；
8—复位调节螺钉；9—动触点；10—复位按钮；
11—调节旋钮；12—支撑件；13—弹簧

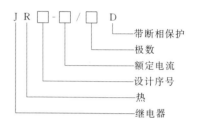

图9-6 热继电器型号和含义

9.1.4　自动空气开关

自动空气开关又称自动空气断路器，简称自动开关，是常用的一种低压保护电器，正常状态可以接通分断和承载额定工作电流，当电路发生短路、严重过载及电压过低等故障时能自动切断电路。它与熔断器配合是低压设备和线路保护的一种最基本的保护手段。自动空气开关的特点是动作后不需要更换元件，电流值可随时按需要方便地整定，工作可靠，运行安全，切流能力大，安装使用方便，分断能力较强，在现代控制电路中广泛应用。

自动空气开关的文字符号为QS，其结构如图9-7所示。

自动空气开关主要组成部分是：触点系统、灭弧装置、机械传动机构和保护装置等。图9-7(b)为装有（电磁）脱扣器（即保护装置）的自动空气开关结构原理图。主触点靠操作机构（手动或电动）来闭合。开关的自由脱扣机构是一套连杆装置，有过流脱扣器和欠压脱扣器等，它们都是电磁铁。主触点闭合后就被锁钩锁住。过流脱扣器在正常运行时其衔铁是释放着的，一旦发生严重过载或短路故障时，与主电路串联的线圈流过大电流而产生较强的电磁吸力把衔铁往下吸而顶开锁钩，使主触点断开，起了过流保护作用。欠压脱扣器的工作恰恰相反，当电路电压正常时，并在电路上的励磁线圈产生足够强的电磁力将衔铁吸住，使杠杆同脱扣机构脱离，主触点得以闭合。若失压（电压严重下降或断电），其吸力减小或完

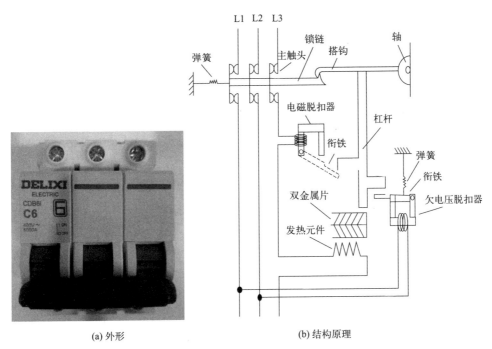

图 9-7 自动空气开关外形及结构原理

全消失,衔铁就被释放而使主触点断开。当电源电压恢复正常时,必须重新合闸后才能工作,实现了失压保护。

自动空气开关种类繁多,可按用途、结构形式、极数、限流性能以及操作方式分为多种。自动空气开关需根据保护电路的保护特性选择其类型,根据被保护电路的电压和电流选择自动空气开关的额定电压和额定电流,根据被保护电路所要求保护方式选择脱扣器种类,同时还需考虑脱扣器的额定电流等。

常用的自动空气开关型号有:DZ47-63 B32(一般直流电路)、NXB-63 C32(保护灵敏,多用于照明电路,适合家用)和 NXB-63 D32(耐电流冲击,多用于电动机感性电路)等。

9.1.5 交流接触器

交流接触器是用来频繁地远距离接通和切断主电路或大容量控制电路的控制电器。但它本身不能切断短路电流和过负荷电流。

(1)外形结构与符号

交流接触器主要由触点、电磁操作机构和灭弧装置等三部分组成,如图 9-8 所示。触点用来接通、切断电路,它由动触点、静触点和弹簧组成。电磁操作机构实际上就是一个电磁铁,它包括吸引线圈、山字形的静铁芯和动铁芯,当线圈通电,动铁芯被吸下,使动合触点闭合。主触点断开瞬间会产生电弧,一来灼伤触点,二来延长切断时间,故触点位置有灭弧装置。

(2)交流接触器动作原理

如图 9-9 所示,电磁线圈得电以后,产生磁通,吸引动铁芯,克服反作用弹簧的弹力,使它向着静铁芯运动,拖动动触点系统运动,使得动合触点闭合,动断触点断开。一旦电源电压消失或者显著降低,以致电磁线圈没有磁势或磁势不足,动铁芯电磁吸力消失或过小,在反作用弹簧的弹力作用下释放,使得动触点与静触点脱离,触点恢复线圈未通电时的状态。

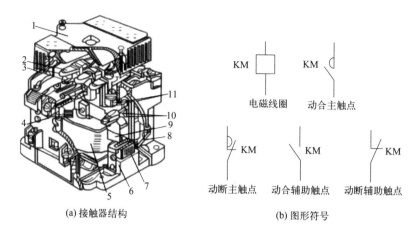

(a) 接触器结构　　　　　　　　　(b) 图形符号

图 9-8　交流接触器结构及图形符号

1—灭弧罩；2—触点压力弹簧片；3—主触点；4—反作用弹簧；5—线圈；6—短路环；7—静铁芯；
8—弹簧；9—动铁芯；10—辅助动合触点；11—辅助动断触点

（3）型号含义及技术参数

交流接触器型号参数指的是交流接触器的标准化参数，用于描述接触器的特性和性能。常见的参数包括型号、额定电流、额定电压、断开容量、使用类别、触点数目等。文字符号为 KM。

型号通常由一系列字母和数字组成，代表着该型号的特定特性和应用范围。额定电流是指接触器在额定条件下可承受的最大电流值，通常以 A（安培）为单位。额定电压是指接触器可以正常工作的最高电压值，通常以 V（伏特）为单位。断开容量是指接触器在短路故障时可以安全断开电路的能力，通常以 A（安培）为单位。使用类别是指接触器适用的工作环境，常见的使用类别包括交流电工作类别、直流电工作类别和交流及直流电混合工作类别。触点数目是指接触器内部的触点数量，通常分为单触点、双触点或多触点。

通过了解接触器型号参数，我们可以了解到该接触器的适用条件、性能等信息，方便我们正确选择和使用交流接触器。常用的 CJ、CD 系列交流接触器型号含义如图 9-10 所示。

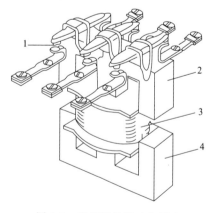

图 9-9　交流接触器动作原理

1—主触点；2—动铁芯；3—线圈；4—静铁芯

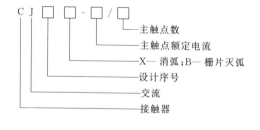

图 9-10　交流接触器型号及技术数据

① CJ20B-40/3：表示额定电流为 40A、三极、栅片灭弧 380V、交流 20A 型接触器。
② CDC6i0910：表示额定电流 9A、1 组辅助常开触点、0 组辅助常闭触点的接触器。

③ CJX21210：X 表示小容量，2 表示设计序号，12 表示额定电流为 12A，1 表示 1 组辅助常开触点，0 表示 0 组辅助常闭触点。

交流接触器触点分主触点和辅助触点两种，主触点接触面积大，允许通过较大电流，用于接通和断开电流较大的主电路，由三对动合触点组成。辅助触点接触面积小，只能通过较小电流（小于 5A），用来接通和断开控制电路，它一般有两对动合和两对动断两种触点。

选用交流接触器时，应使主触点电压大于或等于所控制回路电压，主触点电流大于或等于负载额定电流。

9.1.6 控制按钮

控制按钮也称按钮开关，文字符号为 SB，通常用来接通或断开控制电路（其中电流很小），从而控制电动机或其他电气设备的运行。

① 按钮结构。按钮外形如图 9-11 所示，其内部结构和图形符号如图 9-12 所示。它由按钮帽、复位弹簧接触元件（静触点与触桥）、支持件和外壳等部件组成。该按钮只有一组常闭静触点和一组常开静触点。按钮帽有红、黄、蓝、白、绿、黑等颜色。可供值班人员根据颜色来辨别和操作，我们电机实训室常用绿色、红色按钮分别作为电机启动、停止按钮。

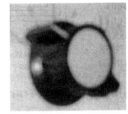

图 9-11 按钮外形结构

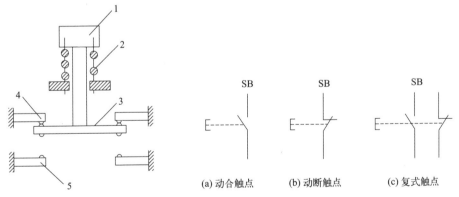

图 9-12 按钮的内部结构及图形符号
1—按钮帽；2—复位弹簧；3—动触点；4—动断静触点；5—动合静触点

所谓常开（动合）触点：是指按钮未被按下时为断开的触点。

常闭（动断）触点：指未被按下时为闭合的触点。按钮按下时，常闭触点先断开，然后常开触点闭合；松开后，依靠复位弹簧使触点恢复到原来位置。

复合按钮：可根据需要组合成多组常开和常闭触点，构成一种多联按钮。如把两个按钮组合成"启动"和"停止"的双联按钮。其中一个按钮选用动合触点用于启动电动机，另一个按钮选用动断触点用于停止电动机。同一个按钮的动合和动断触点，不能同时用作启动和停止电动机。按钮触点的接触面积小，其额定电流一般不超过5A。

目前使用比较多的控制按钮型号有 LA18、LA19、LA25、LAY3、LAY5 等系列产品。其中 LAY3 系列是引进产品，LAY5 是仿法国施耐德电气公司产品，LAY9 系列是综合日本和泉公司和德国西门子公司等产品的优点而设计制作。

② 按钮型号。按钮的型号规则，如图 9-13 所示。

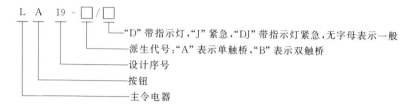

图 9-13 按钮型号规则

9.1.7 时间继电器

时间继电器按延时方式可分为：通电延时型和断电延时型两种。通电延时型时间继电器在其感应部分接收信号后开始延时，一旦延时完毕，就通过执行部分输出信号以操纵控制电路，当输入信号消失时，继电器就立即恢复在动作前的状态（复位）。断电延时型和通电延时型相反，它是在其感测部分接收输入信号后，执行部分立即动作，但输入信号消失后，继电器必须经过一定的延时，才能恢复到原来的状态，并且有信号输出。下面主要以空气阻尼式时间继电器（如图 9-14 所示）为例加以介绍。

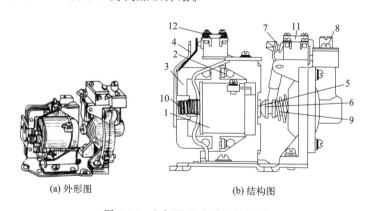

(a) 外形图　　　　　(b) 结构图

图 9-14 空气阻尼式时间继电器

1—电磁线圈；2—静铁芯；3—动铁芯；4—弹簧片；5—推板；6—活塞杆；7—杠杆；
8—调节螺钉；9—宝塔弹簧；10—反力弹簧；11—延时微动开关；12—瞬时微动开关

① 外形结构。它由电磁系统、延时机构和工作触点三部分组成。将电磁机构翻转 180° 安装后，通电延时型可以改换成断电延时型，同样，断电延时型也可改换成通电延时型。

时间继电器也称为延时继电器，是一种用来实现触点延时接通或断开的控制继电器。时间继电器种类繁多，但目前常用的时间继电器主要有空气阻尼式、电动式、晶体管式及直流电磁式等几大类。

② 动作原理与图形符号。图 9-15 所示为 JST-A 系列时间继电器的动作原理和符号图，时间继电器文字符号为 KT。

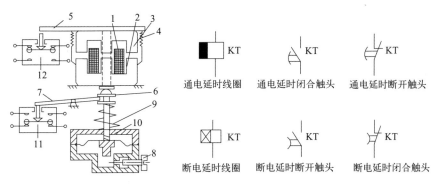

图 9-15 JST-A 系列时间继电器的动作原理和图形符号
1—线圈；2—铁芯；3—弹衔铁；4—弹簧片；5—推板；6—活塞杆；
7—杠杆；8—调节螺钉；9—宝塔弹簧；10—空气室壁；11、12—微动开关

通电延时时间继电器：通电时，电磁线圈产生磁通，当电磁力大于弹簧拉力时，动铁芯（衔铁）被静铁芯吸引，推板迅速顶到微动开关，触点动作，由于橡皮膜内有空气，形成负压，使弹簧的移动受到空气阻尼作用，活塞杆顶到触点微动开关，触点动作，微动开关的动作相对于通电时间而言有一个延时，断电时，微动开关迅速复位。常用延时继电器 JSZ3A-A 工作原理类似，不再赘述。

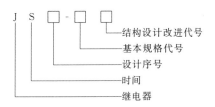

图 9-16 时间继电器型号及含义

断电延时时间继电器的动作原理自行分析。

③ 型号含义及技术数据。时间继电器型号及含义如图 9-16 所示。

9.1.8 漏电保护器

漏电保护器的外形如图 9-17(a) 所示，在本实训室中作为控制电路电源开关。

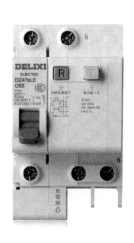 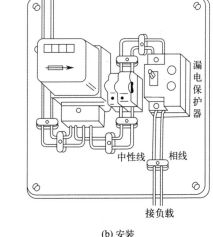

(a) 外形　　　　　　　(b) 安装

图 9-17 漏电保护器

在安装漏电保护器时应注意以下几点。

① 安装前，应仔细阅读使用说明书。

② 安装漏电保护器以后，被保护设备的金属外壳仍应进行可靠的保护接地。

③ 漏电保护器的安装位置应远离电磁场和有腐蚀性气体环境，并注意防潮、防尘、防振。

④ 安装时必须严格区分中性线和保护线，三极四线式或四极式漏电保护器的中性线应接入漏电保护器。经过漏电保护器的中性线不得作为保护线，不得重复接地或接设备的外露可导电部分；保护线不得接入漏电保护器。

⑤ 漏电保护器应垂直安装，倾斜度不得超过5°，电源进线必须接在漏电保护器的上方，即标有"电源"的一端；出线应接在下方，即标有"负载"的一端，且火线、零线要对应，不能接反。如我们实训中的 A、N 两点。

⑥ 作为住宅漏电保护时，漏电保护器应装在进户电度表或总开关之后，如图9-17(b)所示。

⑦ 漏电保护器接线完毕投入使用前，应先做漏电保护动作试验，即按动漏电保护器上的试验按钮，漏电保护器应能瞬时跳闸切断电源。试验3次，确定漏电保护器工作稳定，才能投入使用。

9.2　电气控制线路的典型控制环节

9.2.1　电气控制线路图

（1）电气控制线路常用的图形及文字符号

① 电气图。是用电气符号来绘制且用来描述电气设备结构、工作原理和技术要求的图，它必须采用符合国家电气制图标准及国际电工委员会颁布的有关文件要求，用统一标准的图形符号、文字符号及规定的画法绘制。

② 电气文字符号。电气图中的文字符号是用于标明电气设备、装置和元器件的名称、功能、状态和特征的，可置于电气设备、装置和元器件中或近旁，并标明电气设备、装置和元器件种类的字母代码和功能字母代码。电气技术中的文字符号分为基本文字符号和辅助文字符号。

电气元件的图形符号和文字符号必须有统一的标准（GB/T 4728 和 GB/T 5465），具体可自行查阅，这里不再给出图形和文字符号。

（2）电气图的分类及绘制原则

电气图包括电气原理图、电气安装图、电气互连图等。

① 电气原理图。电气原理图是说明电气设备工作原理的线路图。在原理图中的各种电气设备及部件都不是按实际位置绘制，而是根据控制的基本原理和要求分别绘制在电路图中各个相应的位置，以表明各元器件的电路联系，便于分析控制线路原理。接线图和安装图用于维修及安装，一般需画出各种元器件的位置及相互的关系。

在阅读和绘制电气原理图时应注意以下原则。

a. 电气原理图中各元器件的文字符号和图形符号必须按标准绘制和标注。同一电气设备的所有元件必须用同一文字符号标注。

b. 电气原理图应按功能来组合，同一功能的电气相关元件应画在一起，但同一电气设备的各部件不一定画在一起。电路应按动作顺序和信号流程自上而下或自左向右排列。

　　c. 电气原理图分主电路和控制电路，一般主电路在左侧，控制电路在右侧。

　　d. 电气原理图中各电气设备应该是未通电或未动作的状态，二进制逻辑元件应是置零的状态，机械开关应是循环开始的状态，即按电路"常态"画出。

　　② 电气安装图。电气安装图表示各种电气设备在机械设备和电气控制柜中的实际安装位置。它将提供电气设备各个单元的布局和安装工作所需数据的样图。例如，电动机要和被拖动的机械装置在一起，行程开关应画在获取信息的地方，操作手柄应画在便于操作的地方，一般电气元件应放在电气控制柜中。

　　在阅读和绘制电气安装图时应遵循以下原则。

　　a. 按电气原理图要求，应将主电路、控制电路和信号电路分开布置，主电路是从电源进线到电动机的大电流连接电路，如由分合开关、接触器主触点、热继电器、电动机等组成的电路；控制电路是对主电路中各电气部件的工作情况进行控制、保护、监测等的小电流电路，如由接触器线圈及其辅助触点、按钮组成的电路，电路中的电气元件需各自安装在相应的位置，以便于操作、维护。

　　b. 电气控制柜中各元件之间、上下左右之间的连线应保持一定的间距，并且应考虑元件的发热和散热因素，以便于布线、接线和检修。

　　c. 给出部分元器件型号和参数。

　　d. 图中的文字符号应与电气原理图、电气安装图、电气互连图和电气设备清单等一致。

　　(3) 电气控制线路的典型控制环节

　　生产中常遇到以下一些环节（基本电路）：点动控制、单向自锁运行控制、电动机正转互锁控制、电动机反转互锁控制、降压启动、负载的多地控制、行程控制、时间控制等。这些控制环节也称为典型控制环节，接下来会对其工作原理做细致分析说明。

9.2.2　电机直接启动控制

　　最简单的直接启动控制电路莫过于用刀开关 QS 控制，如图 9-18 所示。其电源的接通和断开是通过人们操作刀开关来实现的。电路中的熔断器 FU 作短路保护用，它不能用作过载保护。一般车间中的三相电风扇、砂轮机等常用这种控制电路。

　　本电路有一个致命弱点，就是无法实现遥控和自控，很难满足自动化控制系统的要求，适合不频繁启动、功率比较小的三相电机。本电路也可用组合开关来替代刀开关。

9.2.3　三相异步电机单向连续运转控制线路

　　三相异步电机单向连续运转电路图，如图 9-19 所示。

　　接通 QS，按下 SB_2 按钮后，控制电路中，接触器线圈 KM 得电，从而交流接触器主触点闭合，电机通电启动运转。松开按钮后，电机仍然继续运行，只有按下停止按钮 SB_1，电机才失电直至停转。若所设计的控制线路能满足松开启动按钮后，电机仍然保持运转，即完成了连续控制，否则就是点动控制。

　　单向运转控制回路如图 9-19 所示，它在控制回路的启动按钮 SB_2 两端并联一个接触器的辅助常开（动合）触点 KM。这样在启动按钮按下后，交流接触器得电，其控制回路常开（动合）触点，由常开转为常闭，即使 SB_2 断开，接触器线圈回路仍然保持通路，所以主回路电机会一直运转。

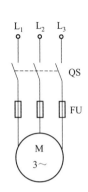
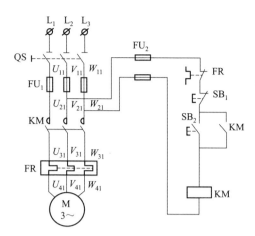

图 9-18　电机直接启动控制电路　　图 9-19　三相异步电机单向连续运转电路

控制线路动作原理如下。

合上刀开关 QS。

启动：按下 SB_2，回路为 V_{21}—FR—SB_1—SB_2—接触器线圈 KM—W_{21}；松开 SB_2 后，回路为 V_{21}—FR—SB_1—KM 常开（动合）触点—KM—W_{21}。

这里交流接触器常开辅助触点 KM 作用为"自锁"。接触器的常开触点称为自锁触点。自锁，是依靠接触器自身的辅助触点来保证线圈继续通电的现象。带有自锁功能的控制线路具有失压（零压）和欠压保护作用。即一旦发生断电或者电源电压下降到一定值（一般降到额定值 85% 以下）时，自锁触点就会断开，接触器线圈 KM 就会断电，不再次按下启动按钮 SB_2，电机将无法自行启动。只有操作人员再次按下启动按钮 SB_2，电机才能重新启动，从而保证人身和设备的安全。

要想电机停止运行，需要按停止按钮 SB_1 一次。如果电机出现"堵转"事故，控制回路热保护继电器常闭（动断）触点 FR 会自动断开，切断电机控制回路，从而停止电机运行。

主电路发生短路故障，熔断器 FU_1 会自动断开，实现安全保护。

9.2.4　三相异步电机正反转运转控制

三相异步电机正反转运转电路图，如图 9-20 所示。

三相异步电机的可逆控制也称正反转控制，理论上讲就是将三相电机中的两相接线互换，三相电机就可以反转，它在生产中可实现生产部件正反方向的运动，主要适用于需要频繁可逆控制的电机。动作过程如下。

① 正转控制。先合电源刀开关 QS，再按正转按钮 SB2，正转接触器 KM1 线圈接通。

a. KM1 常开辅助触点闭合实现自锁；

b. KM1 主触点闭合，电机正转；

c. KM1 常闭辅助触点断开实现互锁（使反转接触器 KM2 线圈回路处于开路状态）。

② 反转控制。按停止按钮 SB1，使正转接触器 KM1 线圈失电，主、辅触点复位。

a. 按反转按钮 SB3，接通反转接触器 KM2 线圈，KM2 常开辅助触点闭合实现自锁；

b. KM2 主触点闭合，改变引入电机的电源相序（中间相不变），电机反转；

c. KM2 常闭辅助触点断开实现互锁（使正转接触器 KM1 线圈回路开路）。

这种控制电路当电机在正转时要求反转，必须先按停止按钮 SB1，使 KM1 线圈失电，KM1 的常闭辅助触点复位（重新闭合），然后，再按反转启动按钮 SB3，才能使 KM2 线圈

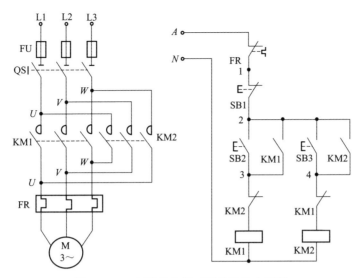

图 9-20 三相异步电机正反转运转电路图

得电,电机才反转,显得不太方便。为此可采用复式按钮和接触器复合联锁的正反转控制电路,如图 9-21 所示。SB2 与 SB3 是两只复合按钮,它们各具有一对动合触点和一对动断触点。该电路具有按钮和接触器双联锁作用(机械互锁与电气互锁)。

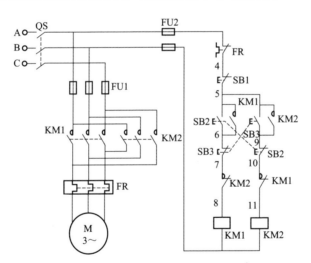

图 9-21 带机械互锁、电气互锁的电机正反转运转电路

按钮联锁是通过复合按钮实现的,图 9-21 中连接按钮的虚线表示同一按钮互联动的触点。其中正转按钮 SB2 的动合触点用来控制正转接触器 KM1 线圈通电,动断触点串接在反转接触器 KM2 线圈电路中,当按下 SB2 接通正转控制回路的同时,断开了它的动断触点,切断了反转控制回路,保证了 KM2 线圈不会获电,实现了机械联锁。

机械联锁与上面的控制电路的接触器联锁相同,是通过两个常闭辅助触点 KM1 和 KM2 分别串接在对方接触器线圈所在支路来实现的。

动作过程如下。

① 先合上电源刀开关 QS。

② 正转时,按下正转复合按钮 SB2,KM1 线圈接通,KM1 主触点闭合,电机正转。与

此同时，SB3 的常开触点和 KM1 的联锁常闭触点都断开，双双保证反转接触器 KM2 线圈不会同时获电。

③ 反转时，只需直接按下反转复合按钮 SB3，其常闭触点先断开，使正转接触器 KM1 线圈断电，KM1 的主、辅触点复位，电机停止正转。与此同时，SB3 动合触点闭合，使反转接触器 KM2 线圈通电，KM2 主触点闭合，电机反转，串接在正转接触器 KM1 线圈电路中的 KM2 常闭辅助触点断开，起互锁作用。

9.2.5 三相异步电机的星形（Y）-三角形（△）降压启动控制线路

对于正常运行时电机额定电压等于电源线电压、定子绕组为三角形连接方式的三相交流异步电机，可以采用星形-三角形降压启动。它是指启动时，将电机定子绕组接成星形，待电机的转速上升到一定值后，再换接成正常的三角形连接。这样，电机启动时每相绕组的工作电压为正常时绕组电压的 1/3，启动电流为三角形连接线路直接启动时的 1/3，该启动方式适合启动负载较轻的电机控制电路。

自动控制星形（Y）-三角形（△）降压启动电路，如图 9-22 所示。

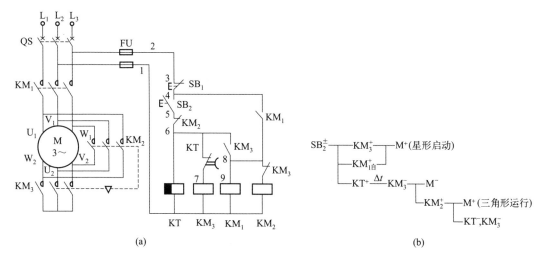

图 9-22 三相异步电动机星形（Y）-三角形（△）降压启动电路

图中使用了三个接触器 KM_1、KM_2、KM_3 和一个通电延时型的时间继电器 KT。当接触器 KM_1、KM_3 主触点闭合时，三相电机星形连接；当接触器 KM_1、KM_2 主触点闭合时，三相电机三角形连接。

线路动作原理如图 9-22(b) 所示。

注意事项：为实训效果明显，我们一般不宜把时间继电器延时时间调整太短。

9.3 电机控制操作训练

9.3.1 电机控制实训台简介

（1）JL-DQG-A 电机开关柜功能简介

电机控制实训设备，是用于学生进行电气控制与技能实训的操作设备，该开关柜是电机控制综合开发训练装置，可以通过接触器、时间继电器实现常规电机控制电路的接线训练，同时也可以通过 PLC 及中间继电器等完成复杂电路精准控制，还可以完成多台实训装置联合控制电路研发。采用工业标准低压控制柜、立式平板形式电气安装板。根据实训项目选择相应元器件，可以完成"电气控制""电机拖动""机床电气控制"等实训项目。

技术数据：供电电源 380V AC，50Hz，整机功率 2kW，外形尺寸约 800mm×400mm×1800mm，具有接地保护、漏电流保护，安全符合国家标准。

设备特点：实训装置采用钢结构，安全可靠、接线操作方便、易于维护和升级；配备接触器、变频器、S7-1200 PLC、小功率电机等，贴近工厂实际，能真实反映电机本身特性。电机控制操作训练可加深学生对电机的感性认识、对电机控制理论知识的理解；同时培养学生在强电环境下的实训操作技能，提升学生分析问题和解决问题的能力。

基本实训项目：
① 三相异步电机点动控制运转；
② 三相异步电机接触器单向运转；
③ Y-△启动自动控制线路；
④ 三相异步电机接触器正反转控制线路；
⑤ PLC 控制电机正反转实训；
⑥ 变频器功能参数设置多段速度选择变频调速；
⑦ HMI 人机界面编程设计训练。

（2）开关柜包含常用电气设备及技术参数

① 开关柜总开关塑料外壳式断路器技术参数如下。

型号：CDM1-63L/3300。

额定绝缘电压 U_i：690V。

额定工作电压 U_e：400V。

额定电流 I_n：63A。

② 开关电源技术参数如下。

型号：EDR-150-24。

输入电压：200～240V AC，1.65A。

输出电压：24V，6.5A。

输入电压：100～120V AC，2.6A。

输出电压：24V，5.2A。

（3）PLC 控制器简介

采用 S7-1200 PLC 作为本次系统主要控制器，控制器均采用 PROFINET 工业以太网进行通信，本次使用主机为 CPU 1214 系列控制主机。该控制器为西门子公司主推中小型工业控制 PLC 控制，现已广泛应用于工业控制各个领域。CPU 1214C 是紧凑型 CPU，带有 1 个 PROFINET 通信端口，集成输入/输出：14 路直流输入，10 路输出，2 模拟量输入，0～10V DC 或 0～20mA。工作单元由一台 PLC 承担其控制任务，多台实训装置可进行组合实现小型网络化的控制。

（4）伺服电机驱动器

伺服电机驱动器又称为"伺服控制器""伺服放大器"，是用来控制伺服电机的控制器，其作用类似于变频器作用于普通交流马达，属于伺服系统的一部分，主要应用于高精度的定位系统。一般是通过位置、速度和力矩三种方式对伺服电机进行控制，实现精确的传动系统定位，目前是传动技术的高端产品。伺服电机内部的转子是永磁铁，驱动器控制的U/V/W三相电形成电磁场，转子在此磁场的作用下转动，同时电机自带的编码反馈信号传给驱动器，驱动器根据反馈值与目标值进行比较，调整转子转动的角度，伺服电机的精度取决于编码器的精度（线数）。伺服电机驱动器广泛应用于注塑机、纺织机械、数控机床等领域。

（5）变频器
型号：AC70E-T3-R75G。
输入：3PH，380V AC，50/60Hz。
输出：0.75kW，2.3A，0~600Hz。
变频器的使用：除正确连接各个接线端外，重点要学会几种设置，并认识故障码。如过载、过热、缺相、欠压、接地、过压、过流，分别提示：OL，OH，OP，LU，SF，OU，OC。

（6）空气开关
型号：三相空开，CDB6i C6；单相（漏电保护），CDB6LEi C10。

（7）交流接触器
型号：CDC6i-0910。
额定绝缘电压U_i：690V。
额定电流：I_{th}：25A。

（8）热继电器
型号：CDR6i-25。
额定绝缘电压：690V。
额定电流：25A。

（9）时间继电器
型号：JSZ3A-A。
控制电压：220V。
控制时间：3ms~30s。

（10）三相异步电机
型号：YS5614。
电压：380/220V。
电流：0.29/0.49A。
转速：1400r/min。
功率：0.06kW。
接线方式：星形/三角形。
重量：3.2kg。
频率：50Hz。

9.3.2 电机实训工具简介

（1）低压验电笔
低压验电笔是用来检测低压导体和电气设备外壳是否带电的常用工具，检测电压的范围通常为60~500V。低压验电笔的外形通常有钢笔式和螺丝刀式两种，如图9-23所示。

使用低压验电笔时，必须按图 9-24 所示的方法握笔，以手指触及笔尾的金属体，使氖管小窗背光朝自己。当用验电笔测带电体时，电流经带电体、验电笔、人体、大地形成回路，只要带电体与大地之间的电位差超过 60V，验电笔中的氖泡就发光。电压高，发光强；电压低，发光弱。

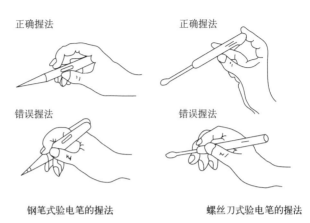

图 9-23　低压验电笔

图 9-24　低压验电笔的使用方法

（2）剥线钳

剥线钳是用来剥削小直径（$\phi 0.5\sim 3\mathrm{mm}$）导线绝缘层的专用工具，其外形如图 9-25 所示。它的手柄是绝缘的，耐压为 500V。

剥线钳使用时，将要剥削的绝缘层长度用标尺确定好后，用右手握住钳柄，左手将导线放入相应的刃口中（比导线直径稍大），右手将钳柄握紧，导线的绝缘层即被割破拉开，自动弹出。剥线钳不能用于带电作业。

（3）指针式万用表

万用表又称万能表，是一种能测量多种电量的多功能仪表，其主要功能是测量电阻、直流电压、交流电压、直流电流以及晶体三极管的有关参数等。万用表具有用途广泛、操作简单、携带方便、价格低廉等优点，特别适用于检查线路和修理电气设备。

图 9-26 所示是 MF-47 型万用表的外形，它是一款常用型号指针式万用表，性能稳定，使用方便，以此为例来说明指针式万用表的使用方法。

图 9-25　剥线钳

图 9-26　MF-47 型万用表

① 使用前的检查和调整。检查红色和黑色测试笔是否分别插入红色插孔（或标有"+"号）和黑色插孔（或标有"-"号）并接触紧密，引线、笔杆、插头等处有无破损露铜现象。如有问题应立即解决，否则不能保证使用中的人身安全。观察万用表指针是否停在左边零位线上，如不指在零位线，应调整中间的机械零位调节器，使指针指在零位线上。

② 用转换开关正确选择测量种类和量程。根据被测对象，首先选择测量种类。严禁转换开关置于电流挡或电阻挡时去测量电压，否则，将损坏万用表。测量种类选择妥当后，再选择该种类的量程。测量电压、电流时应使指针偏转在标度尺的中间附近，读数较为准确。若预先不知被测量的大小范围，为避免量程选得过小而损坏万用表，应选择该种类最大量程预测，然后再选择合适的量程。

③ 正确读数。万用表的标度盘上有多条标度尺，它们代表不同的测量种类。测量时应根据转换开关所选择的种类及量程，在对应的标度尺上读数，并应注意所选择的量程与标度尺上读数的倍率关系。另外，读数时，眼睛应垂直于表面观察表盘。

④ 电阻测量注意事项如下。

a. 被测电阻应处于不带电的情况下进行测量，防止损坏万用表。被测电路不能有并联支路，以免影响精度。

b. 按估计的被测电阻值选择电阻量程开关的倍率，应使被测电阻接近该挡的量程中心值，即使表针偏转在标度尺的中间附近为好。并将交、直流电压量程开关置于"Ω"挡。

c. 测量以前，先进行调零。如图 9-27 所示，将两表笔短接，此时表针会很快指向电阻的零位附近，若表针未停在电阻零位上，则旋动表盘右下方的"Ω"钮，使其刚好停在零位上。若调到底也不能使指针停在电阻零位上，则说明表内的电池电压不足，应更换新电池后再重新调节。测量中每次更换挡位后，均应重新校零。

d. 测量非在路的电阻时，将两表笔（不分正、负）分别接被测电阻的两端，万用表即指示出被测电阻的阻值。测量电路板上的在路电阻时，应将被测电阻的一端从电路板上焊开，然后再进行测量，否则由于电路中其他元器件的影响，测得的电阻误差将很大。

图 9-27 进行欧姆调零

e. 将读数乘以电阻量程开关所指倍率，即为被测电阻的阻值。

f. 测量完毕后，应将交、直流电压量程开关旋到交流电压最高量程上，可防止转换开关放在"Ω"挡时表笔短路，长期消耗电池。

⑤ 测量交流电压注意事项如下。

a. 将选择开关转到"ACV"或"DCV"挡的最高量程，或根据被测电压的概略数值选择适当量程。

b. 测量 1000～2500V 的高压时，应采用专测高压的高级绝缘表笔和引装，将测量选择开关置于"1000V"挡，并将正表笔改插入"2500V"专用插孔。测量时，不要两只手同时拿两支表笔，必要时使用绝缘手套和绝缘垫。表笔插头与插孔应紧密配合，以防测量中突然脱出后触及人体，使人触电。

c. 测量交流电压时，把表笔并联于被测的电路上。转换量程时不要带电。

d. 测量交流电压时，一般不需分清被测电压的火线和零线端，但已知火线和零线时，最好用红表笔接火线，黑表笔接零线，如图 9-28 所示。

⑥ 测量直流电压注意事项如下。

a. 将红表笔插在"+"插孔，去测电路"+"（正极）；将黑表笔插在"-"插孔，去测电路"-"（负极）。

b. 将万用表的选择量程开关置于"DCV"挡的最大量程，或根据被测电压的大约数值，选择合适的量程。

c. 如果指针反指，则说明表笔所接极性反了，应尽快更正过来重测。

测量完毕后，应将选择量程开关转到电压最大挡上去。

⑦测量直流电流注意事项如下。

a. 将选择量程开关转到"DCmA"部分的最高量程，或根据被测电流的大约数值，选择适当的量程。

b. 将被测电路断开，留出两个测量接触点。将红表笔与电路正极相接，黑表笔与电路负极相接。（此时万用表一定是串联在被测电路中）改变量程，直到指针指向刻度盘的中间位置，不要带电转换量程，如图9-29所示。

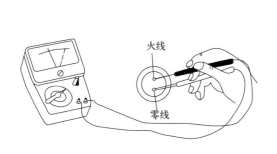

图 9-28　用指针式万用表测量交流电压

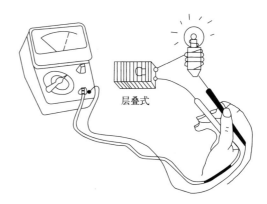

图 9-29　用指针式万用表测量直流电流

c. 测量完毕后，应将选择量程开关转到电压最大挡上去。

（4）数字式万用表

数字式万用表以其测量精度高、十进制数字显示直观、简单、速度快、功能全、可靠性高、小巧轻便、省电及便于操作等优点，受到人们的普遍欢迎。下面以电机控制实训室常用的 UT33D＋数字万用表的使用为例加以说明。

①概述。UT33D＋型数字万用表是一种功能齐全、性能稳定、结构新颖、安全可靠的小型手持式三位半数字万用表。数字万用表的核心部分为数字电压表（DVM），它只能测量直流电压。因此，各种参数的测量都是首先经过相应的变换器，将各参数转化成数字电压表可接受的直流电压，然后送给数字电压表DVM，在DVM中，经过模/数（A/D）转换，变成数字量，然后利用电子计数器计数并以十进制数字显示被测参数。UT33D＋可以测量交直流电压和交直流电流、电阻、温度、二极管正向压降及电路通断等，是广大用户随身携带的理想维修工具。由一个旋转波段开关改变测量的功能和量程，共有19挡。

② 测量范围如下。

a. 交流、直流电压直流量程分别为 200mV、2000mV、20V、200V、500V 五挡，交流量程有 200V、500V 两挡。

b. 直流电流：直流量程分别为 2000mA、20mA、200mA 和 10A 四挡。

c. 电阻：电阻量程分别为 200Ω、2000Ω、20kΩ、200kΩ、20MΩ 和 200MΩ 六挡。

d. 二极管和通断测量。

③ 外部结构。UT33D+型数字万用表的外部结构，如图 9-30 所示。

④ 按键功能如下。

a. 数据保持显示。按下"HOLD"键，仪表 LCD 上保持显示当前测量值，再次按一下该按键就会退出数据保持显示功能。

b. 背光控制。按下背光选择按键即点亮 LCD 的背光灯，再次按一下按键就会关闭背光灯，否则背光灯会长期点亮。

⑤ 直流电压的测量过程如下。

a. 将红表笔插入"VΩmA"插孔，黑表笔插入"COM"插孔。

b. 将功能量程开关置于直流电压挡位，并将表笔并联到待测电源或负载上。

c. 从显示器上读取测量结果。

图 9-30　UT33D+型数字式万用表的面板图
1—LCD 显示器；2—数据保持/选择按键；
3—背光选择按键；4—量程开关；5—公共输入端；
6—10A 电流输入端；7—其余测量输入端

注意：不要测量高于 500V 的电压，LCD 只在高位显示"1"时，说明已超量程，长时间如此会损坏内部电路及伤害到自己，需调高一个量程挡，仪表的输入阻抗均为 10MΩ，这种负载效应在测量高阻电路时会起测量误差，如果被测电路阻抗≤10kΩ，误差可以忽略（0.1% 或更低）。

⑥ 交流电压的测量过程如下。

交流电压的测量与直流电压的测量方法及注意事项类似。

⑦ 直流电流的测量过程如下。

a. 将红表笔插入"VΩmA"或"10A"插孔，黑表笔插入"COM"插孔。

b. 将功能量程开关置于直流电流挡位，并将表笔串联到待测电源或电路中。

c. 从显示器上读取测量结果。

⑧ 电阻的测量过程如下。

a. 将红表笔插入"VΩmA"插孔，黑表笔插入"COM"插孔。

b. 将功能量程开关置于电阻测量挡位，并将表笔并联到待测电阻上。

c. 从显示器上读取测量结果。

⑨ 二极管的测量和通断的判定过程如下。

a. 将红表笔插入"VΩmA"，黑表笔插入"COM"插孔。

b. 将功能量程开关置于二极管测量挡位，并将红表笔连接到被测二极管的正极，黑表笔连接到被测二极管的负极。

c. 从显示器上读取测量结果。

d. UT33D+有通断测试功能，将表笔连接到待测线路的两端，如果两端之间电阻值低于约 70Ω，内置蜂鸣器发声。

⑩ 注意事项如下。

a. 注意正确选择量程及红黑表笔插孔。对未知量进行测量时，应首先把量程调到最大，然后从大向小调，直到适宜为止。假设显示"1"，表示过载，应加大量程。

b. 不测量时，应随手关断电源。

c. 改变量程时，表笔应与被测点断开。

d. 测量电流时，切忌过载。

e. 不允许用电阻挡和电流挡测电压。

f. 另外常用数字式万用表 DT830＋、DT890＋使用方法与之相似，不再赘述。

9.3.3 三相异步电机单向运转的接线与调试

实训内容：三相异步电机单向运转电路连接调试。

实训目的：使学生初步学会常见电工工具的使用方法，了解配电柜情况，基本掌握电气原理图、电气安装图、电气互连图统一方法，学习简单电气电路调试方法。

培养学生的实训室安全意识、大国工匠精神、社会责任感、团结协作精神。

通过教学机显示配电柜图片，使用图 9-31 介绍配电柜结构原理、使用注意事项。

重点介绍的是五部分：上两隔为电源部分，第三隔为交流接触器部分，第四隔为热继电器部分，五、六隔为中间继电器，最下方为电机部分（其他略讲）。

实训方法如下。

（1）电气控制线路

电气控制线路如图 9-32 所示。

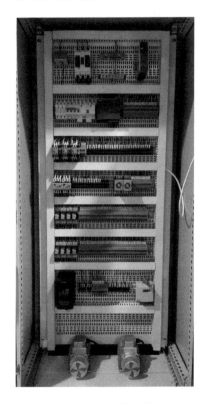

图 9-31 配电柜结构图

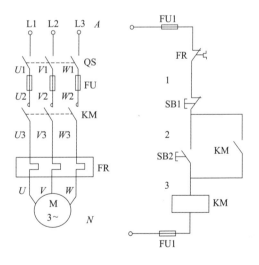

图 9-32 三相异步电机单向运转控制电路

（2）电路连接与调试

该步骤需要电气原理图、电气安装图、电气互连图相统一，力求简洁合理。电路连接与调试的基本原则是：按电气原理图要求，应将主电路、控制电路分开布置，导线粗细、颜色有区分，并各自安装在相应的位置，以便于操作、维护。

① 电源部分连接调试。以实物介绍熔断器、空气开关（替代分合开关）结构、工作原

理、连接注意事项,以及连接后,万用表、验电笔测试方法。三相四线制供电,线电压 380V,相电压 220V(控制电路使用)。

② 控制回路连接调试。首先在配电柜柜门上,选取三个相邻的按钮开关,其中一个选红色按钮(应用常闭触点)作为控制电路中的停止按钮 SB1,另外选取两个绿色按钮开关(均应用常开触点),分别作为启动按钮 SB2 和反转按钮 SB3(三相电机正反转运转的接线与调试中使用),按原理图连接在一起,如图 9-33 所示,通过四条长线,注意四条长线要用专用软螺纹塑套缠绕成束,通过线槽引入配电柜中固定在接线排接线端位置,并定义为 1、2、3、4 点。然后再根据控制回路原理图,在教学机上勾画连接线路。电路连接后,用万用表检测电路连接正确性,控制回路阻值大约 700Ω 左右,确认电路连接无误后,进行控制回路通电测试,直到接触器能够吸断自如。

这里可能出现几种现象,测控制回路阻值时,万用表一直显示阻值无穷大,可能 FR 的常闭选错了,选的是常开或其他地方有断路。若阻值为零,基本为线圈两端被短接(1A1、1A2)。若阻值正确,送电后,接触器没反应,基本属于控制电源有问题。如果电机能启动,但不能自锁,基本是接触器 KM 常开自保辅助触点没并接到启动按钮两端。

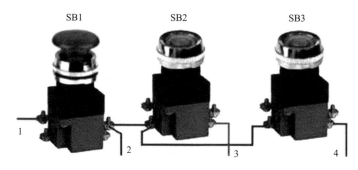

图 9-33 三相电机控制回路按钮的连接

③ 主电路连接调试。主电路连接一般选择线径较粗的单股铜线,最好有颜色区分,一般从左到右按黄绿红三色配线,一旦出现问题,便于快速查找。

以上三步都正确以后,把所有连接线归整排列到线槽中,顺序接到配电柜中,总电源分合开关,主电路空开,控制回路空开,关好配电柜柜门,在柜门外侧,操作启动和停止按钮,电机完成启动停止。

以上各步均应在指导教师检查确认无误后进行。

(3)线路拆卸

导线捋顺收回线匣,工具清点,放回工具箱,配电柜恢复原样。

(4)劳动教育

配电柜清理,实训室地面卫生大清扫。

9.3.4 三相异步电机正反转运转的接线与调试

实训内容:三相异步电机正反转可逆控制电路调试。

实训目的:使学生进一步熟练使用电工工具,真正掌握电气原理图、电气安装图、电气互连图统一方法,学习较复杂电气电路调试方法。

实训方法如下。

(1)电气控制线路

① 电路分两部分,左侧为主电路,右侧为控制回路。如图 9-34 所示。

主回路组成：熔断器 FU，分合开关 QS，交流接触器主触点 KM1、KM2，热继电器 FR，三相电机。

控制回路组成：热保护继电器辅助常闭触点 FR，停止按钮 SB1，正转启动按钮 SB2，反转启动按钮 SB3，正反转交流接触器线圈 KM1 和 KM2，交流接触器及各自辅助触点。

② 电路工作原理如下。

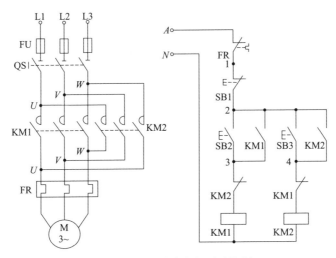

图 9-34　三相异步电机可逆控制

动作过程如下。

先合上电源分合开关 QS。

正转时，按下正转按钮 SB2，KM1 线圈接通，KM1 主触点闭合，电机正转。与此同时，KM1 的联锁常闭触点都断开，保证反转接触器 KM2 线圈不会同时获电。

欲要反转，必须按下停止按钮 SB1，使正转接触器 KM1 线圈断电，KM1 的主、辅触点复位，电机停止正转。然后按下反转启动按钮 SB3，使反转接触器 KM2 线圈通电，KM2 主触点闭合，电机反转。

串接在正转接触器 KM1 线圈电路中的 KM2 常闭辅助触点断开，起互锁作用。

（2）控制回路连接调试

在配电柜中，介绍各个元器件连接端子位置，重点说明电路中 1、2、3、4 点的意义，根据控制回路原理图，在教学机上勾画连接线路。如图 9-35 所示。

电路连接后，不送电情况下，分别按下正转、反转启动按钮 SB2 和 SB3，用万用表检测控制回路电阻值，应该阻值接近相等，接近接触器线圈阻值（本实训中约 700Ω），确认电路连接无误后，进行控制回路通电测试，直到接触器能够吸断自如。

图 9-35　三相电机正反转控制回路连线图

（3）主电路连接调试

① 熟悉电机控制线路主回路的工作原理；

② 熟悉接触器、热继电器等电气元件的结构、原理及在控制柜中的位置；

③ 选择合适导线，一般主电路选择较粗的单股铜线，最好颜色有所区分，按黄绿红顺

序排放，一旦出现故障便于查找；

④ 熟练使用各种工具，连接完成主电路，要经过指导教师检查无错误后，方可送电。若线路连接有误，用万用表进行检查线路是否有接触不良或接错的现象。

以上两步都正确以后，把所有连接线归整排列到线槽中，顺序接到配电柜中，总电源分合开关，主电路空开，控制回路空开，关好配电柜柜门，在柜门外侧，按下正转启动按钮 SB2，观察电机是否能够旋转，若旋转正常，经过一定时间后，按下停止按钮，观察记录电机转向。待电机停止后，按下反转按钮 SB3，电机实现反转，经过一定时间后按下停止按钮，操作结束。

以上各步均应在指导教师检查确认无误后进行。

（4）线路拆卸

训练过程结束后，必须关闭配电柜总电源，把所有导线拆卸下来，放到工具箱中，所使用的工具放到指定位置，注意万用表要关断电源，避免电池消耗。

（5）劳动教育

配电柜清理，实训室地面卫生大清理。

电机控制实训视频

中国电机之父——钟兆琳

第 10 章

家庭安全用电实训

10.1 家庭常备电工工具及测量仪表

为了便于随时处理家庭中出现的一些关于用电的问题,我们需要准备一些常用的简单电工工具和测量仪表。但是,需要注意的是,家庭用电操作必须在断电条件下进行,并且要由进行过相关培训的人来操作。

10.1.1 家庭常备电工工具

家庭常备的电工工具主要有:试电笔、螺丝刀、钢丝钳、尖嘴钳、剥线钳、电烙铁、电工刀、扳手等。如图 10-1 所示。另外,还需要准备一些电线、绝缘胶布、焊锡等物料。

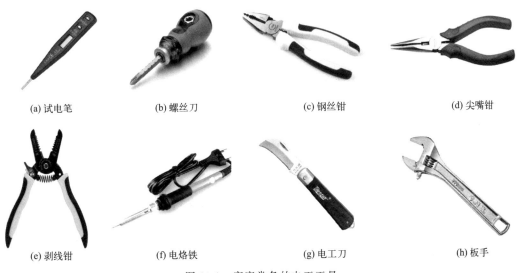

(a) 试电笔　　(b) 螺丝刀　　(c) 钢丝钳　　(d) 尖嘴钳

(e) 剥线钳　　(f) 电烙铁　　(g) 电工刀　　(h) 扳手

图 10-1　家庭常备的电工工具

(1) 钳子的区别

① 钢丝钳。钢丝钳在电工作业时,用途广泛。钳口可用来弯绞或钳夹导线线头,齿口可用来紧固或起松螺母,刀口可用来剪切导线或钳削导线绝缘层,侧口可用来铡切导线线芯、钢丝等较硬线材。钢丝钳注意事项:使用前,检查钢丝钳绝缘是否良好,以免带电作业时造成触电事故;在带电剪切导线时,不得用刀口同时剪切不同电位的两根线(如火线与零线、火线与地线等),以免发生短路事故。

② 尖嘴钳。尖嘴钳因其头部尖细而得名,适用于在狭小的工作空间操作。尖嘴钳可用来剪断较细小的导线;可用来夹持较小的螺钉、螺帽、垫圈、导线等;也可用来对单股导线

整形（如平直、弯曲等）。若使用尖嘴钳带电作业，应检查其绝缘是否良好，并在作业时金属部分不要触及人体或邻近的带电体。

③ 剥线钳。剥线钳是专用于剥削较细小导线绝缘层的工具。使用剥线钳剥削导线绝缘层时，先将要剥削的绝缘长度用标尺定好，然后将导线放入相应的刃口中（比导线直径稍大），再用手将钳柄一握，导线的绝缘层即被剥离。

（2）电烙铁的使用

① 焊接前的注意事项。一般要把焊头的氧化层除去，并用焊剂进行上锡处理，使得焊头的前端经常保持一层薄锡，以防止氧化、减少能耗、保证导热良好。电烙铁的握法没有统一的要求，以不易疲劳、操作方便为原则，一般有笔握法和拳握法两种。用电烙铁焊接导线时，必须使用焊料和焊剂。焊料一般为丝状焊锡或纯锡，常见的焊剂有松香、焊膏等。

② 对焊接的基本要求。焊点必须牢固，锡液必须充分渗透，焊点表面光滑有泽，应防止出现"虚焊""夹生焊"。产生"虚焊"的原因是焊件表面未清除干净或焊剂太少，使得焊锡不能充分流动，造成焊件表面挂锡太少，焊件之间未能充分固定；造成"夹生焊"的原因是烙铁温度低或焊接时烙铁停留时间太短，焊锡未能充分熔化。

③ 注意事项如下。

a. 使用前应检查电源线是否良好，有无被烫坏。

b. 焊接电子类元件（特别是集成块）时，应采用防漏电等安全措施。

c. 当焊头因氧化而不"吃锡"时，不可硬烧。

d. 当焊头上锡较多不便焊接时，不可甩锡，不可敲击。

e. 焊接较小元件时，时间不宜过长，以免因热损坏元件或绝缘。

f. 焊接完毕，应拔去电源插头，将电烙铁置于金属支架上，防止烫伤或火灾的发生。

10.1.2 家庭常备电工测量仪表

家庭最常用的电工测量仪表就是万用表。其结构形式、使用方法和注意事项已经在上一章介绍过，这里不再赘述。

10.2 家庭常用电工操作训练

10.2.1 导线绝缘层的剥削

家庭用电的导线类型较多，其绝缘层的剥削方法也不一样，现分述如下。

（1）塑料硬线绝缘层的剥削

线径较小的塑料绝缘层的硬线，其绝缘层用剥线钳剥削，具体操作方法是：根据所需线头长度，用钳头刀口轻切绝缘层（不可切伤芯线），然后用右手握住钳头用力向外勒去绝缘层，同时左手握紧导线反向用力配合动作，如图10-2所示。

线径较大的塑料绝缘层硬线，可用电工刀来剥削其绝缘层，方法如下。

① 根据所需的长度用电工刀以45°角斜切入塑料绝缘层，如图10-3(a)所示。

② 接着刀面与芯线保持15°角左右，用力向线端推削，不可切入芯线，削去上面一层塑料绝缘层，如图10-3(b)所示。

③ 下面的塑料绝缘层向后扳翻，最后用电工刀齐根切去，如图 10-3(c) 所示。

图 10-2　用剥线钳剥削塑料硬线绝缘层

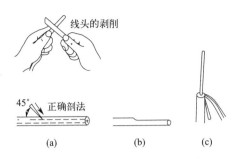

图 10-3　电工刀剥削塑料硬线绝缘层

（2）皮线线头绝缘层的剥削

① 在皮线线头的最外层用电工刀割破一圈，如图 10-4(a) 所示。
② 削去一条保护层，如图 10-4(b) 所示。
③ 剩下的保护层剥削去，如图 10-4(c) 所示。
④ 露出橡胶绝缘层，如图 10-4(d) 所示。
⑤ 在距离保护层约 10mm 处，用电工刀以 45°角斜切入橡胶绝缘层，并按塑料硬线的剥削方法剥去橡胶绝缘层，如图 10-4（e）所示。

（3）花线线头绝缘层的剥削

① 花线最外层棉纱织物保护层的剥削方法和里面橡胶绝缘层的剥削方法类似皮线线端的剥削。由于花线最外层的棉纱织物较软，可用电工刀将四周切割一圈后用力将棉纱织物拉去，如图 10-5(a)、(b) 所示。
② 在距棉纱织物保护层末端 10mm 处，用钢丝钳刀口切割橡胶绝缘层，不能损伤芯线，然后右手握住钳头，左手用力抽拉花线，通过钳口勒出橡胶绝缘层。花线的橡胶层剥去后就露出了里面的棉纱层。
③ 用手将包裹芯线的棉纱松散开，如图 10-5(c) 所示。
④ 用电工刀割断棉纱，即露出芯线，如图 10-5(d) 所示。

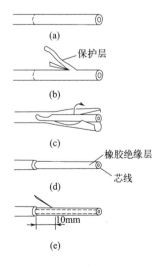

图 10-4　皮线线头绝缘层的剥削

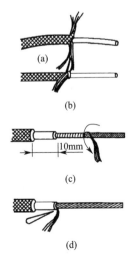

图 10-5　花线线头绝缘层的剥削

(4) 塑料护套线线头绝缘层的剥削

① 按所需长度用电工刀刀尖对准芯线缝隙划开护套层，如图 10-6(a) 所示。

② 向后扳翻护套层，用电工刀齐根切去，如图 10-6(b) 所示。

③ 在距离护套层 5~10mm 处，用电工刀按照剥削塑料硬线绝缘层的方法，分别将每根芯线的绝缘层剥除。

(5) 塑料多芯软线线头绝缘层的剥削

这种线不要用电工刀剥削，否则容易切断芯线，可以用剥线钳或钢丝钳剥离塑料绝缘层，方法如下。

① 拇指、食指先捏住线头，按连接所需长度，用钢丝钳钳头刀口轻切绝缘层。注意：只要切破绝缘层即可，千万不可用力过大，使切痕过深，如图 10-7(a) 所示。

② 食指缠绕一圈导线，并握拳捏住导线，右手握住钳头部，两手同时反向用力，左手抽右手勒，即可把端部绝缘层剥离芯线，如图 10-7(b) 所示。

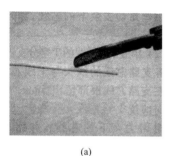
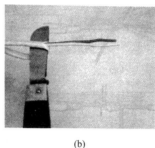
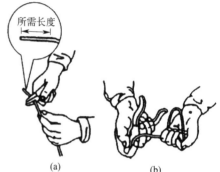

(a)　　　　　　　　(b)

图 10-6　塑料护套线线头绝缘层的剥削

(a)　　　　　　　　(b)

图 10-7　钢丝钳剥削塑料多芯软线线头绝缘层

10.2.2　导线的连接

(1) 铜芯导线的互相连接

① 单股铜芯导线的直线连接。连接时，先将两导线芯线线头按图 10-8(a) 所示成 X 形相交，然后按图 10-8(b) 所示互相绞合 2~3 圈后扳直两线头，接着按图 10-8(c) 所示将每个线头在另一芯线上紧贴并绕 8~10，最后用钢丝钳切去余下的芯线，并钳平芯线末端。

② 单股铜芯导线的 T 字分支连接。将支路芯线的线头与干线芯线十字相交，在支路芯线根部留出 10mm，然后顺时针方向缠绕支路芯线，缠绕 5 圈后，用钢丝钳切去余下的芯线，并钳平芯线末端，如图 10-9(a) 所示。较小截面的芯线可按图 10-9(b) 所示方法，环绕成结状，然后再将支路芯线线头抽紧扳直，向左紧密地缠绕 6~8 圈，剪去多余芯线，钳平切口毛刺。

③ 7 股铜芯导线的直线连接。先将剥去绝缘层的芯线头散开并拉直，如图 10-10(a) 所示；把靠近绝缘层 1/3 线段的芯线绞紧，并将余下的 2/3 芯线头分散成伞状，将每根芯线拉直，如图 10-10(b) 所示；把两股伞骨形芯线一根隔一根地交叉直至伞形根部相接，如图 10-10(c) 所示；然后捏平交叉插入的芯线，如图 10-10(d) 所示；把左边的 7 股芯线按 2、2、3 根分成三组，把第一组 2 根芯线扳起，垂直于芯线，并按顺时针方向缠绕 2 圈，缠绕 2 圈后将余下的芯线向右扳直紧贴芯线，如图 10-10(e) 所示；把下边第二组的 2 根芯线向上扳直，也按顺时针方向紧紧压着前 2 根扳直的芯线缠绕，缠绕 2 圈后，将余下的芯线向右扳直，紧贴芯线，如图 10-10(f) 所示；再把下边第三组的 3 根芯线向上扳直，按顺时针方向紧紧压着前 4 根扳直的芯线向右缠绕。缠绕 2~3 圈后，切去多余的芯线，钳平线端，如图

10-10(g) 所示；用同样方法再缠绕另一边芯线，如图 10-10(h) 所示。

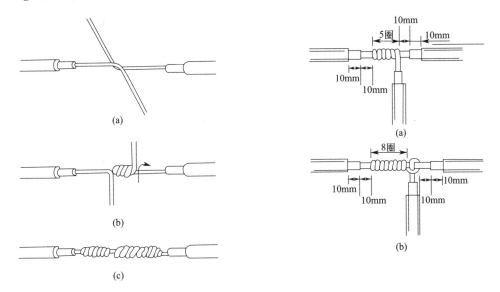

图 10-8　单股铜芯导线的直线连接　　　　图 10-9　单股铜芯导线的 T 字分支连接

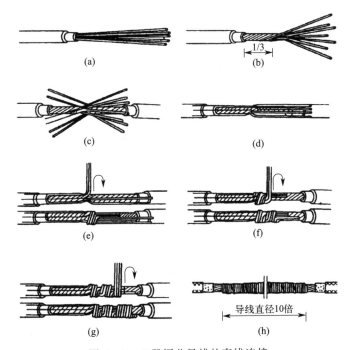

图 10-10　7 股铜芯导线的直线连接

④ 不等径铜导线的连接。如果要连接的两根铜导线的直径不同，可把细导线线头在粗导线线头上紧密缠绕 5~6 圈，弯折粗线头端部，使它压在缠绕层上，再把细线头缠绕 3~4 圈，剪去余端，钳平切口即可，如图 10-11 所示。

⑤ 软线与单股硬导线的连接。连接软线和单股硬导线时，可先将软线拧成单股导线，再在单股硬导线上缠绕 7~8 圈，最后将单股硬导线向后弯曲，以防止绑线脱落，如图 10-12 所示。

图 10-11　不等径铜导线的连接

图 10-12　软线与单股硬导线的连接

（2）线头与接线端子（接线桩）的连接

① 线头与针孔接线桩的连接。端子板、某些熔断器、电工仪表等的接线，大多利用接线部位的针孔并用压接螺钉来压住线头以完成连接。如果线路容量小，可只用一只螺钉压接；如果线路容量较大或对接头质量要求较高，则使用两只螺钉压接。

单股芯线与接线桩连接时，最好按要求的长度将线头折成双股并排插入针孔，使压接螺钉顶紧在双股芯线的中间，如图 10-13 所示。如果线头较粗，双股芯线插不进针孔，也可将单股芯线直接插入，但芯线在插入针孔前，应朝着针孔上方稍微弯曲，以免压紧螺钉稍有松动线头就脱出，如图 10-13 所示。

在接线桩上连接多股芯线时，先用钢丝钳将多股芯线进一步绞紧，以保证压接螺钉顶压时不致松散。此时应注意，针孔与线头的大小应匹配，如图 10-14(a) 所示。如果针孔过大，则可选一根直径大小相宜的导线作为绑扎线，在已绞紧的线头上紧紧地缠绕一层，使线头大小与针孔匹配后再进行压接，如图 10-14(b) 所示。如果线头过

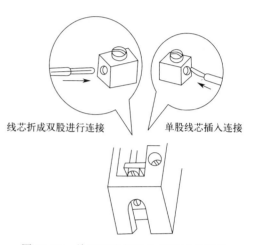
图 10-13　单股芯线与针孔接线桩的连接

大，插不进针孔，则可将线头散开，适量剪去中间几股，如图 10-14(c) 所示，然后将线头绞紧就可进行压接。通常 7 股芯线可剪去 1～2 股，19 股芯线可剪去 1～7 股。

(a) 针孔合适的连接　　(b) 针孔过大时线头的处理　　(c) 针孔过小时线头的处理

图 10-14　多股芯线与针孔接线桩连接

无论是单股芯线还是多股芯线，线头插入针孔时必须插到底，导线绝缘层不得插入孔内，针孔外的裸线头长度不得超过 3mm。

② 线头与螺钉平压式接线桩的连接。单股芯线与螺钉平压式接线桩的连接，是利用半圆头、圆柱头或六角头螺钉加垫圈将线头压紧完成连接的。对载流量较小的单股芯线，先将线头变成压接圈（俗称羊眼圈），再用螺钉压紧。为保证线头与接线桩有足够的接触面积，日久不会松动或脱落，压接圈必须弯成圆形。单股芯线压接圈弯法如图 10-15 所示。

对于横截面不超过 $10mm^2$ 的 7 股及以下多股芯线，应按图 10-16 所示方法弯制压接圈。首先把离绝缘层根部约 1/2 长的芯线重新绞紧，越紧越好，如图 10-16(a) 所示；将绞紧部分的芯线，在离绝缘层根部 1/3 处向左外折角，然后弯曲成圆弧，如图 10-16(b) 所示；当圆弧弯曲得将成圆圈（剩下 1/4）时，应将余下的芯线向右外折角，然后使其成圆，捏平余

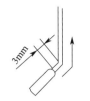

(a) 离绝缘层根部约3mm　(b) 按略大于螺钉直　(c) 剪去芯线余端　(d) 修正圆弧成圆
　　处向外侧折角　　　　　径弯曲成圆弧

图 10-15　单股芯线压接圈弯法

下线端，使两端芯线平行，如图 10-16(c) 所示；把散开的芯线按 2、2、3 根分成三组，将第一组 2 根芯线扳起，垂直于芯线（要留出垫圈边宽），如图 10-16(d) 所示；按 7 股芯线直线对接的自缠法加工，如图 10-16(e) 所示；图 10-16(f) 是缠成后的 7 股芯线压接圈。

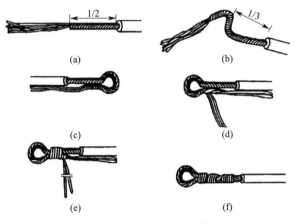

图 10-16　7 股导线压接圈弯法

对于横截面超过 $10mm^2$ 的 7 股以上软导线端头，应安装接线耳。

压接圈与接线耳连接的工艺要求是：压接圈和接线耳的弯曲方向与螺钉拧紧方向应一致；连接前应清除压接圈、接线耳和垫圈上的氧化层及污物，然后将压接圈或接线耳放在垫圈下面，用适当的力矩将螺钉拧紧，以保证接触良好。压接时不得将导线绝缘层压入垫圈内。

软导线线头也可用螺钉平压式接线桩连接。软导线线头与压接螺钉之间的绕结方法如图 10-17 所示，其工艺要求与上述多股芯线压接相同。

(a) 围绕螺钉后再自编　　(b) 自缠一圈后，端头压入螺钉

图 10-17　软导线线头用平压式接线桩的连接方法

③ 线头与瓦形接线桩的连接。瓦形接线桩的垫圈为瓦形。为了保证线头不从瓦形接线桩内滑出，压接前应先将已去除氧化层和污物的线头弯成 U 形，如图 10-18(a) 所示，然后

将其卡入瓦形接线桩内进行压接。如果需要把两个线头接入一个瓦形接线桩内，则应使两个弯成 U 形的线头重合，然后将其卡入瓦形垫圈下方进行压接，如图 10-18(b) 所示。

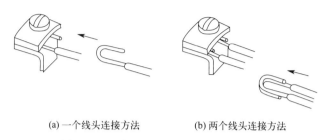

(a) 一个线头连接方法　　(b) 两个线头连接方法

图 10-18　单股芯线与瓦形接线桩的连接

10.2.3　墙壁开关的安装

① 暗扳把式开关的安装。暗扳把式开关必须安装在铁皮开关盒内，铁皮开关盒如图 10-19(a) 所示。开关接线时，将来自电源的一根相线接到开关静触点接线桩上，将到灯具的一根线接在动触点接线桩上，如图 10-19(b) 所示。在接线时应接成扳把向上时开灯，向下关灯。然后把开关芯连同支架固定到预埋在墙内的接线盒上，开关的扳把必须放正且不卡在盖板上，再盖好开关盖板，用螺栓将盖板固定牢固，盖板应紧贴建筑物表面。

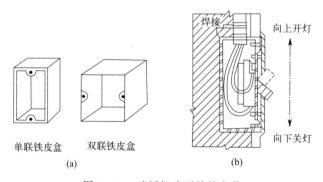

图 10-19　暗扳把式开关的安装

② 跷板式开关的安装。跷板式开关应与配套的开关盒进行安装。常用的跷板式塑料开关盒如图 10-20(a) 所示。开关接线时，应使开关切断相线，并应根据跷板式开关的跷板或面板上的标志确定面板的装置方向，即装成跷板下部按下时，开关处在合闸的位置，跷板上部按下时，开关应处在断开位置，如图 10-20(b) 所示。

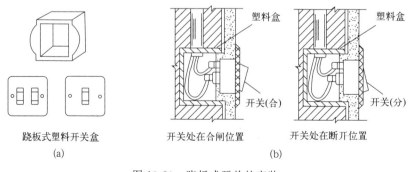

图 10-20　跷板式开关的安装

10.2.4 墙壁插座的安装

① 插座的接线。插座应正确接线，单相两孔插座为面对插座的右极接电源火线，左极接电源零线；单相三孔及三相四孔插座保护接地（接零）线均应接在上方，如图10-21所示。

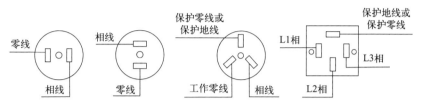

图10-21 插座的接线方式

单相三孔插座较典型的错误接法如图10-22所示。图10-22(a)的接法潜伏着不可忽视的危险，如零线因外力断线或接头氧化、腐蚀、松脱等都会造成零线断路，导致出现图10-22(b)所示情况，此时负载回路中无电流，负载上无压降，家用电器的金属外壳上就带有220V对地电压，这就严重危及人身安全。另一种情况是当检修线路时，有可能将相线与零线接反，导致出现图10-22(c)所示情况，此时220V相电压直接通过接地（接零）插孔传到单相电器的金属外壳上，危及人身安全。

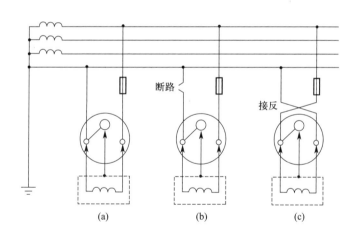

图10-22 单相三孔插座较典型的错误接法

② 插座的安装。插座的安装见表10-1。

表10-1 插座的安装

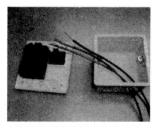	
①准备好暗装插座，将电源线及保护地线穿入暗装盒	②用螺丝刀将开关一相线连在插座的相线接线架上

 ③将保护地线接在插座的接地(⊥)接线架上	 ④将零线接到插座的零线接线架上
 ⑤将电源相线接到插座的相线接线架上	 ⑥接好后用钢丝钳对电线进行整形,将插座固定在暗装接线盒上,安装完毕

10.2.5 灯泡的安装

灯泡包括普通白炽灯泡和 LED 灯泡,随着环保意识的增强,白炽灯泡正在逐步消失。

① 灯泡的连接电路。灯泡照明的基本电路由电源、导线、开关、电灯等组成,常用的基本电路见表 10-2。

表 10-2 灯泡照明基本电路

名称	接线原理图	说明
一只单联开关控制一盏灯	零线 ~220V 火线 FU S EL	开关 S 应安装在相线上,开关以及灯头的功率不能小于所安装灯泡的额定功率,螺口灯头接零线,灯头中心应接火线
一只单联开关控制一盏灯并连接一只插座	零线 ~220V 火线 FU S 插座	这种安装方法外部连线可做到无接头。接线安装时,插座所连接的用电器功率应小于插座的额定功率,选用连接插座的电线所能通过的正常额定电流,应大于用电器的最大工作电流
一只单联开关控制三盏灯(或多盏灯)	零线 ~220V 火线 FU EL1 EL2 EL3 S	安装接线时,要注意所连接的所有灯泡总电流,小于开关允许通过的额定电流值

续表

名称	接线原理图	说明
用两只双联开关在两个地方控制一盏灯	（接线原理图：~220V，零线、火线经FU、S1、S2控制EL）	这种方式用于两地需同时控制电灯时，如楼梯、走廊中电灯，需在两地能同时控制。安装时，需要使用两只双联开关

② 灯泡的安装方法。以吊灯头灯泡的安装为例，见表10-3。

表 10-3　吊灯头灯泡的安装

① 将电源交织线穿入螺口灯头盖内

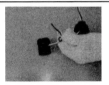

② 将交织线打一蝴蝶结

③ 将电源火线接在螺口灯头的中心弹簧连通的接线柱上

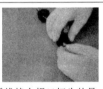

④ 将电源零线接在螺口灯头的另一接线柱上

⑤ 接好后检查线头有无松动。线与线中间有无毛刺

⑥ 检查接线合格后，装上螺口灯头盖并装上螺口灯泡

③ 双联开关两地控制一盏灯的安装。安装时，使用的开关应为双联开关，此开关应具有3个接线桩，其中两个是静触点，另一个是动触点（称为共用桩）。双联开关用于控制线路上的白炽灯，一个开关的共用桩（动触点）与电源的相线连接，另一个开关的共用桩与灯座的一个接线桩连接。采用螺口灯座时，应与灯座的中心触点接线桩相连接，灯座的另一个接线桩应与电源的中性线相连接。两个开关的静触点，分别用两根导线进行连接，如图10-23所示。

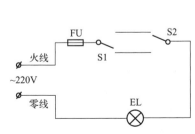

(a) 双联开关两地控制一盏灯的线路

(b) 双联开关两地控制一盏灯的安装

图 10-23　双联开关两地控制一盏灯的线路及安装

10.2.6 日光灯的安装

（1）日光灯的常用线路

日光灯的常用各种安装线路如图 10-24 所示。

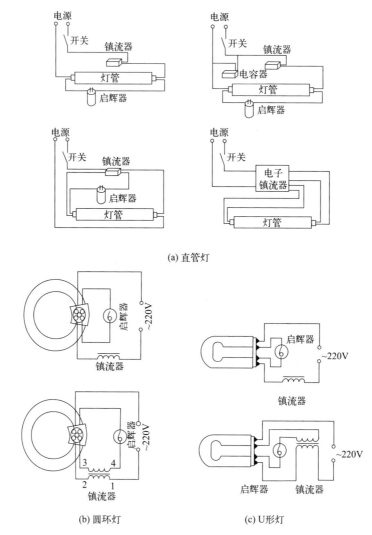

图 10-24 日光灯的常用线路

（2）日光灯的安装方法

①准备灯架。根据日光灯管的长度，购置或制作与之配套的灯架。

②组装灯具。日光灯灯具的组装，就是将镇流器、启辉器、灯座和灯管安装在铁制或木制灯架上。组装时必须注意，镇流器应与电源电压、灯管功率相配套，不可随意选用。由于镇流器比较重，又是发热体，应将其扣装在灯架中间或在镇流器上安装隔热装置。启辉器规格应根据灯管功率来确定。启辉器宜装在灯架上便于维修和更换的地点。两灯座之间的距离应准确，防止因灯脚松动而造成灯管掉落。灯具的组装示意图如图 10-25 所示。

③ 固定灯架。固定灯架的方式有吸顶式和悬吊式两种。悬吊式又分金属链条悬吊和钢管悬吊两种。安装前先在设计的固定点打孔预埋合适的固定件，然后将灯架固定在固定

件上。

④ 组装接线。启辉器座上的两个接线端分别与两个灯座中的一个接线端连接；两个灯座余下的接线端，其中一个与电源的零线相连，另一个与镇流器的一个出线头连接；镇流器的另一个出线头与开关的一个接线端连接；开关的另一个接线端则与电源的火线相连。如图 10-26 所示。

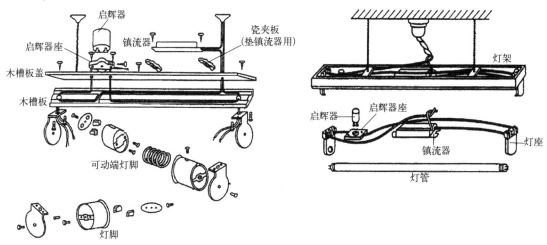

图 10-25　灯具的组装示意图　　　　　图 10-26　日光灯的组装接线

10.2.7　电度表的安装

常用的单相电度表、三相电度表如图 10-27 所示。

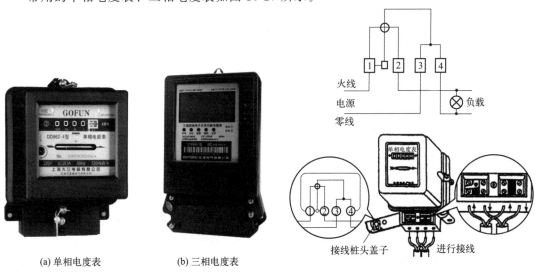

(a) 单相电度表　　(b) 三相电度表

图 10-27　电度表　　　　　图 10-28　单相电度表的接线

① 电度表应安装在干燥、稳固的地方，避免阳光直射，忌湿、热、霉、烟、尘、砂及腐蚀性气体。

② 电度表应安装在没有振动的位置，因为振动会使电度表计量不准。

③ 电度表应垂直安装，不能歪斜，允许偏差不得超过 2°。因为电度表倾斜 5°会引起 10% 的误差，倾斜太大，电度表铝盘甚至不转。

④ 电度表的安装高度一般为 1.4～1.8m，电度表并列安装时，两表的中心距离不得小于 200mm。

⑤ 在电压 220V、电流 10A 以下的单相交流电路中，电度表可以直接接在交流电路上，如图 10-28 所示。电度表必须按接线图接线（在电度表接线盒盖的背面有接线图）。常用单相电度表的接线盒内有四个接线端，自左向右按 1、2、3、4 编号。接线方法为 1、3 接电源，2、4 接负载。

10.2.8 漏电保护器的安装

漏电保护器的外形及安装见 9.1.8 节。

10.2.9 家庭灯具体的固定安装

（1）吸顶灯的安装

① 采用预埋螺栓、尼龙塞或塑料塞固定，不可运用木楔，以确保吸顶灯固定结实、牢靠，并可延长其使用寿命；

② 收缩螺栓固定时，应按产品的技术要求选择螺栓规格，其钻孔直径和埋设深度要与螺栓规格相符；

③ 每个灯具用于固定的螺栓或螺钉应不少于 2 个，且灯具的重心要与螺栓或螺钉的重心相吻合；

④ 关闭家里的电闸，断开电源，吸顶灯灯座旁边有三个小扣子，把小扣子打开、合上，就可以固定外面的灯罩；

⑤ 吸顶灯不可直接装置在可燃的物件上。

（2）LED 吊灯的安装

① 看吊灯螺丝孔的尺寸，看好尺寸之后就是选择相应大小的钻头，并做好标记；

② 上膨胀螺丝，固定好之后就该固定挂板；

③ 固定吸盘，吸盘在固定的时候比较简单，用螺丝把吸盘和挂板连接在一起就可以了；

④ 连接灯体；

⑤ 注意要考虑客厅大小、亮度、线路问题，看看家中的电线铺设情况，是否适合安装在这个位置，才能保障正常使用。

（3）吊扇灯的安装

① 要使电路断电，可拆下相应的保险丝或使相应断路器跳闸；

② 首先将吊架固定在天花板上，选用合适的螺钉；

③ 将保护罩套到吊杆上，电机的电源线从吊杆内孔引出，再把吊杆带有两个孔的一头放进电机的吊头内，刺进连接栓，锁上安全插销，拧紧固定螺钉；

④ 把装好的电机吊到吊架上，再接好电源线，接好线后把保护罩锁到吊架上；

⑤ 将组装好的扇叶固定到电机上，并拧紧固定螺钉，进行检查；

⑥ 把组合好的灯架电源线接到电机开关箱内留空的电源线上，再把灯架与开关箱接合，用螺钉拧紧，装上灯罩；

⑦ 检查螺钉，试转 10min，检查一切螺钉或螺母是否松动。

（4）镜前灯的安装

① 确定浴室和镜子的高度，确定镜前灯位置；

② 在墙上画一条水平线，确定两个螺钉孔的位置；

③ 用电钻在墙上确定好点打孔，把挂板安装到墙上；
④ 断开家里电源开关，将家里预留电线与灯具电源线接好；
⑤ 把灯具放在挂板上，对好螺钉孔，拧紧固定好灯具；
⑥ 注意防水防爆，仔细检查电源线有无断裂情况，分清灯架两端输入线和开关输入线。

（5）筒灯的安装

① 准备工作：对筒灯外包装进行检查，确认完好无损，提前确定好安装位置，关闭家中电源；
② 安装前必须在天花板开孔，尺寸根据筒灯大小确定；
③ 在将筒灯嵌入天花板的孔洞之前，需要先将筒灯内的电线连接好；
④ 筒灯两端会有用来固定的弹簧，通过不断调试弹簧可以确定筒灯的高度并且进行固定；
⑤ 将筒灯固定好之后，再将灯卡掰开，便可将筒灯嵌入孔洞内了；
⑥ 注意：使用前确认好适用电源，注意避免高空跌落、硬物碰撞、敲击，不要靠墙太近。

（6）射灯的安装

① 确定射灯位置，射灯安装在吊顶四周，会有拉伸墙壁和吊顶之间距离的感觉，起到抬高空间的作用；
② 安装射灯时，一定要先安装变压器，有效防止射灯频繁爆炸，使用更安全、放心；
③ 在射灯安装高度位置上做上标记，安装上灯具固定轨道，将射灯架固定在轨道上；
④ 安装完成后，为射灯送上电，打开开关调整角度；
⑤ 注意：安装射灯数量、尺寸和距离要适宜。

（7）壁灯的安装

① 确定壁灯灯座的位置，画出壁灯挂板孔位，方便打膨胀螺钉；
② 了解自家线路布置图，注意钻孔深度；
③ 将膨胀螺钉插进孔内，用锤子把膨胀螺钉打进去；
④ 将壁灯挂板安装上去，注意两边交替进行，防止出现偏移；
⑤ 挂板和吸顶盘用螺钉安装在一起，拧紧并固定，断开电源，安装上灯体即可；
⑥ 注意高度、规格和电线颜色。

10.3 家庭安全用电常识

10.3.1 家庭安全用电守则

① 入户电源线避免过负荷使用，破旧老化的电源线应及时更换，以免发生意外。
② 入户电源总保险与分户保险应配置合理，使之能起到对家用电器的保护作用。
③ 接线时电源要用合格的电源线、电源插头，插座要安全可靠。损坏的不能使用，电源线接头要用胶布包好。
④ 临时电源线临近高压输电线路时，应与高压输电线路保持足够的安全距离。
⑤ 严禁私自从公用线路上接线。

⑥ 线路接头应确保接触良好，连接可靠。

⑦ 房间装修时，隐藏在墙内的电源线要放在专用阻燃护套内，电源线的截面应满足负荷要求。

⑧ 使用电动工具，如电钻等，需戴绝缘手套。

⑨ 遇有家用电器着火，应先切断电源再救火。

⑩ 家用电器接线必须确保正确，有疑问应及时询问专业人员。

⑪ 家庭用电应装设带有过电压保护的调试合格的漏电保护器，以保证使用家用电器时的人身安全。

⑫ 家用电器在使用时，应有良好的外壳接地，室内要设有公用地线。

⑬ 湿手不能触摸带电的家用电器，不能用湿布擦拭使用中的家用电器，进行家用电器修理必须先停电源。

⑭ 家用电热设备、暖气设备一定要远离煤气罐、煤气管道，发现煤气漏气时先开窗通风，千万不能拉合电源，并及时请专业人员修理。

⑮ 使用电熨斗、电烙铁等电热器件，必须远离易燃物品，用完后应切断电源，拔下插销以防意外。

10.3.2 防止家庭电气火灾要点

（1）家庭电气火灾的类型

现代家庭中使用电器的数量日渐增多。为了使用方便，人们除在建筑时安装线路外，日常中往往附加一些电线，这就容易发生火灾。电气线路故障引起火灾的原因有以下几种类型。

① 线路绝缘不良。导线发生短路，短路点产生电火花和电弧，引起燃烧。

② 超负荷使用。导线中通过的电流大于安全电流值，使导线升温，当超过可燃物的燃点时，就可能引发火灾。

③ 线路连接接触不良。接触不良导致发生升温和打火现象而引起火灾。

（2）易引发火灾的重点电气部位

① 灯具引起的火灾。尤其是白炽灯泡通电后，其表面温度随时间逐渐升高。据测定，在一般散热条件下，一只 40W 灯泡的表面温度为 56~63℃，60W 的为 137~190℃，100W 的为 170~216℃，200W 的为 154~296℃。如果灯泡紧靠易燃物品，如蚊帐、窗帘、书报、纸张、自制灯罩等，时间过长，就可能引起火灾。

② 电炉、电熨斗火灾。电炉、电熨斗放在可燃物上，或使用中停电而忘记拔掉电源插头，来电后易烤着可燃物。

③ 电热褥火灾。电热褥的电热器材是外包绝缘材料的金属电热丝。电热褥不能折叠、揉搓，以免产生断路或短路故障。长时间通电，可能使铺垫过热引起火灾。所以，长时间离开时应关掉电源。

④ 家用电器火灾。家用电器老旧、发生故障、插头接触不良、高压放电、长期通电等均可引起火灾。

大国工匠王进——在±660kV 超高压直流输电线路上带电作业的时代楷模

第 11 章

劳动精神的弘扬与传承

在工程训练实践教学中，应继承优良传统，彰显时代特征。劳模工匠进课堂，是劳动教育第一课。劳动模范是劳动者群体的先进代表，一线劳动模范大国工匠等群体是高校开展劳动教育的宝贵财富，可以让学生近距离感受劳模风范和工匠精神，学习各行各业劳动者杰出代表的思想和事迹，也让学生近距离领略"匠人"的风采，感受到工匠魅力、大师情怀。应大力弘扬劳动精神、劳模精神、工匠精神，将"三种精神"融入实践教学全过程。

11.1 新时代的劳动精神

（1）新时代劳动精神的内涵

要探究什么是新时代劳动精神，首先要明确其主体是什么。在劳动理念的认知和劳动行为的实践两者融合的过程中孕育了伟大的劳动精神，劳动实践过程中折射出劳动精神内涵的三大主体：劳动思想、劳动态度和劳动行为。新时代大学生由于成长环境和教育方式的差异，在劳动思想、劳动态度、劳动行为上都体现出了不同于前人的特点，概括起来，新时代大学生劳动精神的内涵主要包括以下几个方面。

① 劳动光荣、劳动伟大的思想。思想与一个人的行为有关。正确的思想不仅对人的行为有科学的指导作用，而且对社会的发展有积极的促进作用。新时代大学生的劳动精神首先体现在劳动光荣和劳动伟大的思想上。马克思通过分析劳动二重性和商品二因素，进一步阐明了劳动的重要性和价值。他明确地指出，劳动极大地创造了人，劳动也创造了历史，劳动是推动社会发展的唯一价值源泉，劳动是实现人的全面健康发展的一个重要途径。劳动最光荣、劳动最崇高、劳动最伟大、劳动最美丽，这是对弘扬新时代中国特色社会主义劳动精神的基本政治要求。

② 尊重劳动、热爱劳动的态度。树立和端正尊重劳动、热爱劳动的态度，是大学生认识和实践辛勤劳动、诚实劳动、创造性劳动行为的基础和关键。劳动不仅可以创造历史，也可以创造未来。中国特色社会主义制度坚持按劳分配的基本原则，致力于激励和使每一个优秀的劳动者劳有所得。中国特色社会主义事业的大厦是靠一砖一瓦砌成的，人民的幸福生活是靠一点一滴创造得来的，每个人都可以努力学习，依靠自己的专业知识和劳动实践能力来为自己创造财富、实现自我价值、享受幸福生活、承担社会责任。作为中国特色社会主义建设的接班人，大学生首先一定要热爱国家，努力学习，树立远大目标，以艰苦奋斗为荣，以

好逸恶劳为耻，自觉把实现个人的理想同实现中华民族伟大复兴的中国梦紧密联系在一起，为中国特色社会主义事业添砖加瓦。

③ 辛勤劳动、诚实劳动、创造性劳动的行为。劳动是一切成功的必经之路。目前，我们刚刚实现决胜小康，打赢脱贫攻坚战的第一个百年奋斗目标，全国各族人民在新时代的历史方位下，在我们党的科学领导下正努力为更好地实现第二个百年奋斗目标而努力和奋斗。这种奋斗本身就是一种伟大的劳动，为了更好地实现我们的宏伟目标，我们必须培育和弘扬劳动精神，严格实践辛勤劳动、诚实劳动、创造性劳动。新时代大学生劳动精神培育的落脚点主要是让同学们践行辛勤劳动、诚实劳动和创造性劳动。

（2）新时代劳动精神的具体体现

新时代劳动精神是社会主义建设者必须具备的精神，展现着当代大学生的精神状态，影响着其行为特征。劳动精神并非一蹴而就的，是在劳动中逐步形成的一种精神。只有具备劳动精神，大学生才能真正感受劳动的美好，走进多彩的劳动世界，创造属于自我的幸福人生。具体而言新时代劳动精神体现为独立精神、勤勉精神、艰苦奋斗精神和担当精神。

（3）新时代劳动精神对大学生的重要性

党的十六大报告和十七大报告，始终强调德智体美全面发展。习近平将"劳"单独提出来，并将其纳入"培养什么样的人"总体要求。劳动教育被提到一个新高度，这是新时代对党的教育方针的赓续，标志着中国共产党对培育全面发展时代新人的认识不断深化。培养大学生的劳动精神，可以帮助同学们树立社会主义核心价值观，培养同学们的优良品德。

（4）做新时代合格劳动者的路径

在新时代背景下，劳动教育有着新使命、新担当、新目标与新特征。高校应将劳动教育融入人才培养全过程，工程训练应以实践育人为目的、以人才培养为导向开展劳动教育，积极改革与实践，把劳动教育贯穿实践教学全过程，正确引导大学生树立正确的劳动观，全面落实立德树人的根本任务，在劳动育人理念、育人模式、育人机制等方面不断创新完善，使学生在劳动育人中增强劳动意识、强化劳动技能、养成劳动习惯、丰富劳动实践，体现劳动树德、增智、强体、育美的综合育人价值。

11.2 新时代的劳模精神

劳动模范和先进工作者，是我国工人阶级和劳动人民群众的杰出代表，是民族的精英、人民的楷模，是全社会学习的榜样。劳模群体在共产党的团结和领导下，在中国革命和建设的伟大实践中铸就了劳模精神。

（1）新时代劳模精神内涵

新时代劳模精神继承了中国优秀传统文化中关于劳动精神的精髓，融汇于社会主义核心价值体系，并在保留其核心价值的前提下，伴随着社会的发展而发展，是伟大时代精神的生动体现。

① 爱岗敬业、争创一流。爱岗敬业、争创一流是劳模精神的基础，是积极劳动情感的表现。爱岗敬业是指劳动者热爱自己的岗位，尊重自己的职业，在勤勤恳恳、兢兢业业的劳动中实现劳动者的价值。争创一流是劳动者保持干劲、力争上游、努力成为各行各业排头兵

的勇气。

② 艰苦奋斗、勇于创新。艰苦奋斗、勇于创新是劳模精神的品质体现。劳模是辛勤劳动、诚实劳动、创造性劳动的实践者，他们吃苦耐劳、坚韧不拔，拥有强烈的开拓意识，在劳动实践中与时俱进、努力探索、不断突破、成就斐然。

③ 淡泊名利、甘于奉献。淡泊名利、甘于奉献是劳模精神的优秀品格，是一种甘于寂寞、淡泊自守、不求闻达的豁达态度。

（2）新时代劳模精神的特征

劳模精神是工人阶级主人翁意识的集中凸显。主人翁意识是劳模精神的内在本质，是社会主义核心价值观的生动诠释。劳模是遵循社会主义核心价值观的典范样本，是社会主义核心价值观的模范实践者、生动传播者和最有说服力的检验者。

① 时代性。新时代劳模精神是习近平新时代中国特色社会主义思想的重要内容，统一了劳动创造财富价值的思想，凝聚了劳动创造美好生活的共识，汇集了实现"两个一百年"奋斗目标，是实现中华民族伟大复兴中国梦最广泛的磅礴力量，生动诠释了时代精神具有的解放思想、实事求是、改革创新、知难而进、一往无前、开拓进取、奋勇争先、求真务实、淡泊名利、无私奉献的主要内容和精神实质，生动反映了时代精神。

② 政治性。弘扬劳模精神的主要目的是实施政治引领和政治导向，寻求政治沟通和政治认同，确立和强化政治权威。劳模精神是共产党意识形态领域建设的重点，劳模的选树和劳模精神的构建，是中国共产党的一种动员方式，劳模来自无产阶级为代表的人民群众，党和国家通过对劳模的塑造和宣传，让人民群众对劳模产生认同，并用劳模精神凝聚人民群众的共识，进而引导人民群众的行动。

③ 榜样性。榜样可以感染人、鼓舞人、带动人，将其自身优秀品质人格化、具体化、形象化，是人们可感知、可触及、可学习的鲜活样本。中国特色社会主义进入新时代以来，党中央高度重视劳动模范的示范带动作用。伟大时代呼唤伟大精神，崇高事业需要榜样引领，榜样的力量是无穷的。弘扬劳模精神，有助于营造劳动光荣的社会风尚和精益求精的敬业风气。

④ 实践性。人不是被动地适应自然界，而是通过劳动活动将自然界对象化，这种对象化的过程就是实践。人的劳动实践的结果，既有物质性产物，也有精神性产物，精神性产物的本质是实践的。劳模精神就是人通过劳动实践而形成的。

（3）新时代劳模精神对大学生的重要性

大力弘扬劳模精神，有助于学生在增强劳动情感、激发劳动意识的基础上深化爱国情感、明确时代责任，自觉在劳模精神的引领下为实现中华民族伟大复兴的中国梦不断奋斗。

① 学习劳模精神有利于大学生形成正确的劳动观。劳模精神的生成具有深厚的文化基础。博大精深的中华优秀传统文化是劳模精神的文化根基，它生成于中国共产党的革命文化，内在于社会主义的先进文化。劳模精神蕴含的"履职尽责、勇挑重担"的担当精神、"求真务实、实事求是"的务实精神、"恪尽职守、爱岗敬业"的奉献精神、"奋勇当先、开拓创新"的进取精神，为建功新时代提供了崇尚劳动的价值引领，为丰富新时代劳动教育提供生机与活力。以劳模精神引领劳动教育，有助于大学生端正人生态度，正确看待社会责任、树立人生目标、展现主人翁意识，厚植大学生劳动情怀，实现学生知识的内在化和劳动能力的增强，培育大学生自觉将劳模精神内化为人格品质。

② 学习劳模精神有益于增强大学生理想信念。大学生理想信念如何，直接关系着党和国家的社会主义建设事业的兴衰成败。学习劳模精神有助于坚定大学生的理想信念，大学生

是建设我国未来社会的核心力量,只有坚持了正确的价值判断,才能做出正确的价值选择。学习劳模精神,有利于大学生树立正确的世界观、人生观和价值观,理解和认同中国共产党领导下走中国特色社会主义道路、实现中华民族伟大复兴的共同理想和坚定信念,有利于促进大学生自身全面发展,更好地肩负起实现中国梦的历史使命。

③ 学习劳模精神有助于引领大学生践行社会主义核心价值观。在中国特色社会主义新时代,劳模精神无疑提升了劳模的丰富内涵,展现了劳动者的崇高境界,反映了新时代的精神要求,引领了社会的文明进步,是新时代坚持和发展中国特色社会主义的重要精神力量。劳模精神作为社会主义核心价值观的生动体现,更容易被理解和接受,更方便被模仿,有助于引领大学生践行社会主义核心价值观。

(4)做新时代奋斗者

新时代是奋斗者的时代,幸福生活是奋斗出来的。中国特色社会主义进入了新时代,这意味着中华民族实现了从站起来、富起来到强起来的伟大历史飞跃。面对新时代带来的机遇和挑战,青年必当竭尽全力做新时代的奋斗者,为祖国的建设添砖加瓦。

11.3 新时代的工匠精神

中国特色社会主义进入新时代,我国正为实现中华民族伟大复兴的中国梦奋力前行,中国在国际事务上日益体现出大国责任和大国担当。在这个过程中,我国迫切需要更多高技能人才为国家的建设发展担当"大国工匠"的责任,弘扬"工匠精神"已成为新时代发展的要求和呼唤。

(1)新时代工匠精神的内涵

工匠精神随着工匠的出现而产生,工匠精神自古就存在于人类社会中,不同的时代和社会有内涵不同的工匠精神。中国传统社会中的工匠主要指各类手工劳动者,尤其指具有专门手艺技能的人。随着时代的发展,现代意义的工匠已超越了传统工匠的范畴,凡是爱岗敬业、踏实工作、追求卓越的人都可以称为"工匠",他们的职业素质和价值追求都体现出时代的工匠精神。

工匠精神以最终的、高质量的产品为产出物,以极高的自我状态为表征,体现的是创作者即工匠的精神追求、价值理念和审美意趣等方面的精神素质。工匠精神的含义主要体现在如下几个方面。

① 尊师重道的基本原则。工匠们从师父那里传承了技艺,必然要对师父报以尊重,感恩师父赋予自己的一切。"重道"指的是重视老师的教导,尊重自己所做的事情。只有对自己所从事的行业、所做的事情抱以敬畏的态度,才有可能会真正沉下心去,将自己所做的事情做到极致。所以,尊师重道是贯彻工匠精神的基本原则。

② 爱岗敬业的职业操守。工匠精神离不开爱岗敬业的职业操守。工匠精神包含从业人员对自己所选择工作的敬爱之情,以及对自己所从事的工作的使命感、满足感。对工匠而言,保持着一颗永远对工作充满激情的初心,是成功的基本要素。只有热爱自己所做的事业,兢兢业业地潜心钻研,专注于工作和职责,才能把工作做到极致。

③ 精益求精的工作态度。对工匠而言,不同于现代化生产车间工人的流水线操作,他

们制作器物的过程携带着浓厚的主观情感。无论是产品设计、原材料的选择还是整个生产流程，工匠都全程参与其中并把控每一个环节，凭借自身的精湛技艺和审美标准，追求作品的完美并赋之以生命，造就其每一件手工艺品的独一无二，并深深地打上了独属制造者的私人印记。但是，机器生产的产品仅仅是一件追求短、平、快消耗品而已。工匠凭借自身的精湛技艺和精益求精的创作态度，对一件产品反复地进行打磨创作，力求每一件作品都能够尽善尽美。这种严谨认真、一丝不苟的工作态度是工匠精神最主要的特征表现。

④ 求实创新的进取精神。对专业的创新追求是工匠精神的核心与灵魂，是匠人们毕生的追求和探索方向。社会上有些人觉得工匠精神只是一种劝人心甘情愿、勤勤恳恳重复劳动的价值导向，与"创新"这种词似乎毫无关联。但事实上，创新是工匠精神所具备的基本特征之一。工匠精神讲究的是一种凡事做到极致的精神，通过一次次的切磋和雕琢，在量的积累基础上，最后产生质的飞跃。世界上没有突然而来的创新，每一次创新的背后都有着一次次重复的探索实验以及对经验教训的认真总结，最终实现技术和工艺的创新和突破。

（2）新时代工匠精神内涵特征

不同的时代和社会有内涵不同的工匠精神。随着时代的发展，凡是爱岗敬业、踏实工作、追求卓越的人都可以称为"工匠"，他们的职业素质和价值追求都体现出时代的工匠精神。

① "爱国奉献、专注坚守"是新时代工匠精神的情感基础。"爱国奉献"的情怀是历代爱国者的精神追求和躬身实践，这也是新时代工匠精神应具有的核心品质，是新时代工匠应具有的政治品质和情感素质。无论是铸造大国重器的大国工匠，还是平凡岗位的普通劳动者，都应满怀一份赤诚的爱国情怀，长年累月恪守在自己的工作岗位上，兢兢业业完成好自己的本职工作，奉献自己的智慧和能量，放出光和热，把自己对祖国的爱转化为日常的工作奉献。

② "精益求精、追求卓越"是新时代工匠精神在产品品质方面的追求。工匠精神最终要体现在产品的品质和高度上，对产品生产的精雕细刻，不断完善，追求完美，不断超越自己和他人，应该是工匠精神最重要的特征。衡量一个工匠是否优秀的重要标准就在于他是否怀有使产品质量达到极致的追求以及在实现目标过程中体现出来的高超娴熟的职业技艺。

③ "有序协同、精诚合作"是新时代工匠精神在生产行为方面的要求。"有序协同、精诚合作"既是现代工匠精神的重要体现，更是现代工匠在生产实践中的具体要求。这虽然不是对工匠在技术上的要求，属于一种行为方式和道德品质上的要求，但它对于保障现代化生产方式的成功运行具有重要的意义。

④ "与时俱进、精进不休"是新时代工匠精神应具有的创新品质。在新时代背景下，工匠及其背后的工匠精神，应该和新时代的科技紧密结合，融入新时代科技的内涵，应该对科学技术的改革创新具有巨大的推动作用。正是在工匠们漫长求索的实践经验中，才酝酿产生了各种伟大的发明创造，并从中诞生了现代的科学和科学精神。因此，当代工匠精神，应当在融入市场经济理念的基础上，强化与时俱进的创新品质，通过技术创新使中国制造走向中国创造，最终在激烈的国际竞争中不断增强实力。

（3）新时代弘扬工匠精神的现实意义

近些年，由于适应新时代社会发展的需要，工匠精神在社会上又被广泛关注并得到极大提倡，甚至许多高等教育机构为了适应新时代的要求，调整自己的办学方向，将培养工匠和工匠精神作为本校的主要办学目标。

① 弘扬工匠精神有助于我国向制造业强国迈进。一般而言，科学技术是第一生产力，

国家发展的高度取决于科学技术的发展。但科学技术要转化为生产力，起到推动社会进步的实际作用，就必须落实到制造业中，只有通过制造业科学技术才能够转化为实际的生产力。制造业是国民经济的主体，是立国之本、兴国之器、强国之基。

② 弘扬工匠精神有助于铸就自己的民族品牌。品牌是一种能够带来巨大经济效益的无形资产，其背后蕴含着一个企业、一个国家的历史积淀、文化个性、科技水平、价值理念和审美观念等，承载着消费者极高的认可与信赖。品牌意味着信誉、知名度和影响力，一个企业和一个国家，品牌产品越多，其制造业的实力就会越强大，国家就会越富强。

③ 弘扬工匠精神有助于营造热爱劳动、尊重劳动者的社会氛围。中国人民是勤劳智慧的人民，我们中华民族正是在千千万万各行各业劳动者的共同努力下实现了不断的发展和跨越。劳动者的素质对于一个国家一个民族的发展至关重要，当今时代支撑中国制造的主体劳动者正是大批的高技能技术工人。

④ 弘扬工匠精神有助于新时代文化强国的建设。工匠精神是一种文化，是千百年来我国劳动人民在劳动实践中积累的一种行业规矩和职业操守，是我国传统文化百花园中的一枚耀眼的奇葩。在新时代我们仍然需要继承和弘扬我国传统文化中优秀的文化部分，工匠精神就是我们在新时代不可丢失的宝贵的精神财富。

⑤ 弘扬工匠精神有助于社会创造力的提升。工匠精神的一个核心要素是创新精神。一个民族的创新离不开技艺的创新。在现代工业条件下，对于工匠技艺的要求已经不仅仅是像传统工匠那样，只是从师傅那里学得技艺从而能够保持和发扬祖传工艺技法。实际上，传统工艺也是在传承与创新中得到发展的，我们要将传承与创新统一起来，在传承的前提下追求创新。现代机械制造尤其是现代智能制造，对技艺提出了越来越高的难度和精度要求，不仅要有娴熟的技能，而且要求技术创新。每一个产品的开发，每一项技术的革新，每一道工艺的更新，都需要有工匠的创新技艺参与其中。《大国工匠》纪录片中的那些卓越工匠，不仅具有高超的技艺，而且具有强烈的创新意识和创新能力。

（4）新时代大学生工匠精神培育的重要意义

大学培养优秀人才的品德和能力谱系里，只有加进工匠精神这个指标，才能帮助大学生端正学习态度，激发钻研精神和创新热情，提升职业理念、职业技能和职业精神，从而为其树立正确的学习观、劳动观和就业观，为其将来走向工作岗位实现个人全面发展奠定坚实的思想基础和技能基础，才能更好地落实全国高校思想政治工作会议精神、完成好立德树人这一根本任务。

① 大学生工匠精神培育是高校思想政治教育的时代要求。工匠精神作为我国优秀传统文化的重要精神内容，对当代大学生的个人成长成才、推进我国产业转型升级、实现中华民族伟大复兴具有重要的现实意义。弘扬工匠精神是我们新时代的迫切需要和战略任务。在大学生中弘扬和培育工匠精神，这个责任必然落在高校本身，这是高校应该承担的义不容辞的责任。大学生学习工匠精神不论对个人的发展成才还是国家民族的伟大复兴，都具有重要的现实意义。培育大学生工匠精神的方法途径有多方面，但思想政治理论课的教学必然是最主要的战场，将工匠精神融入思政课的教学中是思政课面临的一个新任务、新挑战。

② 高校培育大学生工匠精神的路径选择。高校培育大学生工匠精神的方法路径很多，可以在专业课、实验课中进行，也可以在大学生的社会实践中进行；可以由专业课教师培育，也可以是公共课教师培养，还可以由管理人员培养。但最主要的还是由高校思想政治教育教师来承担大学生工匠精神培育的责任。高校思想政治教育是培育大学生工匠精神的主阵地、主战场，应承担重要的责任。还可以采取以下方法培育大学生的工匠精神：以"课程思

政"为基础,将工匠精神培育融入各门课程中;以实践为抓手,将工匠精神融入日常思想政治教育中;将工匠大师请到学校、请进课堂。央视新闻推出系列节目《大国工匠》,讲述了各类工匠感人的故事。这些故事都是鲜活的案例,工匠大师是实际生活中的楷模,榜样的力量是无穷的,能起到很好的示范效应。以教师为引领,提高培育工匠精神能力,工匠精神培育融入思想政治教育要想达到理想效果,离不开教师的作用,教师的教学能力和自身素养在一定程度上影响着学生对工匠精神的学习和理解,高校应努力提高教师队伍的思想意识,促使广大教师正确认识树立工匠精神的重要性和必要性。以网络为载体,拓展工匠精神培育的途径,随着网络的普及,可以将优秀的课程资源通过网络传递给所有同学,可以请工匠大师录制工匠精神相关内容的慕课,使学生通过网络进行学习,拓展学习空间。教师应顺应潮流,主动进行"网络转型",掌握时代脉搏和网络舆情,在微博、微信公众号等网络平台积极发布有关工匠精神的议题,利用充满正能量的网络话语,宣传工匠精神相关知识,丰富时代内涵,营造培育氛围,努力实现超越空间和地域的网络教育体系。

(5)弘扬工匠精神做新时代的大国工匠

在新时代我们热切地呼唤工匠精神,在青年人中传承和弘扬工匠精神已经成为了时代的新课题。这不论是对于我们实现伟大的中国梦,还是对于新时代的年轻人的成长成才都具有重要的现实意义。那么,真正的工匠精神体现在哪里?概括而言,即热爱甚至是痴迷于自己的本职工作;每临工作现场,必有庄重之意、工作激情;矢志不移、坚守岗位,不为金钱等其他方面所诱惑;执着钻研技艺精髓,追求精益求精、尽善尽美境界;讲究产品质量和品质,服务和经营以诚信为本,无愧良心;一旦结识行业高手,必敬慕学习之;把自己对国家、社会的热爱和责任落实到勤恳踏实的工作中。

参考文献

[1] 赵春花. 金工实习教程 [M]. 北京：中国电力出版社，2010.
[2] 郗安民. 金工实习 [M]. 北京：清华大学出版社，2009.
[3] 京玉海. 金工实习 [M]. 天津：天津大学出版社，2009.
[4] 高美兰. 金工实习 [M]. 北京：机械工业出版社，2006.
[5] 王瑞芳. 金工实习 [M]. 北京：机械工业出版社，2006.
[6] 沈剑标. 金工实习 [M]. 北京：机械工业出版社，2005.
[7] 李体仁. 数控加工与编程技术 [M]. 北京：北京大学出版社，2011.
[8] 何鹤林. 金工实习教程 [M]. 广州：华南理工大学出版社，2006.
[9] 程金霞. 工程材料及成形工艺 [M]. 大连：大连理工大学出版社，2004.
[10] 朱江峰，肖元福. 金工实习教程 [M]. 北京：清华大学出版社，2004.
[11] 魏峥. 金工实习教程 [M]. 北京：清华大学出版社，2004.
[12] 钱继锋. 金工实习教程 [M]. 北京：北京大学出版社，2006.
[13] 林平勇. 电工电子 [M]. 北京：高等教育出版社，2000.
[14] 丁承浩. 电工学 [M]. 北京：机械工业出版社，1999.
[15] 孙文志，郭庆梁. 工程训练教程 [M]. 北京：化学工业出版社，2018.
[16] 张永康. 激光加工技术 [M]. 北京：化学工业出版社，2004.
[17] 杜祥琬. 激光物理与技术研究 [M]. 北京：科学出版社，2018.
[18] 张国顺. 现代激光制造技术 [M]. 北京：化学工业出版社，2006.
[19] 马壮，高丽红，柳彦博. 高能激光防护材料技术 [M]. 北京：北京理工大学出版社，2022.
[20] 谢冀江，郭劲，刘喜明. 激光加工技术及其应用 [M]. 北京：科学出版社，2012.
[21] 周平，孙德英. 数控加工编程 [M]. 北京：机械工业出版社，2023.
[22] 蔡少敏，张天洪，李嘉庆. 创客训练营：ABB机器人应用技能实训 [M]. 北京：中国电力出版社，2019.
[23] 陈祝年. 焊接工程师手册 [M]. 北京：机械工业出版社，2002.
[24] 宋金虎. 焊接方法与设备 [M]. 大连：大连理工大学出版社，2010.
[25] 刘光云，赵敬党. 焊接技能实训教程 [M]. 北京：石油工业出版社，2009.
[26] 成思源，杨雪荣. 逆向工程技术 [M]. 北京：机械工业出版社，2018.
[27] 于彦东. 3D打印技术基础教程 [M]. 北京：机械工业出版社，2018.
[28] 张学昌. 逆向建模技术与产品创新设计 [M]. 北京：北京大学出版社，2009.
[29] 郭长义. 新时代劳动教育教程 [M]. 北京：中国财政经济出版社，2021.